Gestaltungsmodell für eine vernetzte adaptive Montage im Werkzeugbau

Design Model for a Connected and Adaptive Assembly in Toolmaking

Von der Fakultät für Maschinenwesen
der Rheinisch-Westfälischen Technischen Hochschule Aachen
zur Erlangung des akademischen Grades eines
Doktors der Ingenieurwissenschaften
genehmigte Dissertation

vorgelegt von

David Goertz

Berichter:

Univ.-Prof. Dr.-Ing. Dipl.-Wirt. Ing. Günther Schuh
apl. Prof. Dr.-Ing. Wolfgang Boos

Tag der mündlichen Prüfung: 29. März 2022

ERGEBNISSE AUS DER PRODUKTIONSTECHNIK

David Goertz

Gestaltungsmodell für eine vernetzte adaptive Montage im Werkzeugbau

Herausgeber:
Prof. Dr.-Ing. T. Bergs
Prof. Dr.-Ing. Dipl.-Wirt. Ing. G. Schuh
Prof. Dr.-Ing. C. Brecher
Prof. Dr.-Ing. R. H. Schmitt

Band 21/2022

WZL | RWTH AACHEN UNIVERSITY

Fraunhofer IPT

Bibliografische Information der Deutschen Nationalbibliothek
Die Deutsche Nationalbibliothek verzeichnet diese Publikation in der Deutschen Nationalbibliografie; detaillierte bibliografische Daten sind im Internet über https://portal.dnb.de abrufbar.

David Goertz:

Gestaltungsmodell für eine vernetzte adaptive Montage im Werkzeugbau

1. Auflage, 2022

Gedruckt auf holz- und säurefreiem Papier, 100% chlorfrei gebleicht.

Apprimus Verlag, Aachen, 2022
Wissenschaftsverlag des Instituts für Industriekommunikation und Fachmedien an der RWTH Aachen
Steinbachstr. 25, 52074 Aachen
Internet: www.apprimus-verlag.de, E-Mail: info@apprimus-verlag.de

Druck: CPI Druckdienstleistungen GmbH, Ferdinand-Jühlke-Straße 7 I 99095 Erfurt

ISBN 978-3-98555-072-2

D 82 (Diss. RWTH Aachen University, 2022)

Vorwort

Die vorliegende Dissertation ist während meiner Tätigkeit als wissenschaftlicher Mitarbeiter am Werkzeugmaschinenlabor WZL der Rheinisch-Westfälischen Technischen Hochschule (RWTH) Aachen entstanden. Während dieser Zeit habe ich zunächst als studentische Hilfskraft, dann als Wissenschaftlicher Mitarbeiter und schließlich als Gruppenleiter der Abteilung Unternehmensentwicklung am Lehrstuhl für Produktionssystematik gearbeitet. In dieser Zeit durfte ich zahlreiche Forschungs-, Weiterbildungs- und Industrieprojekte bearbeiten und diverse Unternehmen, Persönlichkeiten, Methoden und Prozesse im In- und Ausland kennenlernen. Diese Eindrücke und der intensive Praxisbezug haben mir die Erarbeitung dieser Dissertation erst ermöglicht.

Mein Dank gilt demzufolge dem Inhaber des Lehrstuhls für Produktionssystematik, Professor Günther Schuh für die Betreuung und seine visionäre, praxisnahe Forschung. Die Zusammenarbeit zeichnete sich stets durch ein mir entgegengebrachtes Vertrauen zum selbstständigen wissenschaftlichen und verantwortungsvollen Arbeiten aus. Weiterhin möchte ich mich an dieser Stelle bei Professor Wolfgang Boos für die Übernahme des Koreferats bedanken.

Ein besonderer Dank gilt ebenfalls meinen großartigen Kolleginnen und Kollegen des WZL sowie der WBA, welche mich bei der Erstellung der Dissertation tatkräftig unterstützt haben. Die Zusammenarbeit war stets geprägt von Verlässlichkeit, Rückhalt und konstruktiver Kritik, die ich mir nicht besser hätte wünschen können. Hervorzuheben sind insbesondere Dr. Michael Salmen, Dr. Christoph Kelzenberg und Dr. Johan de Lange welche mich jederzeit gefördert und gefordert haben. Ebenso möchte ich mich bei meinen ehemaligen studentischen Mitarbeitern und Freunden Julian Boshof, Christoph Ebbecke, Niklas Kessler, Tim Ochel und Julian Schweins für die Mitarbeit und Untersützung in meinem Dissertationsprozess bedanken. Ein weiterer Dank gilt den Unternehmen, welche der Validierung dieser Dissertation zugestimmt haben – fischer Werkzeug- und Formenbau GmbH und Welser Profile GmbH.

Für das Verständnis und die liebevolle Unterstützung während des Verfassens meiner Dissertation danke ich meiner wundervollen Frau Maren und unserem gemeinsamen Sonnenschein Leni Marie. Insbesondere möchte ich aber auch meiner Mutter und meiner Schwester Anne für den einzigartigen Rückhalt und die bedingungslose Unterstützung rund um die Uhr sowie das jederzeit offene Ohr von Herzen danken. Ebenfalls möchte ich meinen sehr guten Freunden Markus Treder, Moritz Jochums, Marco (Sarge) Saggiomo, Jan Wiese, Jan Rey, Marcel Wilms und Daniel Dom für Ehrlichkeit und uneingeschränkten Support in jeder Lebenslage Danke sagen – auf euch ist Verlass!

Abschließend möchte ich meinem Vater und größten Vorbild für seine Uneigennützigkeit, seine humorvolle Art und seine ehrlichen Ratschläge in allen Lebenslagen danken. Dir, Papa, möchte ich diese Arbeit im Besonderen widmen. Wir werden dich immer in unseren Herzen tragen – du warst ein einzigartiger Mensch!

Aachen, März 2022 David Goertz

Kurzzusammenfassung

Der deutsche Werkzeugbau ist weltweit für seine hochwertigen Werkzeuge bekannt und maßgeblich für die Qualität von in Serie hergestellten Produkten verantwortlich. Aktuell wird der handwerklich geprägte Werkzeugbau, mehr denn je, mit vielfältigen Herausforderungen konfrontiert. So drängen neue Marktteilnehmer aus Niedriglohnländern mit deutlich geringeren Faktorkosten in den Markt, welche darüber hinaus eine vergleichbare Produktqualität anbieten können. Ferner nimmt der Termindruck aufgrund verkürzter Produktlebenszyklen auf den Werkzeugbau stetig zu. Neben dem zunehmenden Wettbewerb aus Niedriglohnländern sowie dem steigenden Termindruck ist das Vorhandensein qualifizierter Facharbeiter auf dem Arbeitsmarkt aufgrund des demografischen Wandels nur bedingt gegeben und tendentiell rückläufig. Eine Differenzierung des deutschen Werkzeugbaus und der damit verbundene Erhalt der Wettbewerbsfähigkeit kann nur über die Optimierung des Leistungserstellungsprozesses sowie der Innovationsfähigkeit der Wertschöpfung erfolgen.

In den vergangenen Jahren unterlag die Branche einem stetigen Wandel von einer handwerklichen Fertigung hin zu einem industriellen Werkzeugbau. Aktuell findet eine Transformation vom industriellen Werkzeugbau hin zu einem digital vernetzten Werkzeugbau statt. Als Treiber dieser Entwicklung wird die vierte industrielle Revolution, verstanden, welche als maßgeblicher Treiber zur Steigerung der Kollaborationsproduktivität und der damit verbundenen Vernetzung und Adaptabilität der Produktion angesehen wird.

Zentraler Prozessschritt und Nadelöhr in der Auftragsabwicklung im Werkzeugbau stellt die Montage, also der Zusammenbau und die Abstimmung der Werkzeugkomponenten zur Sicherstellung der komplexen Anforderungserfüllung, dar. Die Implementierung von Industrie 4.0 hat insbesondere in der stark handwerklich geprägten Montage im Werkzeugbau das Potenzial, durch die digitale Vernetzung Prozessschritte mit dem Prozessschritt Montage echtzeitnah zu verknüpfen und Transparenz zu schaffen. Zudem bietet der Einsatz von Industrie 4.0-Anwendungen die Möglichkeit, die Mitarbeiter in Bezug auf ihre tägliche Auftragsabwicklung individuell, anforderungsgerecht, kontextbezogen und reaktiv zu unterstützen. Das *Gestaltungsmodell für eine vernetzte adaptive Montage im Werkzeugbau*, als ganzheitlicher Lösungsansatz, stellt einen fundamentalen Wandel sowie einen differenzierenden Wettbewerbsfaktor im internationalen Vergleich für den Werkzeugbau, insbesondere für den Hochlohnstandort Deutschland, dar.

Abstract

The German toolmaking industry is known worldwide for its high-quality tools and is largely responsible for the quality of mass-produced products. Currently, toolmaking, which is characterized by handcrafts, is confronted more than ever before with a variety of challenges. New market participants from low-wage countries are pushing their way into the market with significantly lower factor costs but comparable product quality offerings. Furthermore, the timeline pressure on toolmaking is steadily increasing due to the shortened product life cycles. In addition to the stronger competition from low-wage countries and the increasing timeline pressure, the availability of qualified skilled workers on the labor market is only partially given due to demographic change. A differentiation of German toolmaking and the associated competitiveness can therefore only be achieved by optimizing the value creation process as well as optimizing the innovation capabilities.

In the past few years, the toolmaking industry has been subject to constant change from manual to industrial toolmaking. A transformation from industrial toolmaking to digitally connected toolmaking needs to take place. The driver of this development is understood to be the fourth industrial revolution. It can be seen as a decisive driver for networking and adaptability within toolmaking, resulting in increasing collaboration productivity.

The implementation of Industry 4.0 has potential, particularly in the highly manual assembly in toolmaking, to link process steps with the assembly process step in real time through digital connected devices and an underlying soft- and hardware-infratstructure. In addition, the use of Industry 4.0 applications offer an opportunity to support employees in their daily individual work, context-related, reactive and very close to real-time. The *Design Model for a Connected and Adaptive Assembly in Toolmaking* represents a holistic approach and fundamental change in toolmaking. It can be considered as a competive factor especially for the high-wage countries like Germany.

Inhaltsübersicht

Inhaltsverzeichnis

Abbildungsverzeichnis

Abkürzungsverzeichnis

€	Euro
ALS	Arburg Leitrechner System
API	Application Programming Interface
App	(Software-)Applikation
AR	Augmented Reality
AT	Österreich
Aufl.	Auflage
AV	Arbeitsvorbereitung
AVIX	Analysieren, Visualisieren, Implementieren in X Minuten
BIP	Bruttoinlandsprodukt
BDE	Betriebsdatenerfassung
BG	Baugruppe
BMBF	Bundesministerium für Bildung und Forschung
BMWi	Bundesministerium für Wirtschaft und Energie
Bsp.	Beispiel
bspw.	beispielsweise
bzw.	beziehungsweise
ca.	circa
CAD	Computer Aided Design
CAM	Computer Aided Manufacturing
CAx	Computer Aided Everything
CAQ	Computer Aided Quality
CIM	Computer Integrated Manufacturing
CNC	Computerized Numerical Control
CPPS	Cyber-physische Produktionssysteme
CPS	Cyber-physisches System
CPU	Central Processing Unit
CRM	Customer Relationship Management
CZ	Tschechische Republik
d. h.	das heißt

DE	Deutschland
DIN	Deutsches Institut für Normung
DSP	Digitale Signalverarbeitung analoger Systeme
dt.	deutsch
EDM	Engineering Data Management
ERM	Entity Relationship Model
ERP	Enterprise Resource Planning
ET	Einzelteil
et al.	et alii
etc.	et cetera
EDM	Elektronisches Dokumenten Management
engl.	Englisch
ETL	Extraktions-, Transformations- und Ladewerkzeuge
e. V.	eingetragener Verein
f.	folgende
FE	Fertigerzeugnis
ff.	fortfolgende
FTF	Fahrerloses Transportfahrzeug
FTS	Fahrerloses Transportsystem
GPS	Global Positioning System
I. A. a.	in Anlehnung an
IKT	Informations- und Kommunikationstechnologie
inkl.	inklusive
IoP	Internet of Production
IoT	Internet of Things
IPT	Fraunhofer Institut für Produktionstechnologie
ISO	International Organization for Standardization
IT	Informationstechnologie
kg	Kilogramm
KMU	Kleine und mittlere Unternehmen
KO	Konstruktion
KODE-X	Kompetenzdiagnostik und -entwicklungs-Explorer
KPI	Key Performance Indicator

KVP	Kontinuierlicher Verbesserungsprozess
lat.	Lateinisch
LOP	Liste offener Punkte
MES	Manufacturing Execution System
Mio.	Millionen
Mrd.	Milliarden
MRP	Material Resource Planning
MSE	Mean Squared Error
MTM	Methods-Time-Measurement
NC	Numerical Control
NFC	Near Field Communication
OEE	Overall Equipment Effectiveness
OLAP	Online Analytical Processing
OSS	Operator Support System
PC	Personal Computer
PDCA	Plan-Do-Check-Act
PDM	Product Data Management
PLM	Product Lifecyle Management
PPS	Produktionsplanung und -steuerung
RCID	Resistive Capacative Identification
REFA	Verband für Arbeitsgestaltung, Betriebsorganisation und Unternehmensentwicklung
RFID	Radio-Frequency Identifiaction
RWTH	Rheinisch-Westfälische Technische Hochschule
S.	Seite
SASS	Self-Adapting Smart System
SCADA	Supervisory Control and Data Acquisition
SPS	Speicherprogrammierbare Steuerung
t	Tonne(n)
u. a.	unter anderem
USA	United States of America
usw.	und so weiter
VDI	Verein Deutscher Ingenieure

VDMA	Verein Deutscher Maschinen- und Anlagenbau
vgl.	vergleiche
vglw.	vergleichsweise
vs.	versus
WLAN	Wireless Lan
WZL	Werkzeugmaschinenlabor WZL der RWTH Aachen
z. B.	zum Beispiel

I Einleitung

In der Einleitung werden die Ausgangssituation für die dieser Arbeit zugrundeliegenden Branche Werkzeugbau[1] als Teil der produzierenden Industrie sowie die Problemstellung für die Gestaltung der Montage im Werkzeugbau erörtert. Im weiteren Verlauf des Kapitels wird die Zielsetzung konkretisiert und eine Forschungsfrage abgeleitet. Es folgt eine Erläuterung des Forschungsansatzes mitsamt einer wissenstheoretischen Einordnung und Darstellung der Forschungsmethodologie. Abschließend wird der Aufbau dieser Arbeit dargestellt.

I.1 Ausgangssituation

Gemessen am Bruttoinlandsprodukt (BIP) zählt Deutschland im internationalen Vergleich hinter den USA, China und Japan zu der viert größten Volkswirtschaft der Welt.[2] Treiber und Rückgrat der deutschen Volkswirtschaft ist die produzierende Industrie. Etwa ein Viertel des BIP ist auf die Leistungen der produzierenden Industrie zurückzuführen.[3] Die Leistungen werden von international agierenden Unternehmen und einem breiten Spektrum kleiner und mittelständischer Unternehmen erbracht. Insbesondere der Vorsprung kleiner, mittelständischer Unternehmen in bestimmten Marktsegmenten hat zur Folge, dass kein anderes Land im globalen Wettbewerb eine größere Anzahl an Marktführern aufweist. Grundlage für diesen Erfolg ist die Verknüpfung der Gütekriterien wie Qualität, Leistungsfähigkeit und Zuverlässigkeit bei der Entwicklung und Produktion von Gütern.[4] „Made in Germany" ist das Gütesiegel, welches meist mit Produkten, die in Serie produziert werden, assoziiert wird. Die Leistungsfähigkeit der Serienproduktion wird dabei entscheidend von der Branche Werkzeugbau bestimmt. Denn nur durch den Einsatz von Werkzeugen können Produkte in gleichbleibend hoher Qualität und zu günstigen Produktionskosten gefertigt und somit dem Gütesiegel gerecht werden.[5]

In den letzten Jahren steht die Branche Werkzeugbau am Hochlohnstandort Deutschland einem zunehmend kompetitiven Wettbewerb gegenüber. Früher war der qualitative Vorsprung eine Rechtfertigung für das deutlich höhere Preisniveau der Werkzeuge im Vergleich zum Preisniveau der internationalen Konkurrenz. Weiterhin ist der Mitarbeiterwandel am Hochlohnstandort Deutschland und die damit verbundene starke Reduktion der Anzahl erwerbstätiger Fachkräfte im Werkzeugbau eine Herausforderung für diese Branche.[6] Neben dem Mitarbeiterwandel ist eine steigende Komplexität der Werkzeuge zu nennen, welche zudem sich verkürzenden Produktlebenszyklen unterliegen. Weiterhin verlangen die Kunden der Branche Werkzeugbau eine hohe Angebotsvielfalt, was in einer

[1] Im Folgenden synonym mit dem Begriff Werkzeugbau verwendet.
[2] Vgl. Statista (Größte Volkswirtschaften), 2019
[3] Vgl. Statistisches Bundesamt (Volkswirtschaftliche Gesamtrechnung), 2019, S. 9
[4] Vgl. BMBF (Made in Germany), 2016, S. 3 ff.
[5] Vgl. Boos et al. (Digitale Transformation), 2019, S. 6
[6] Vgl. WZL/IPT (Datenbank Werkzeugbau), 2020

Steigerung der benötigten Werkzeuge und Senkung der damit verbundenen Losgrößen resultiert.[7] Steigende Produktionskosten beim Kunden muss der Werkzeugbau durch ein verbessertes Preis-Leistungs-Verhältnis der Werkzeuge kompensieren. Die genannten Entwicklungen und Herausforderungen zwingen den deutschen Werkzeugbau vermehrt, in eine kontinuierliche Steigerung der internen Leistungsfähigkeit zu investieren, um sich gegenüber internationalen, aber auch nationalen Wettbewerbern behaupten zu können.[8]

In den letzten Jahren hat in der produzierenden Industrie die vierte industrielle Revolution eingesetzt. Intelligente Fabriken und hochflexible Wertschöpfungssysteme und eine damit verbundene Erhöhung der Leistungsfähigkeit sind die gewünschten Ergebnisse durch den Einsatz von Industrie 4.0.[9, 10] Durch die echtzeitnahe Vernetzung von Ressourcen, Diensten und Menschen, sogenannten cyber-physischen Systemen (CPS), in Produktionssystemen können Transparenz- sowie Effizienzgewinne in der Produktion geschaffen werden. Ziel von Industrie 4.0 ist es, zukünftige Zustände in der Produktion zu prognostizieren und eine automatische, antizipierende und damit adaptive Reaktion einzuleiten.[11] Ausgehend von einem konzeptionellen Status hat sich Industrie 4.0 zu einem realen Lösungsansatz entwickelt, der sukzessive die klein- und mittelständisch geprägte Branche transformiert.[12]

I.2 Problemstellung

Aufgrund der Position des Werkzeugbaus in der industriellen Wertschöpfungskette, zwischen Produktentwicklung und Serienproduktion, kann der Werkzeugbau als zentraler Befähiger für die produzierende Industrie bezeichnet werden.[13] Der Werkzeugbau bildet mit seiner Prozesskette, angefangen beim Prozessschritt der Akquise, über das Engineering/die Konstruktion, die Arbeitsvorbereitung, die mechanische Fertigung, die Montage und die Inbetriebnahme, die gesamte Wertschöpfung der Werkzeugerstellung ab.[14]

Im Leistungserstellungsprozess des Werkzeugs ist die Montage der letzte Prozessschritt vor der Inbetriebnahme und bezeichnet alle Vorgänge, die dem Zusammenbau und der Abstimmung der Bauteile[15] zu einem funktionierenden Erzeugnis dienen. Neben dem Montieren von Bauteilen ist die Montage im Werkzeugbau durch eine Vielzahl unterstützender Tätigkeiten zur Sicherstellung der finalen Funktion des Werkzeugs gekennzeichnet, wie bspw. dem Lagern und Transportieren von Materialien, Zubringen, Bearbeiten, Kontrollieren, Fügen und Abstimmen.[16] Dabei kann bezogen auf die Auftragsarten der Montage zwischen Neuwerkzeugmontagen (Zusammenbau aller Bauteile und Baugruppen zu einem funktionierenden Werkzeug) und Reparaturen, Wartungen und Instandhaltungen (erneute Sicherstellung der Funktionsfähigkeit durch Austausch von Bauteilen und Baugruppen) unterschieden werden. Unabhängig von den Auftragstypen in der Montage ist eine Vielzahl

[7] Vgl. VDMA (Branchenbericht Präzisionswerkzeuge 2018), 2019
[8] Vgl. Boos et al. (Digitale Transformation), 2019, S. 6 f.
[9] Vgl. Bauernhansl et al. (WGP Standpunkt Industrie 4.0), 2016, S. 7 f.
[10] Vgl. Roth (Einführung Industrie 4.0), 2016, S. 96
[11] Vgl. Schuh et al. (Industrie 4.0 Maturity Index), 2017, S.11
[12] Vgl. Boos et al. (Smart Tooling), 2016, S. 10
[13] Vgl. Reinhardt (Digitale Transformation), 2020, S. 13
[14] Vgl. Boos (Gestaltung und Bewertung modularer Werkzeuge), 2008, S. 1
[15] Bauteile und Werkzeugkomponenten werden in dieser Arbeit synonym verwendet.
[16] Vgl. Warnecke (Montage im flexiblen Produktionsbetrieb), 1996, S. 348

von Interaktionen zwischen den Prozessschritten des Werkzeugbaus notwendig. Mitunter erfolgen gleichzeitig Interaktionen mit den verschiedenen vorgelagerten Prozessschritten, wie bspw. dem Engineering/der Konstruktion[17], der Arbeitsvorbereitung und der mechanischen Fertigung sowie den nachgelagerten Prozessschritten, wie der Inbetriebnahme oder der Serienproduktion.[18] Die Montage im Werkzeugbau kann als letzter und somit wesentlicher Prozessschritt vor der Inbetriebnahme sowie aufgrund der Anforderung an die Reaktionsfähigkeit demnach als kritischer Prozessschritt im Leistungserstellungsprozess verstanden werden.[19] Weiterhin werden Werkzeugkonzepte und der Herstellungsprozess von Werkzeugen stetig komplexer und um digitale Komponenten erweitert, sodass Mitarbeiter bei ihrer Arbeit unterstützt werden und gleichzeitig Kompetenzen erweitern müssen.[20] In der Montage des Werkzeugbaus sind es insbesondere mangelnde Transparenz der Abläufe, Informationsdefizite seitens der Mitarbeiter sowie das Fehlen einer effizienten und zuverlässigen Planung und Steuerung aufgrund der hohen Schnittstellenaufwände, welche Potenziale in der Leistungserstellung darstellen. Weiterhin besteht eine geringe Unterstützung der Mitarbeiter in der täglichen Realisierung der (Montage-)Aufgaben.[21]

Während in den vergangenen Jahren der Werkzeugbau in weiten Teilen eine Transformation von der handwerklichen hin zu einer industriellen und teilweise digital transformierten Werkzeugerstellung vollzogen hat, ist die Montage als Prozessschritt aufgrund der beschriebenen Rahmenbedingungen in der Grundstruktur handwerklich geblieben.[22]

I.3 Zielsetzung und Forschungsfrage

Die Implementierung von Industrie 4.0 hat insbesondere in der stark handwerklich geprägten Montage im Werkzeugbau das Potenzial, durch die digitale Vernetzung Prozessschritte mit dem Prozessschritt Montage echtzeitnah zu verknüpfen und Transparenz zu schaffen.[23] Zudem bietet der Einsatz von Industrie 4.0-Anwendungen die Möglichkeit, die Mitarbeiter in Bezug auf ihre tägliche Auftragsabwicklung individuell, anforderungsgerecht, kontextbezogen, reaktiv und echtzeitnah zu unterstützen.[24] Eine daraus resultierende vernetzte und adaptive Montage im Werkzeugbau, als ganzheitlicher Lösungsansatz, stellt einen fundamentalen Wandel sowie einen differenzierenden Wettbewerbsfaktor im internationalen Vergleich für den Werkzeugbau, insbesondere für den Hochlohnstandort Deutschland, dar.

Die Zielsetzung der vorliegenden Arbeit ist die Entwicklung eines Gestaltungsmodells, welches Unternehmen der Branche Werkzeugbau als Handlungsempfehlung zur Gestaltung der Montage nutzen können. Als ganzheitlicher Ansatz adressiert das Gestaltungsmodell die Problemstellung und die Herausforderungen für die Branche Werkzeugbau sowie die Montage von Werkzeugen mit einem Unikatcharakter. Dabei soll sichergestellt werden,

---

[17] Engineering und Konstuktion werden in der Literatur häufig zusammen aufgeführt. In der Praxis können diese Funktionen in einem Gewerk/Abteilung oder getrennt voneinander organisiert sein.
[18] Vgl. Pitsch (Kompetenzfeldbasierte Vernetzung), 2014, S. 46 f.
[19] Vgl. Hinrichsen et al. (Assistance System for Maintaining Injection Molding Tools), 2017, S. 1571 ff.
[20] Vgl. Plasch et al. (Indutrial Assembly), 2020, S. 261
[21] Vgl. Boos et al. (Montage 4.0), 2017, S. 27
[22] Vgl. WZL/IPT (Datenbank Werkzeugbau), 2020
[23] Vgl. Bortolini et al. (Assembly System Design in the Industry 4.0 Era), 2017, S. 5700
[24] Vgl. Cohen et al. (Assembly System Configuration through Industry 4.0 Principles), 2017, S. 14961

dass die Potenziale von Industrie 4.0 und die damit verbundenen Möglichkeiten der digitalen Vernetzung sowie der adaptiven Optimierung der Leistungserstellung in der Werkzeugmontage erfolgreich umgesetzt werden. Dazu sind Gestaltungsfelder und subordinierte Gestaltungselemente zu identifizieren und zu detaillieren. Des Weiteren müssen im Rahmen der Zielsetzung alle Auswirkungen von Industrie 4.0 auf den Werkzeugbau und deren Werkzeugmontage berücksichtigt werden. Eine rein technische Implementierung von Industrie 4.0 würde zu kurz greifen. Vielmehr müssen auch die organisationalen Veränderungen und die Auswirkungen für die Ressource Mitarbeiter ausführlich betrachtet werden.[25] Die Gestaltung der Montage im Werkzeugbau im Kontext von Industrie 4.0 bei einer gleichzeitigen Betrachtung von technischen, organisationalen und mitarbeiterbezogenen Aspekten bleibt in der Literatur bislang weitestgehend unbeantwortet. Die handlungsleitende Forschungsfrage dieser Arbeit lautet daher:

Wie muss ein Gestaltungsmodell einer vernetzten adaptiven Montage im Werkzeugbau aufgebaut und detailliert sein?

I.4 Forschungsansatz der Arbeit

Zur Beantwortung der Forschungsfrage folgt der Forschungsansatz dieser Arbeit den üblichen Paradigmen und Methoden des Lehrstuhls für Produktionssystematik am Werkzeugmaschinenlabor WZL der RWTH Aachen. Basis der Erläuterungen sind vorangegangene Arbeiten von KLOTZBACH[26] , ZISKOVEN[27], PITSCH[28], KOMOREK[29], SALMEN[30] und KUHLMANN[31]. Diese Arbeiten schaffen ein einheitliches Verständnis von ingenieurwissenschaftlicher Forschung. KUBICEK beschreibt diese als einen kontinuierlichen Lern- und Erkenntnisprozess, welcher auf einem aus der Praxis stammenden Problem und einer theoretischen, präziseren Beschäftigung des Problems basiert.[32] Demgegenüber steht der Ansatz nach POPPER, der nicht die theoretische Beantwortung eines aus der Praxis stammenden Problems forciert, sondern die Formulierung von Annahmen und Fragen an die Realität der Forschung bestätigt oder negiert.[33] Die Vorgehensweise beschreibt die wissenschaftliche Forschung als einen Erkenntnisgewinn, aus welchem sich neue Ergebnisse herleiten und welcher über den Forschenden hinaus auch der „gesamten Wissenschaftsgemeinde eine neue Wirklichkeit" erschließt.[34] In diesem Kapitel soll festgelegt werden, für welche Wissenschaft die Erkenntnisse und Ergebnisse dieser Arbeit einen Lösungsansatz darstellen. Weiterhin soll aufgezeigt werden, auf welche Art und Weise diese Erkenntnisse und Ergebnisse erzielt werden sollen.

Eine **wissenstheoretische Einordnung** dieser Arbeit wird durch eine Einordnung in die Wissenschaftssystematik nach ULRICH & HILL vorgenommen. Die Wissenschaftssystematik

[25] Vgl. Lotter; Wiendahl (Montage in der industriellen Produktion), 2006, S. 34
[26] Vgl. Klotzbach (Industrieller Werkzeugbau), 2007
[27] Vgl. Ziskoven (Auftragseinplanung einer getakteten Fertigung im Werkzeugbau), 2013
[28] Vgl. Pitsch (Kompetenzfeldbasierte Vernetzung), 2014
[29] Vgl. Komorek (Gestaltungsmodell für kollaborative Wertschöpfung), 2014
[30] Vgl. Salmen (Digital vernetzter Shopfloor), 2016
[31] Vgl. Kuhlmann (Corporate Tooling), 2016
[32] Vgl. Kubicek (Heuristischer Bezugsrahmen empirischer Forschung), 1976, S. 17
[33] Vgl. Popper (Die Logik der Sozialwissenschaften), 2017, S. 104
[34] Vgl. Binder; Kantowsky (Technologiepotentiale), 1996, S. 3

kann in Formalwissenschaft und Realwissenschaft unterteilt werden.[35, 36] Gemäß der Definition nach ULRICH & HILL werden in Formalwissenschaften Zeichensysteme mitsamt den Regeln zur Nutzung dieser Systeme eingeschlossen. Zugeordnet werden können den Formalwissenschaften z. B. die Philosophie oder die Mathematik, welche auf erarbeiteten Regeln und analytischen Ergebnissen fußen, die keinen Bezug zu realen Objekten aufweisen. Folglich lässt sich die Richtigkeit der Ergebnisse nur durch die logische Konsistenz prüfen.[37] Gegenüber den Formalwissenschaften werden in den Realwissenschaften empirisch wahrnehmbare Wirklichkeitsphänomene betrachtet. Die Forschungsergebnisse erfordern neben der Suche nach logischen Widersprüchen zusätzlich eine Faktenanalyse zur Überprüfung.[38] Unterteilt werden können die Realwissenschaften in Grundlagenwissenschaften und angewandte Handlungswissenschaften. Zu den Grundlagenwissenschaften zählen z. B. die Naturwissenschaften Physik, Biologie oder Chemie, welche Ausschnitte der Wirklichkeit zu erklären versuchen. Zu den angewandten Handlungswissenschaften werden solche Wissenschaften gezählt, die das menschliche Verhalten analysieren und zu erklären versuchen. Ein Beispiel für angewandte Handlungswissenschaften ist die Betriebswirtschaftslehre.[39]

Die Ingenieurwissenschaften als Anwendungsfeld dieser Arbeit können nach ULRICH & HILL den angewandten Handlungswissenschaften als Teil der Realwissenschaften zugeordnet werden.[40] Die hier vorliegende Arbeit adressiert praktische Herausforderungen der produzierenden Industrie mit dem Fokus Werkzeugbau in einem betriebswirtschaftlichen Kontext. Demzufolge ist diese Arbeit den angewandten Handlungswissenschaften zuzuordnen. Dem entsprechend soll im Folgenden ein Ansatz gewählt werden, welcher die Grundlage für den Erkenntnisprozess in dieser Arbeit liefert. Zudem bedarf es einer Offenlegung der Überzeugungen des Forschers als Teil des Vorverständnisses dieser Arbeit, um die Erläuterungen der grundlegenden Erkenntnisperspektive zu vervollständigen. Die angesprochenen Überzeugungen, welche vorwissenschaftliche und wertgebundene Annahmen enthalten, sind teilweise nicht zu beweisen oder aus empirischen Untersuchungen abzuleiten, dennoch zum Verständnis dieser Arbeit notwendig.[41] Dieses Grundverständnis bezeichnet man in der Wissenschaftstheorie als Paradigma[42], Erkenntnisprogramm[43] oder Forschungsprogramm[44] und wird in der Betriebswirtschaftslehre durch folgende Ansätze dargestellt[45]: Faktortheoretischer Ansatz nach GUTENBERG, Systemansatz nach ULRICH & HILL und Entscheidungstheoretischer Ansatz nach HEINEN. Dieser Arbeit wird der Systemansatz nach ULRICH & HILL zugrunde gelegt, da dieser praxisnah, offen und integrativ und demnach für ingenieurwissenschaftliche Fragestellungen geeignet ist. Dieser Systemansatz ist in Abbildung I-1 dargestellt.

---

[35] Vgl. Ulrich; Hill (Wissenschaftstheoretische Grundlagen), 1976, S. 305
[36] Vgl. Pitsch (Kompetenzfeldbasierte Vernetzung), 2014, S. 5 f.
[37] Vgl. Ulrich; Hill (Wissenschaftstheoretische Grundlagen), 1976, S. 305
[38] Vgl. Schanz (Wissenschaftstheoretische Grundfragen), 1987, S. 2039
[39] Vgl. Ulrich; Hill (Wissenschaftstheoretische Grundlagen), 1976, S. 305
[40] Vgl. Schanz (Wissenschaftstheoretische Grundfragen) 1987, S. 2039
[41] Vgl. Ulrich; Hill (Wissenschaftstheoretische Grundlagen), 1976, S. 306
[42] Vgl. Kuhn (Wissenschaftliche Revolution), 1962, S. 25
[43] Vgl. Albert (Marktsoziologie), 1998, S. 8 ff.
[44] Vgl. Lakatos (Wissenschaftliche Forschungsprograme), 1982, S. 89 ff.
[45] Vgl. Ulrich; Hill (Wissenschaftstheoretische Grundlagen), 1976, S. 307 f.

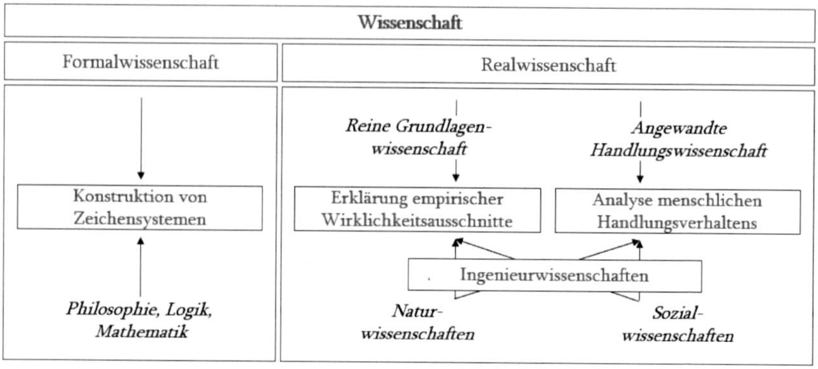

Abbildung I-1: Wissenschaftssystematik[46]

Die **Forschungsmethodologie** ist neben der grundlegenden Erkenntnisperspektive essenzieller Bestandteil des Forschungsprozesses und beschreibt die Vorgehensweise zum Erkenntnisgewinn einer wissenschaftlichen Arbeit.[47] Auf Basis der Einordnung in die Handlungswissenschaften sowie des Systemansatzes nach ULRICH & HILL wird die explorative Forschung als Forschungsmethodologie verwendet. Ziel der explorativen Forschung ist, aufbauend auf dem vorhandenen Erfahrungswissen analytische Lösungen zu erarbeiten.[48] Die Forschungsmethodologie ist in Abbildung I-2 dargestellt.

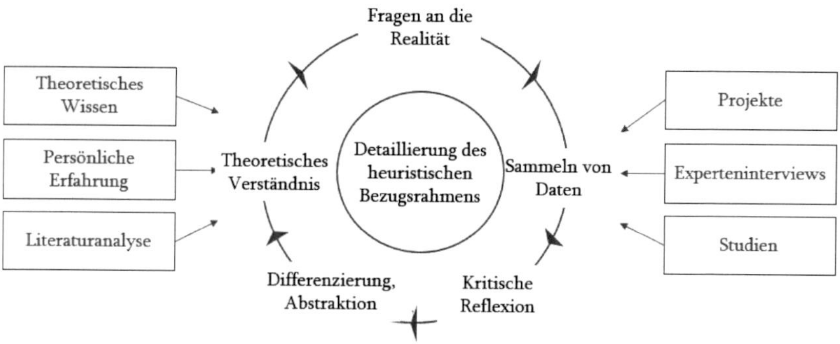

Abbildung I-2: Forschungsmethodologie[49, 50]

In der explorativen Forschung wird häufig auf einen heuristischen Bezugsrahmen zurückgegriffen, um die Problemstellung einzuschränken. Mithilfe des heuristischen Bezugsrahmens versucht der Autor das Vorverständnis aufzuzeigen, den Forschungsprozess zu lenken und eine Richtung für die nachfolgende Problemlösung zu schaffen. Den Ausgangspunkt bildet laut TOMCZAK immer ein theoretisches Problem oder Phänomen, welches

[46] I. A. a. Ulrich; Hill (Wissenschaftstheoretische Grundlagen), 1976, S. 305
[47] Vgl. Pitsch (Kompetenzfeldbasierte Vernetzung), 2014, S. 4 f.
[48] I. A. a. Kubicek (Heuristischer Bezugsrahmen empirischer Forschung), 1976, S. 13
[49] I. A. a. Kubicek (Heuristischer Bezugsrahmen empirischer Forschung), 1976, S. 14
[50] Vgl. Tomczak (Forschungsmethoden in der Marketingwissenschaft), 1992, S. 84

nicht ausreichend beherrscht wird.[51] Der heuristische Bezugsrahmen besteht aus fünf Elementen. Den Mittelpunkt des **heuristischen Bezugsrahmens** bildet die Montage im Werkzeugbau, welche im Rahmen dieser Arbeit optimiert werden soll. Die Montage ist ein entscheidender Prozessschritt in der Wertschöpfung des Werkzeugbaus und damit maßgeblich für seine Leistungsfähigkeit verantwortlich. Aufgrund der zentralen Stellung der Montage in der Auftragsabwicklung der Werkzeugerstellung ist es notwendig, diese mithilfe der Instrumente von Industrie 4.0 in der Auftragsabwicklung mit den übrigen Prozessschritten zu vernetzen. Cyber-physische Systeme als die Befähiger von Industrie 4.0 sind in der Lage, nicht nur zur digitalen Vernetzung beizutragen, sondern kontextbezogene, eigenständige und damit adaptive Reaktionen im Sinne der Effizienzsteigerung auszuführen. Der heuristische Bezugsrahmen[52] ist in Abbildung I-3 dargestellt.

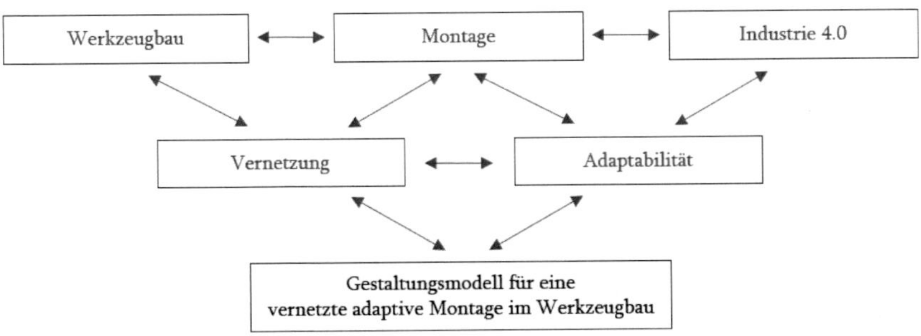

Abbildung I-3: Heuristischer Bezugsrahmen dieser Arbeit[53]

Die Grundlage dieser Arbeit basiert auf dem Erfahrungswissen des Autors, welches im Rahmen seiner Tätigkeit als studentischer Mitarbeiter seit 2013 und wissenschaftlicher Mitarbeiter seit 2016 am Lehrstuhl für Produktionssystematik in der Abteilung Unternehmensentwicklung am Werkzeugmaschinenlabor WZL der RWTH Aachen gesammelt wurde. Die Erfahrungen des Autors wurden im Rahmen von Forschungs- und Industrieberatungsprojekten sowie Lehr- und Weiterbildungsveranstaltungen erarbeitet. Insbesondere in der Industrieberatung konnte sowohl in nationalen als auch in internationalen Projekten ein umfassendes Verständnis für die Wertschöpfung in der produzierenden Industrie mit dem Fokus auf den Werkzeugbau erlangt werden. Während der Fokus innerhalb der Industrieprojekte unterschiedlich war, konnte jedoch ein ganzheitliches Praxisdefizit in der Montage über verschiedene Arten von Werkzeugbaubetrieben identifiziert werden. Problemstellungen und Lösungsmöglichkeiten in der Montage waren in großen Teilen übereinstimmend. In Vorlesungen, Kolloquien und Workshops im Umfeld der Universität, im Rahmen von Konsortialprojekten oder in bilateralen Projekten konnten potenzielle Lösungsansätze konzeptioniert und diskutiert werden. Im Austausch mit verschiedenen Interessengruppen aus der Praxis und der Theorie konnten die Forschungsergebnisse dieser Arbeit gezielt evaluiert und verbessert werden. Abschließend kann konstatiert werden, dass

[51] Vgl. Tomczak (Forschungsmethoden in der Marketingwissenschaft), 1992, S. 84
[52] I. A. a. Kubicek (Heuristischer Bezugsrahmen), 1976, S. 17 ff.
[53] Eigene Darstellung

durch das Erfahrungswissen des Autors sowie einen theoretischen und praktischen Diskurs die ausreichende Basis für diese Arbeit, die Ausarbeitung des Gestaltungsmodells für eine vernetzte adaptive Montage im Werkzeugbau, geschaffen wurde.

I.5 Aufbau der Arbeit

Die vorliegende Arbeit richtet sich bezogen auf den Aufbau nach den Phasen der angewandten Forschung von ULRICH.[54] Kennzeichnend dafür ist die Orientierung anhand eines praxisrelevanten Problems, welches den Ausgangspunkt des Forschungsprozesses bildet. Das Problem wird sowohl wissenschaftstheoretisch als auch anwendungsorientiert diskutiert. Aus dieser Betrachtung heraus werden Beurteilungskriterien sowie Gestaltungsregeln und -modelle zur Lösung abgeleitet. Im Vorgehen nach ULRICH erfolgt zur Vorbereitung der Implementierung eine Überprüfung der Ergebnisse in der Praxis.[55] In Abbildung I-4 werden die Phasen der angewandten Forschung sowie die Übertragung auf den in sieben Kapitel gegliederten Aufbau der vorliegenden Arbeit dargestellt.

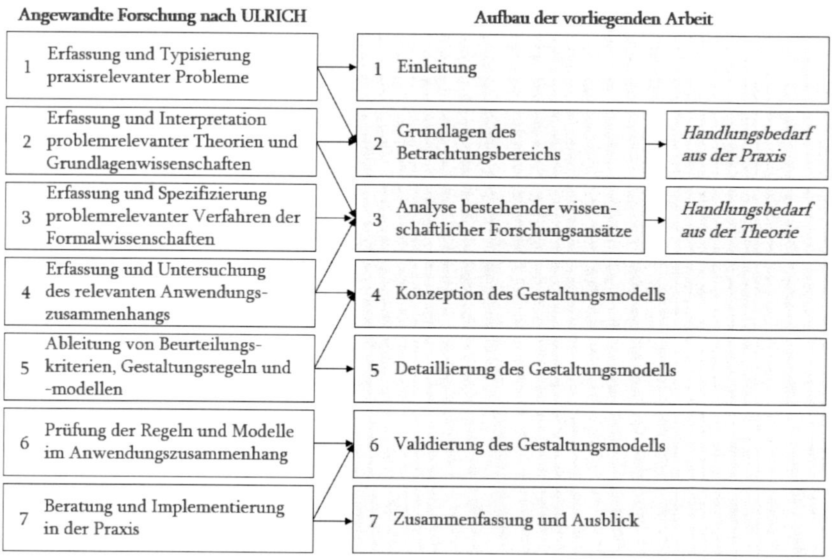

Abbildung I-4: Aufbau der Arbeit im Kontext angewandter Forschung[56]

Im **ersten Kapitel** wird eine Beschreibung der Ausgangssituation und der praxisrelevanten Problemstellung vorgenommen. Darauf aufbauend wird die Zielsetzung für diese Arbeit formuliert und in eine handlungsleitende Forschungsfrage, welcher dieser Arbeit zugrunde liegt, überführt. Zum Abschluss dieses Kapitels werden der Forschungsansatz sowie der Aufbau der Arbeit gemäß den Phasen der angewandten Forschung beschrieben.

---

[54] Vgl. Ulrich (Management), 1984
[55] Vgl. Ulrich (Management), 1984, S. 193
[56] I. A. a. Ulrich (Management), 1984, S. 193

Das **zweite Kapitel** beinhaltet die Erläuterung relevanter Grundlagen des Betrachtungsbereichs. Aufbauend auf der Beschreibung der Wertschöpfung in der industriellen Produktion wird die Systematisierung der industriellen Produktion, ergänzt um die Elemente der Wertschöpfung, dargestellt. Weiterhin wird die Entwicklung der Wertschöpfung thematisiert und mit Fokus auf die wesentlichen Elemente der vierten industriellen Revolution vorgestellt. Zudem wird die dieser Arbeit zugrundeliegende Branche Werkzeugbau als der Betrachtungsbereich detailliert vorgestellt. Im Anschluss wird das Gewerk Montage allgemein sowie mit den Besonderheiten im Werkzeugbau charakterisiert. Das Kapitel endet mit der Herleitung des Handlungsbedarfs aus der Praxis.

Im **dritten Kapitel** werden bestehende wissenschaftliche Ansätze bezüglich ihrer Eignung zur Adressierung der Problemstellung überprüft. Zu Beginn des Kapitels wird eine Systematik zur Analyse hergeleitet, welche aus einem Bewertungs- und einem Anforderungssystem besteht. Danach erfolgt die Vorstellung bestehender wissenschaftlicher Ansätze aus der Literatur sowie eine Bewertung dieser Ansätze entsprechend des definierten Anforderungssystems. Die Aggregation der Bewertung aller wissenschaftlichen Ansätze führt abschließend zum Handlungsbedarf aus der Theorie.

Das **vierte Kapitel** thematisiert die Herleitung des Gestaltungsmodells. Ausgehend von dem Handlungsbedarf aus der Praxis und dem Handlungsbedarf aus der Theorie wird das Gestaltungsmodell für eine vernetzte adaptive Montage im Werkzeugbau zur Beantwortung der Forschungsfrage entwickelt. Hierzu werden zunächst die Grundlagen und Bestandteile der Modellbildung und ein Bezugsrahmen in Form eines Meta-Modells erarbeitet. Darauf aufbauend werden die befähigenden Faktoren eines Produktionssystems, wie es die Montage darstellt, hergeleitet und ein Gestaltungsmodell im Grundaufbau entwickelt. Danach werden einzelne Gestaltungsfelder und -elemente des Gestaltungsmodells abgeleitet und schließlich in einer Synthese zum Gestaltungsmodell aggregiert.

Auf Basis des konzeptionierten Gestaltungsmodells werden im **fünften Kapitel** die einzelnen Gestaltungsfelder mitsamt den subordinierten Gestaltungselementen detailliert. Die in diesem Kapitel präsentierten Ergebnisse beantworten die Forschungsfrage vollumfänglich und sollen als Handlungsempfehlungen dienen. Das fünfte Kapitel schließt mit der Erläuterung der Wechselwirkungen der einzelnen Gestaltungsfelder ab.

Im **sechsten Kapitel** erfolgt die Validierung des Gestaltungsmodells. Die Ergebnisse dieser Arbeit werden anhand von zwei Fallbeispielen im Werkzeugbau erörtert. Im Zuge dessen werden zunächst Unternehmensrandbedingungen in Form einer Ausgangssituation sowie die Anwendung des Gestaltungsmodells im Unternehmen vorgestellt. Das Kapitel endet mit einer kritischen Reflektion in Bezug auf die Anforderungserfüllung.

Das **siebte Kapitel** fasst die Ergebnisse dieser Arbeit abschließend zusammen. Darüber hinaus wird in einem Ausblick der weitere Forschungsbedarf aufgezeigt, welcher sich aus den Ergebnissen ableitet und die Einordnung des Gestaltungsmodells in ein übergeordnetes Zielbild beschreibt.

II Grundlagen des Betrachtungsbereichs

Die Ausführungen über den aktuellen Stand der Wissenschaft und Technik sind die Prämisse für das Verständnis dieser Arbeit. Entsprechend werden zunächst theoretische Grundlagen zur Wertschöpfung in der industriellen Produktion erarbeitet. Daraufhin wird die Entwicklung der Wertschöpfung in Zeiten von Industrie 4.0 beschrieben. Im darauffolgenden Kapitel wird der Prozessschritt Montage sowie die dieser Arbeit zugrunde liegende Branche Werkzeugbau thematisiert. Das Kapitel endet mit der Ableitung des Handlungsbedarfs aus der Praxis.

II.1 Wertschöpfung in der industriellen Produktion

Die Wertschöpfung ist das Ziel einer jeden industriellen Produktion und damit Grundlage der vorliegenden Arbeit. Daher ist es zunächst notwendig, die industrielle Produktion zu definieren, die Systematisierung der industriellen Produktion zu erläutern und schließlich die Elemente sowie die Entwicklung der Wertschöpfung zu beschreiben.

II.1.1 Industrielle Produktion

Die vorliegende Arbeit bezieht sich auf die industrielle Produktion. Der Begriff Produktion im industriellen Kontext wird in der Literatur auf verschiedenste Weisen definiert.[57] Eine der grundlegendsten Definitionen des Begriffs Produktion wurde von GUTENBERG geprägt. Demnach bezeichnet die Produktion die Form- und Substanzveränderungen bestimmter Grund- oder Ausgangsstoffe zur Herstellung von Produkten neuer Eigenschaften.[58] Ziel der Produktion im allgemeinen Sinne ist die Erhöhung der Wertigkeit der Grund- und Ausgangsstoffe.[59] Die Produktion erfolgt volkswirtschaftlich in drei Wirtschaftsbereichen, welche in Primär-, Sekundär- und Tertiärsektor aufgeteilt werden können.[60] Der Primärsektor umfasst die grundlegenden Wirtschaftsbereiche der Land- und Forstwirtschaft sowie der Fischerei. Unter den Sekundärsektor fasst man üblicherweise die Industrien der Energie- und Wasserversorgung, der handwerklichen und industriellen Betriebe des verarbeitenden Gewerbes sowie des Bergbaus zusammen. Der Tertitärsektor umfasst Dienstleistungen in den Branchen Handel, Gastgewerbe, Verkehr und Finanzierung.[61, 62]

Entsprechend der aufgeführten Erläuterungen ist die produzierende Industrie im Sekundärsektor verortet. Der Kern der Tätigkeiten des produzierenden Gewerbes sind Transformationen von Objekten hinsichtlich qualitativer, quantitativer, räumlicher oder zeitlicher

[57] Vgl. Corsten (Produktionswirtschaft), 2007, S. 1
[58] Vgl. Gutenberg (Grundlagen der Betriebswirtschaftslehre), 1951, S. 1
[59] Vgl. Günther; Tempelmeier (Produktion und Logistik), 2012, S. 2
[60] Vgl. Hardes et al. (Grundzüge der Volkswirtschaftslehre), 2002, S. 281
[61] Vgl. Cezanne (Allgemeine Volkswirtschaftslehre), 2005, S. 581 f.
[62] Vgl. Hardes et al. (Grundzüge der Volkswirtschaftslehre), 2002, S. 281

Art.[63] Hierbei bezeichnet der Begriff Produktion die zielgerichtete Gestaltung und Durchführung aufgeführter Transformationen.[64] In der Literatur findet keine trennscharfe Unterscheidung zwischen der industriellen und handwerklichen Produktion statt; vielmehr existieren Kriterien der Unterscheidung, welche in der Abbildung II-1 dargestellt ist.

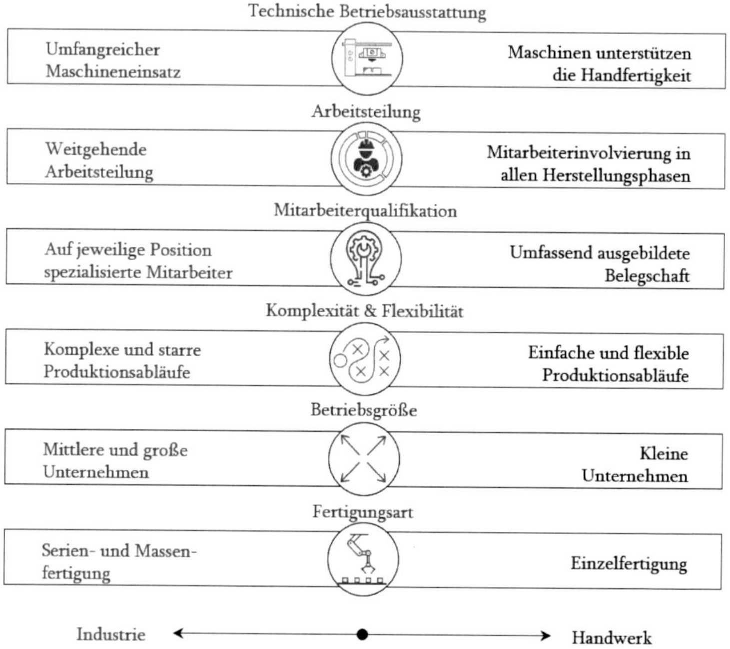

Abbildung II-1: Industrielle Produktion vs. Handwerk[65, 66]

Industrielle Produktionen sind in der Regel gekennzeichnet durch einen umfangreichen Maschineneinsatz, weitgehende Arbeitsteilung, auf jeweilige Positionen spezialisierte Mitarbeiter, komplexe und starre Produktionsabläufe, mittlere und große Unternehmen sowie eine Fokussierung auf die Serien- oder Massenproduktion. Die handwerkliche Produktion hingegen zeichnet sich durch Maschineneinsatz zur Unterstützung der Mitarbeiter, eine hohe Mitarbeiterinvolvierung in allen Herstellungsphasen, eine umfassend ausgebildete Belegschaft, flexible und einfache Produktionsabläufe sowie eine Einzelfertigung aus.[67, 68, 69]

---

[63] Vgl. Dyckhoff (Betriebliche Produktion), 1994, S. 3
[64] Vgl. Schwalbach (Produktionstheorie), 2008, S. 5
[65] Vgl. Günther; Tempelmeier (Produktion und Logistik), 2012, S. 8
[66] I. A. a. Deutscher Industrie- und Handelskammertag (Leitfaden Abgrenzung), 2017, S. 5
[67] Vgl. Günther; Tempelmeier (Produktion und Logistik), 2012, S. 8
[68] Vgl. Wolf (Industrie und Handwerk), 2013
[69] Vgl. Salmen (Digital vernetzter Shopfloor), 2016, S. 15

Um ein fundiertes Verständnis der industriellen Produktion zu erzeugen, wird die Produktion im Folgenden sowohl als Abschnitt der betrieblichen Erstellung von Gütern, als Faktorkombinationsprozess sowie als Abfolge von Aktivitäten in der Wertkette beschrieben.

Volkswirtschaftlich betrachtet besteht der Sinn betrieblicher Betätigung in der Erstellung von Gütern materieller und immaterieller Art.[70] Die betriebliche Erstellung von Gütern lässt sich in die **Abschnitte der betrieblichen Erstellung von Gütern** mit den Abschnitten Beschaffung, Produktion und Absatz unterteilen.[71] Der Produktion vorgelagert findet die Beschaffung statt. Die Aufgabe der Beschaffung ist die Versorgung der Produktion mit benötigten Produktionsfaktoren aus dem Beschaffungsmarkt. Im Anschluss an die Produktion übernimmt der Absatz die Anbindung der Produktion an den Absatzmarkt.[72] Beschaffung und Absatz unterscheiden sich von der Produktion durch eine Änderung der Besitzverhältnisse der Güter, wohingegen die Produktion Veränderungen an Gütern durchführt und sich die Besitzverhältnisse nicht ändern.[73] Dies ist in Abbildung II-2 dargestellt.

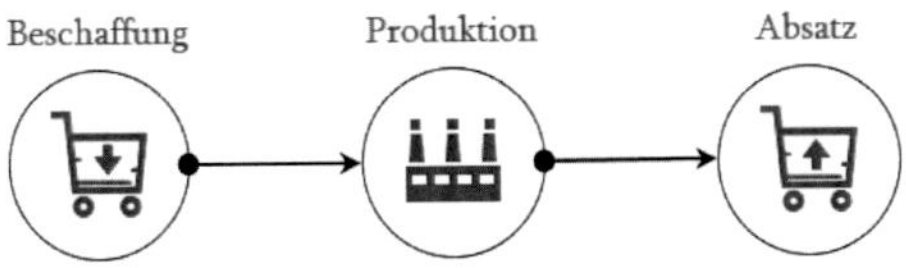

Abbildung II-2: Produktion als Abschnitt der betrieblichen Erstellung von Gütern[74]

Neben dem Ansatz zur Beschreibung und Charakterisierung der industriellen Produktion als Abschnitt der betrieblichen Erstellung von Gütern existiert ein weiterer Ansatz. Laut diesem Ansatz lässt sich die industrielle Produktion als **Faktorkombinationsprozess** beschreiben. Die Faktorkombination spiegelt sich in einer Input-/Output-Relation wider.[75] Zwar existiert eine Vielzahl von Produktionsfaktoren, die in der industriellen Produktion eingesetzt werden, jedoch können diese vollständig den drei Elementarfaktoren Werkstoffe, Betriebsmittel und menschliche Arbeitsleistung zugeordnet werden. Dieses Verständnis wurde durch GUTENBERG bereits im Jahr 1951 begründet.[76] Unter Werkstoffen werden jene Güter zusammengefasst, welche in die Produktion eingehen und unmittelbar durch die Kombination und Transformation in die Erzeugung der herzustellenden Produkte einfließen. Rohstoffe, Bauteile oder Energie können beispielhaft angeführt werden. Unter Betriebsmitteln werden solche Inputfaktoren verstanden, welche für die Produktion genutzt werden, aber nicht direkt in das Produkt eingehen. Betriebsmittel können folglich als Befähiger und damit als Voraussetzung für die Produktion verstanden und in abnutzbare und nicht abnutzbare Betriebsmittel unterteilt werden. Eingesetzte Maschinen oder Werkzeuge können als Beispiel für abnutzbare Betriebsmittel, Grundstücke oder Patente als Beispiel für nicht abnutzbare Betriebsmittel angeführt werden. Menschliche Arbeitsleistung ist der Begriff für den physischen Eintrag der menschlichen Arbeitskraft zur Erzeugung der

---

[70] Vgl. Gutenberg (Grundlagen der Betriebswirtschaftslehre), 1951, S. 1
[71] Vgl. Kiener et al. (Produktions-Management), 2012, S. 4
[72] Vgl. Günther; Tempelmeier (Produktion und Logistik), 2012, S. 9
[73] Vgl. Corsten (Produktionswirtschaft), 2007, S. 1
[74] Vgl. Günther; Tempelmeier (Produktion und Logistik), 2012, S. 9
[75] Vgl. Günther; Tempelmeier (Produktion und Logistik), 2012, S. 7
[76] Vgl. Gutenberg (Grundlagen der Betriebswirtschaftslehre), 1951, S. 3 ff.

herzustellenden Produkte. Eine Unterteilung kann in objektbezogene und dispositive Arbeitsleistung vorgenommen werden. Objektbezogene Arbeiten stehen dabei in unmittelbarem Zusammenhang mit der Transformation oder Kombination der Produktionsfaktoren zu neuen Produkten. Diese Abläufe werden durch dispositive Tätigkeiten administrativ unterstützt. Schematisch dargestellt wird dies in Abbildung II-3.

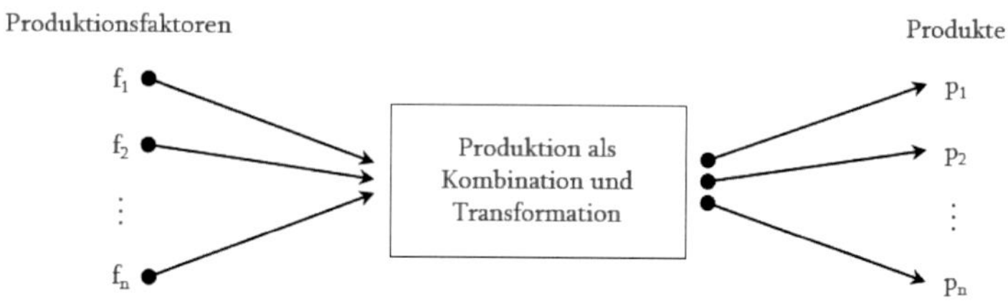

Abbildung II-3: Produktion als Faktorkombinationsprozess[77, 78, 79]

Die industrielle Produktion stellt somit den kombinativen oder transformativen Akt dar, durch welchen die drei elementaren Produktionsfaktoren zu einer Einheit verbunden werden. Im Zentrum der produktionstheoretischen Betrachtung steht die Frage nach der Substitutionalität der Produktionsfaktoren, welche einen limitationalen oder einen substitutionalen Zusammenhang zeigen kann. Existiert nur eine effiziente Kombination der Produktionsfaktoren, mit der das zu erstellende Produkt erzeugt werden kann, so wird der Produktionsvorgang als limitational definiert. Wenn hingegen ein Produktionsfaktor existiert, der einen der eingesetzten Produktionsfaktoren ersetzen kann, ohne dass eine Veränderung des Produkts einschließlich der Kombination und Transformation damit einhergeht, so wird der Produktionsvorgang als substitutional bezeichnet.[80]

Ein weiterer Ansatz definiert die industrielle Produktion sowie die zugrundeliegende Wertschöpfung als **Abfolge von Aktivitäten in der Wertkette** eines Unternehmens. PORTER greift die Aktivitäten auf und unterteilt diese in primäre und sekundäre Aktivitäten. Primäre Aktivitäten sind in produzierenden Unternehmen sämtliche Tätigkeiten, die sich mit der Herstellung eines Produkts, dessen Verkauf und Transport sowie dem Service (Kundendienst) beschäftigen, während die sekundären Aktivitäten stützende Tätigkeiten repräsentieren, welche zur Befähigung und Stabilisierung der primären Aktivitäten dienen.[81, 82] Die notwendigen Aktivitäten nach PORTER sind in Abbildung II-4 dargestellt.

[77] Vgl. Kistner (Produktions- und Kostentheorie), 1993, S. 5
[78] Vgl. Dyckhoff (Produktionstheorie), 2006, S. 3
[79] Vgl. Becker (Prozesse in Produktion und Supply Chain optimieren), 2008, S. 9
[80] Vgl. Sonntag (Die Gutenberg-Produktionsfunktion), 2004, S. 3 f.
[81] Vgl. Komorek (Gestaltungsmodell für kollaborative Wertschöpfung), 2014, S. 19
[82] Vgl. Porter (Competitive Advantage), 1998, S. 39 f.

Abbildung II-4: Produktion als Wertkette[83]

Trotz der verschiedenen Fokusse haben die vorgestellten Definitionsansätze der industriellen Produktion gemein, dass die bestimmende Aufgabe der industriellen Produktion die Erstellung von Gütern materieller oder immaterieller Art ist. Hierbei werden Veränderungen durch primäre und sekundäre Aktivitäten an den in die Produktion eingehenden Produktionsfaktoren durchgeführt, um neue Produkte oder Dienstleistungen zu erstellen und einen Wertzuwachs zu erreichen. Werden Aktivitäten gebündelt, um ein vorab definiertes Ziel zu erreichen, so ist diese Bündelung als Prozess zu bezeichnen.[84, 85, 86] Die industrielle Produktion kann folglich als systematischer Leistungserstellungsprozess unter Realisierung einer Werterhöhung verstanden werden.[87]

II.1.2 Systematisierung der industriellen Produktion

In den letzten Jahren und Jahrzehnten hat sich die industrielle Produktion maßgeblich weiterentwickelt.[88, 89] Die industrielle Produktion besteht heute häufig aus einem komplexen Netz aus unterschiedlichen Akteuren, teilweise räumlich getrennt, und vielschichtigen Interaktionen.[90] Neben Akteuren und deren organisatorischen Arbeitsteilung ist es ein sich frequent verändernder Technologieeinsatz, der die Systematisierung der industriellen Produktion forciert. In der Produktionstheorie wird die Systematisierung der industriellen Produktion durch Produktionssysteme adressiert.

Ein **Produktionssystem** bezeichnet die geregelte und durchgehende Nutzung von Arbeitsprinzipien und Instrumentarien zur effizienten Gestaltung der Wertschöpfung. Produktionssysteme ermöglichen die industrielle Produktion in einer geeigneten Detaillierungsebene abzubilden.[91]

---

[83] I. A. a. Porter (Competitive Advantage), 1998 S. 37
[84] Vgl. Lowenthal (Reengineering the Organization), 1994, S. 85
[85] Vgl. Becker (Prozesse in Produktion und Supply Chain optimieren), 2008, S. 7
[86] Vgl. Rüegg-Stürm; Grand (Das St. Galler Management-Modell), 2015, S. 23
[87] Vgl. Weber (Wertschöpfungsrechnung), 1980, S. 1
[88] Vgl. Günther; Tempelmeier (Produktion und Logistik), 2012, S. 8
[89] Vgl. Deutscher Industrie- und Handelskammertag e. V. (Leitfaden Abgrenzung), 2017, S. 5
[90] Vgl. Dyckhoff (Betriebliche Produktion), 1994, S. 3
[91] Vgl. Dyckhoff (Betriebliche Produktion), 1994, S. 5

Grundsätzlich lassen sich Produktionssysteme als Input/-Output-Systeme beschreiben, welche eine Innenstruktur aufweisen und typischerweise aus Sub- und Teilsystemen bestehen, die beispielsweise Werke, Gewerke, Anlagen oder Arbeitsplätze abbilden. In Abbildung II-5 ist das Produktionssystem als Regelkreis dargestellt.

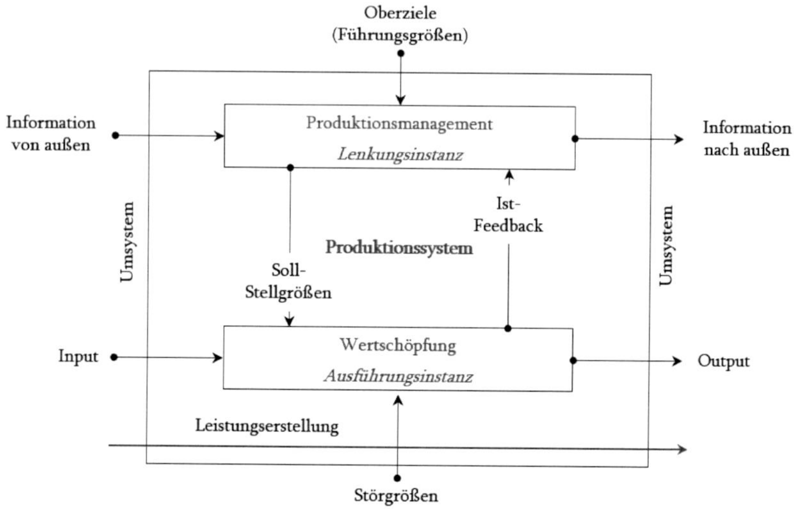

Abbildung II-5: Bestandteile eines Produktionssystems in einem Regelkreis[92]

In der Produktionswirtschaft kann ein Produktionssystem einen Betrieb, eine Fabrik, ein Fertigungssegment, Werkstätten oder Fertigungslinien darstellen.[93, 94] Das Produktionssystem ist damit das Bindeglied zwischen dem Produktionsmanagement und der Wertschöpfung. Das Produktionsmanagement kann in dieser Auffassung als sogenannte Lenkungsinstanz, die Wertschöpfung als sogenannte Ausführungsinstanz beschrieben werden. Die zwei Teilsysteme werden von einem Umsystem umgeben, die das Produktionssystem als eine logische Einheit abschließt.[95] Im Folgenden werden die Teilsysteme eines Produktionssystems näher spezifiziert.

Das **Produktionsmanagement** kann als die betriebliche Führungsaufgabe in strategisches, taktisches und operatives Produktionsmanagement unterteilt werden. Diese drei Ebenen des Produktionsmanagements unterscheiden sich hinsichtlich Bedeutung, Auswirkung und Zeitraum der Entscheidung. Nachfolgend sind die drei Ebenen erläutert[96]:

---

[92] Vgl. Dyckhoff (Produktionstheorie), 2006, S. 7
[93] Vgl. Dyckhoff (Betriebliche Produktion), 1994, S.11 f.
[94] Vgl. Günther; Tempelmeier (Produktion und Logistik), 2012, S. 6 f.
[95] Vgl. Dyckhoff (Produktionstheorie), 2006, S. 6
[96] Vgl. Kern (Handwörterbuch der Produktionswirtschaft), 1996, S. 1391 ff.

- *Strategisches Produktionsmanagement* – Langfristige Ausrichtung der Ziele der Produktion sowie des Produktionssystems, bspw. Management von Produktionskapazitäten und Fertigungsstandards
- *Taktisches Produktionsmanagement* – Mittelfristige Umsetzung der strategischen Entscheidungen, bspw. Bestimmung der Produktionstechnologie und der Arbeitsorganisation
- *Operatives Produktionsmanagement* – Kurzfristige Umsetzung der strategischen Entscheidungen, bspw. Erstellung des Produktionsprogramms (auf Tagesebene) und Management von Lieferanten

Unter Anwendung des Produktionssystems erfolgt schließlich die Weitergabe der Vorgaben des Produktionsmanagements zur Realisierung der Wertschöpfung von Produkten oder Dienstleistungen.[97]

Der Wortzusammensetzung des Wortes **Wertschöpfung** zufolge bezeichnet Wertschöpfung die Schaffung eines Mehrwertes. W&ERER definiert den Wert als Differenz zwischen übernommener Vorleistung und der Abgabeleistung.[98] Diese Einordnung des Begriffs Wert als eine rein finanziell messbare Größe ist jedoch nicht ausreichend, da sie Aktivitäten vernachlässigt, welche finanziell nicht direkt aufwands- oder ertragswirksam werden.[99]

Um ein weitergreifendes Verständnis zu schaffen ist es notwendig, eine Unterscheidung des Wertbegriffs in Gebrauchswert und Tauschwert vorzunehmen.[100] Der Gebrauchswert ist die subjektive Wertschätzung des Kunden und setzt sich aus den wahrgenommenen Produkteigenschaften in Verbindung mit den tatsächlichen Bedürfnissen zusammen. Von diesem Wert als der Substanz lässt sich der Tauschwert unterscheiden. Dieser Tauschwert definiert den Preis, der für eine Leistung zu einem bestimmten Zeitpunkt erzielt werden kann. Für die Bewertung einer Leistung muss ein Vergleich mit den übrigen am Markt verfügbaren Leistungen erfolgen. Somit ist der Wert der Leistung nicht an seinen Eigenschaften, sondern in Relation zu den am Markt verfügbaren Leistungen bestimmt.[101]

Dieses Verständnis wird in der Literatur spezifiziert. MÜLLER-STEWENS & LECHNER definieren Wertschöpfung als eine Kombination von Inputfaktoren, welche einen Output zum Ergebnis hat, der höher ist als der der eingesetzten Inputfaktoren.[102] GAITANIDES definiert Wertschöpfung in einem ähnlichen Verständnis als das Ergebnis einer Abfolge von Aktivitäten, welche in einem logischen Zusammenhang stehen und zu einem Produkt führen, welches von einem Kunden nachgefragt wird.[103] Eine strukturierte und ganzheitliche Betrachtung der Wertschöpfung in der industriellen Produktion erfordert demzufolge zuerst eine Betrachtung der eingesetzten Inputfaktoren, anschließend eine Betrachtung der Akti-

---

[97] Vgl. Kern (Handwörterbuch der Produktionswirtschaft), 1996, S. 1391 ff.
[98] Vgl. Wunderer; Jaritz (Unternehmerisches Personalcontrolling), 2007, S. 14
[99] Vgl. Müller-Stewens; Lechner (Strategisches Management), 2011, S. 356
[100] Vgl. Müller-Stewens; Lechner (Strategisches Management), 2011, S. 356
[101] Vgl. Müller-Stewens; Lechner (Strategisches Management), 2011, S. 356 f.
[102] Vgl. Müller-Stewens; Lechner (Strategisches Management), 2011, S. 354
[103] I. A. a. Gaitanides (Prozessorganisation), 2007, S. 8 f.

vitäten zur Veränderung der Inputfaktoren und zuletzt eine Betrachtung des erstellten Produkts als Output der Wertschöpfung. Die Wertschöpfung kann sowohl intern im Unternehmen als auch extern bei Wertschöpfungspartnern realisiert werden.[104, 105, 106]

II.1.3 Elemente der Wertschöpfung

Neben ergebnisorientierten Definitionen liefern MÜLLER-STEWENS & LECHNER ebenfalls eine prozessorientierte Definition der Wertschöpfung als Schaffen von Mehrwert durch Bearbeitung bzw. Veränderung. Dieses Verständnis wird insbesondere in der produzierenden Industrie häufig verwendet und deckt sich mit dem Verständnis von KOMOREK. Laut dieser Definition gehen Ressourcen und Kompetenzen als Befähiger in die Wertschöpfung ein.[107] Zudem erfolgt eine Beschreibung der Organisation als strukturierendes Element der Wertschöpfung sowie der Prozesse der Leistungserstellung als Aktivitäten der Wertschöpfung. Abschließend wird die Leistung als Ergebnis der Wertschöpfung näher betrachtet.

II.1.3.1 Ressourcen – eingehender Faktor der Wertschöpfung

Ressourcen werden in der industriellen Produktion zur Herstellung von Gütern verwendet und bezeichnen nach KRÜGER & HOMP jene Faktoren, die in die Produktion von Produkten in Form von Gütern und Dienstleistungen eingehen.[108] In der wissenschaftlichen Literatur existieren verschiedene Ansätze der Klassifizierung von Ressourcen. GRANT vertritt die Klassifizierung der Ressourcen in tangible und intangible Ressourcen. Hierbei wird zwischen tangiblen Ressourcen, welche physischer oder finanzieller Natur sind, und intangiblen Ressourcen unterschieden, welche Technologie, Reputation und Mitarbeiterfähigkeiten enthalten.[109] ROSE übernimmt diese Klassifizierung und hebt neben den tangiblen und intangiblen Ressourcen die Humanressourcen gesondert hervor.[110]

Ein weit verbreiteter Ansatz mit einer ähnlichen Klassifizierung wird durch MÜLLER-STEWENS & LECHNER geprägt. Sie unterscheiden zwischen materiellen und immateriellen Ressourcen.[111] Während materielle Ressourcen finanzielle, physische und Informationstechnologie (IT)-basierte Ressourcen einschließen, unterteilen sich immaterielle Ressourcen in Bestands-, Human-, strukturelle und kulturelle Ressourcen. Die Unterteilung der Ressourcen eines Unternehmens sind in Abbildung II-6 illustriert.

[104] Vgl. Kistner (Produktions- und Kostentheorie), 1993, S. 10
[105] Vgl. Dyckhoff (Produktionstheorie), 2006, S. 3
[106] Vgl. Becker (Prozesse in Produktion und Supply Chain optimieren), 2008, S. 9
[107] Vgl. Komorek (Gestaltungsmodell für kollaborative Wertschöpfung), 2014, S. 42
[108] Vgl. Krüger; Homp (Kernkompetenz-Management), 1997, S. 222
[109] Vgl. Grant (Contemporary Strategy Analysis), 2016, S. 118 ff.
[110] Vgl. Rose (Methoden zur Identifikation dynamischer Kernkompetenzen), 2000, S. 14
[111] Vgl. Müller-Stewens; Lechner (Strategisches Management), 2011, S. 199

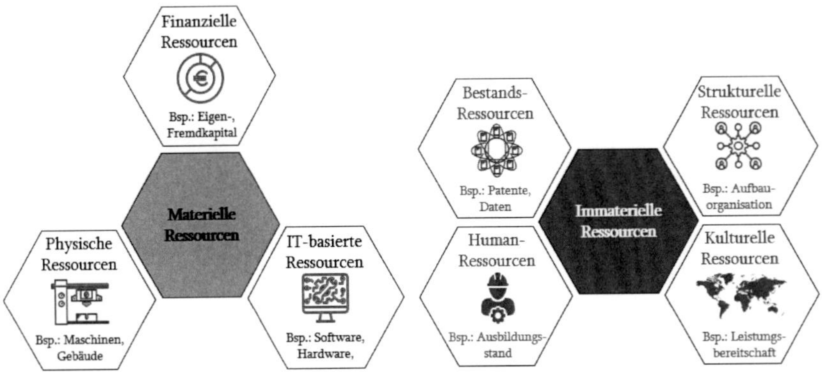

Abbildung II-6: Ressourcen eines Unternehmens[112]

II.1.3.2 Kompetenzen – eingehender Faktor der Wertschöpfung

KAMPKER fasst die Bündelung und Kombination der in Abbildung II-6 aufgeführten Ressourcen sowie die Koordination und Vermittlung zwischen diesen unter dem Begriff Fähigkeiten zusammen.[113] Zunächst enthält der Begriff Fähigkeit keine Wertung in Bezug auf den Nutzen für die industrielle Produktion. Kompetenz wird hingegen als erfolgreich eingesetzte Fähigkeit bezeichnet und beinhaltet somit eine Wertung.[114,115] Inzwischen werden Kompetenzen als diejenigen Fähigkeiten eines Betriebs bezeichnet, die entweder die Effizienz des Betriebs oder den Nutzen der für den Kunden bereitgestellten Leistung erhöhen.[116] Kompetenzen in einem Unternehmen können nach LADO ET AL. wie folgt klassifiziert werden:

- *Output-orientierte Kompetenzen* – Fähigkeiten, welche die Umwelt eines Unternehmens adressieren (bspw. Qualität, Image, …)
- *Ressourcen-orientierte Kompetenzen* – Fähigkeiten, welche die Bereitstellung von Ressourcen ermöglichen (bspw. Kommunikation, Führung, …)
- *Transformatorische Kompetenzen* – Fähigkeiten, welche die effiziente Umwandlung von Inputs in Outputs ermöglichen (bspw. Technologieanwendung, …)

Zur Wertschöpfung werden insbesondere ressourcenorientierte und transformatorische Kompetenzen benötigt. Output-orientierte Kompetenzen hingegen werden für die Außendarstellung des Unternehmens und die Erzielung einer positiven Wahrnehmung durch den Kunden benötigt.[117]

---

112 Vgl. Müller-Stewens; Lechner (Strategisches Management), 2011, S. 199
113 Vgl. Kampker (Kompetenzbasierte Geschäftsausweitung von produzierenden Unternehmen), 2004, S. 76
114 Vgl. Homp (Entwicklung und Aufbau von Kernkompetenzen), 2000, S. 11
115 Vgl. Dudenredaktion (Duden - Die deutsche Rechtschreibung), 2017, „Stichwort Kompetenz"
116 Vgl. Pitsch (Kompetenzfeldbasierte Vernetzung), 2014, S. 14
117 Vgl. Lado et al. (A Competency-Based Model of Sustainable Competitive Advantage), 1992, S. 82 ff.

Zur Realisierung eines Wettbewerbsvorteils prägten PRAHALAD & HAMEL den Begriff Kernkompetenzen als „collective learning in the organization, especially how to coordinate diverse production skills and integrate multiple streams of technologies“[118]. Kernkompetenzen stellen damit eine dauerhafte und transferierbare Ursache für einen Wettbewerbsvorteil dar.[119]

II.1.3.3 Organisation – strukturierendes Element der Wertschöpfung

Die Strukturierung der Wertschöpfung, also der zielgerichtete und kompetenzbasierte Einsatz von Ressourcen zur Leistungserstellung, wird als Organisation bezeichnet. Dabei bezeichnet Organisation einerseits das Ergebnis der Strukturierung, andererseits den Prozess der Strukturierung selbst.[120] In der wissenschaftlichen Literatur wird der Prozess der Strukturierung als instrumentelle Organisation, das Ergebnis der Strukturierung als institutionelle Organisation bezeichnet.[121] Neben dieser Gliederung kann man zwischen den gegenstandbezogenen Organisationsarten Aufbau-, Ablauf- und Projektorganisation unterscheiden. Das Zusammenspiel dieser Organisationsarten bildet das Gesamtkonstrukt Organisation in einem Unternehmen.[122] Dahingehend beschreibt die Aufbauorganisation das strukturelle Konstrukt bestehend aus Verantwortlichkeiten, Abhängigkeiten und Aufgaben.[123] Das strukturelle Konstrukt bzw. die Organisationsstruktur lässt sich wie folgt gliedern[124, 125, 126]:

- *Funktionale Organisationsstruktur* – Gliederung nach Funktionen mit einer hohen fachlichen Spezialisierung
- *Divisionale Organisationsstruktur* – Gliederung nach dem Objektprinzip mit einer breiten fachlichen Spezialisierung
- *Matrix-Organisationsstruktur* – Mehrdimensionale Organisationsstruktur nach dem Prinzip der Überlagerung der funktionalen und divisionalen Organisationsstruktur

Die beschriebenen Organisationsstrukturen innerhalb der Aufbauorganisation[127] sind in Abbildung II-7 dargestellt.

---

[118] Prahalad; Hamel (The Core Competence of the Corporation), 2006, S. 279
[119] Vgl. Krüger; Homp (Kernkompetenz-Management), 1997, S. 56
[120] Vgl. Eversheim (Organisation in der Produktionstechnik), 1996, S. 268 f.
[121] Vgl. Hansmann (Industrielles Management), 2006, S. 192
[122] Vgl. Bullinger et al. (Handbuch Unternehmensorganisation), 2009, S. 4 ff.
[123] Vgl. Hub (Aufbauorganisation, Ablauforganisation), 1994, S. 4
[124] Vgl. Spennemann (Gestaltung von Organisationsstrukturen), 2001, S. 10
[125] Vgl. Gaitanides (Prozessorganisation), 2007, S. 228
[126] Vgl. Wiendahl (Betriebsorganisation für Ingenieure), 2005, S. 18
[127] Vgl. Spennemann (Gestaltung von Organisationsstrukturen), 2001, S. 10

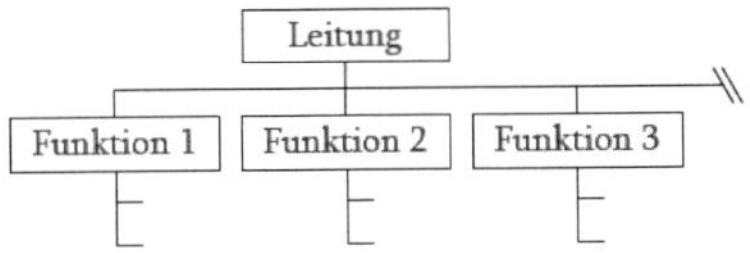

Funktionale Organisationsstruktur

- Gliederung nach Funktion/Verrichtung
- Hohe fachliche Spezialisierung
- Hoher Abstimmungsbedarf durch fehlende Vernetzung der Einheiten
- Klare Abgrenzung der Kompetenzen

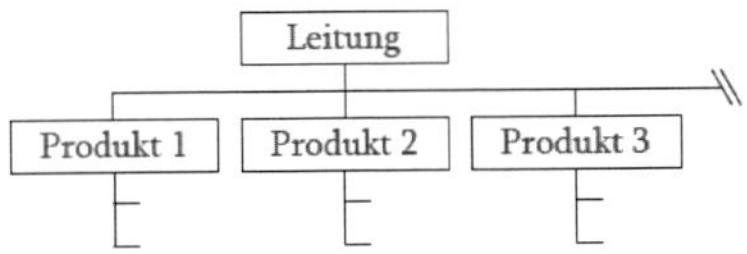

Divisionale Organisationsstruktur

- Gliederung nach dem Objektprinzip
- Kurze Entscheidungswege
- Problematische Ausrichtung der Division auf übergeordnete Unternehmensziele
- Fokus kleine Unternehmen

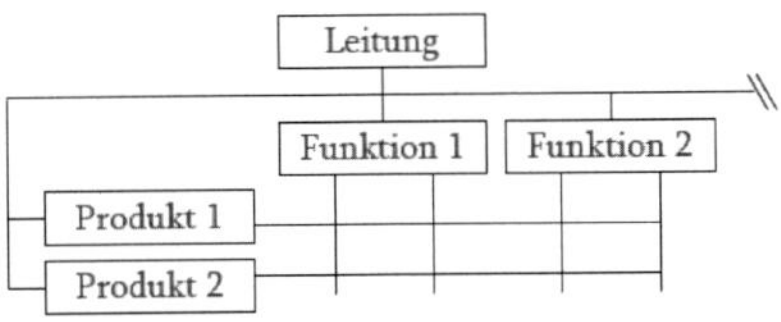

Matrix-Organisationsstruktur

- Gliederung nach Funktions- und Objektprinzip (mehrdimensionale Organisationsstruktur)
- Zeitlich befristet oder unbefristet
- Kurze Kommunikationswege
- Kompetenzkonflikte durch Überlagerung zweier Entscheidungssysteme

Abbildung II-7: Organisationsstrukturen eines Unternehmens[128, 129, 130]

Neben der Aufbauorganisation ist die Ablauforganisation zu nennen, welche die Organisation hinsichtlich des räumlichen und zeitlichen Aspekts fokussiert.[131] Dabei werden Tätigkeiten, deren Reihenfolge, benötigte Zeiten sowie der erforderliche Material- und Informationsfluss bestimmt.[132, 133]

II.1.3.4 Prozesse – Aktivität der Wertschöpfung

Wie bereits in Kapitel II.1.2 erläutert, findet die Wertschöpfung in der industriellen Produktion durch Aktivitäten statt. Eine Aneinanderreihung und Kombination von zusammenhängenden Aktivitäten, die eine zielorientierte Transformation durchführen, werden als Prozess bezeichnet.[134] Folglich beschreiben Prozesse notwendige Aktivitäten, um einen Input zu einem Output zu transformieren. PANDE und HOLPP charakterisieren Prozesse anhand des Lieferanten, welcher einen bestimmten Input zur Verfügung stellt, anhand des Prozesses selbst und anhand des Kunden, welcher den Output entgegennimmt.[135] Zudem können Prozesse zueinander ebenfalls in einer Kunden-Lieferanten-Beziehung stehen.[136] Dieses allgemeine Prozessverständnis wird durch SCHMELZER & SESSELMANN hinsichtlich

---

[128] Vgl. Spennemann (Gestaltung von Organisationsstrukturen), 2001, S. 10
[129] Vgl. Gaitanides (Prozessorganisation), 2007, S. 228
[130] Vgl. Wiendahl (Betriebsorganisation für Ingenieure), 2005, S. 18
[131] Vgl. Kapitel IV.4.1 und Kapitel V.1.1
[132] Vgl. Gienke et al. (Handbuch Produktion), 2007, S. 49
[133] Vgl. Bullinger et al. (Handbuch Unternehmensorganisation), 2009, S. 5 f.
[134] Vgl. Schwalbach (Produktionstheorie), 2008, S. 5
[135] Vgl. Pande; Holpp (What is six sigma?), 2002, S. 52 ff.
[136] Vgl. Becker (Prozesse in Produktion und Supply Chain optimieren), 2008, S. 8

eines Kundennutzens und damit der Erzielung von Wertschöpfung spezifiziert. Demnach besteht ein Prozess aus einer Folge von wertschöpfenden Aktivitäten, die eine vom Kunden erwartete Leistung erzeugen.[137, 138, 139] Prozesse lassen sich nach STEINBUCH wiederum in drei grundlegende Prozessarten aufgliedern. STEINBUCH unterscheidet zwischen Geschäftsprozessen, Logistikprozessen und Fertigungsprozessen. Geschäftsprozesse bezeichnen solche Prozesse, die eine Informationsverarbeitung beschreiben. Unter Logistikprozessen versteht er die Prozesse, die einen Materialtransport zum Gegenstand haben. Fertigungsprozesse stellen solche Prozesse dar, die eine Wertschöpfung durch Transformation von Input zu Output realisieren. Jede dieser Prozessarten lässt sich in einem Unternehmen wiederfinden.[140, 141] WIENDAHL fasst die Prozesse der industriellen Produktion in einem systemtechnischen Modell eines Produktionsunternehmens zusammen. Die Prozesse der industriellen Produktion sind in Abbildung II-8 dargestellt.

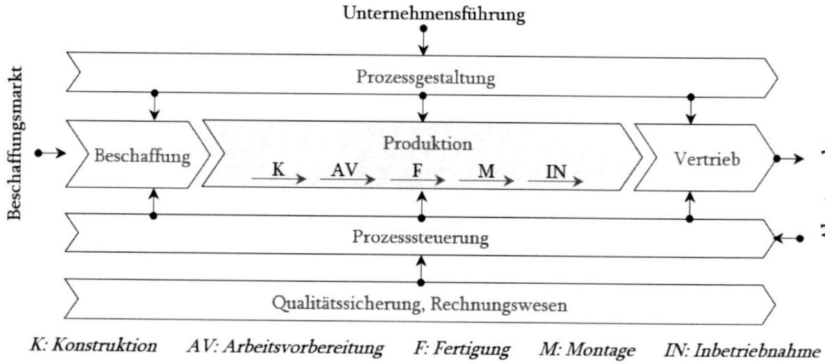

Abbildung II-8: Prozesse in der industriellen Produktion[142]

Der Kern der Tätigkeiten produzierender Unternehmen ist die Produktion, welche die Prozessschritte Konstruktion, Arbeitsvorbereitung, Fertigung und Montage und Inbetriebnahme beinhaltet. Vorgelagert exisitiert der Prozessschritt der Beschaffung, nachgelagert der Prozessschritt Vertrieb. Die Beschaffung beschreibt die Durchführung aller Aktivitäten zur Bereitstellung benötigter Input-Faktoren für die Produktion.[143] Der Beschaffung folgt als erster Schritt der Produktion die Konstruktion, in welcher die Entwicklung des Produkts realisiert wird. Im nachfolgenden Prozessschritt Arbeitsvorbereitung werden die ablauftechnischen Schritte in der Fertigung und in der Montage geplant. Anschließend werden die einzelnen Bauteile des Produkts in der Fertigung hergestellt und schließlich in der

[137] Vgl. Schmelzer; Sesselmann (Geschäftsprozessmanagement in der Praxis), 2013, S. 53
[138] Vgl. Kuhlmann (Corporate Tooling), 2016, S. 28
[139] Vgl. Ensinger et al. (Digitale Prozesse), 2016, S. 5
[140] Vgl. Steinbuch (Prozessorganisation - Business Reengineering - Beispiel R/3), 1998, S. 31
[141] Alle der aufgeführten Prozessarten sind Gegenstand dieser Arbeit.
[142] Vgl. Wiendahl (Betriebsorganisation für Ingenieure), 2005, S. 11
[143] Vgl. Wiendahl (Betriebsorganisation für Ingenieure), 2005, S. 11

Montage zum gesamten Produkt zusammengesetzt. Das nach erfolgter Montage und Inbetriebnahme finalisierte Produkt wird dem Vertrieb übergeben, welcher die Distribution der hergestellten Leistungen an Kunden ausführt.

Die beschriebenen Prozesse werden in Unternehmen der industriellen Produktion durch verschiedene Aktivitäten unterstützt. So ist es die Unternehmensführung, die Zielvorgaben und Prozessgestaltung hinsichtlich technologischer, wirtschaftlicher und logistischer Aspekte festlegt. Mithilfe der Prozesssteuerung kann eine Termin- und Mengensteuerung operativ umgesetzt werden.[144] Das Controlling und das Rechnungswesen überprüfen die Einhaltung qualitativer und ökonomischer Vorgaben. Nachdem alle Prozesse durchlaufen wurden, ist das Ergebnis der Wertschöpfung die erstellte Leistung.[145]

II.1.3.5 Leistung – Ergebnis der Wertschöpfung

Die Transformation eines Inputs zu einem Output unter Realisierung eines Wertzuwachses ist das Ziel der industriellen Produktion.[146, 147, 148] Die Transformation ist mit der Leistungserstellung gleichzusetzen. Leistungen können diesbezüglich nach einer Vielzahl von unterschiedlichen Kriterien klassifiziert werden. Eine weitverbreitete Klassifizierung geht auf MEIER & UHLMANN zurück, die eine Unterteilung in Sach- und Dienstleistungen vornehmen. Dabei werden Sachleistungen als materielle und Dienstleistungen als immaterielle Leistungen geführt.[149] Unabhängig von dieser Definition haben die Leistungen gemein, dass sie die Bedürfnisse eines Kunden erfüllen.[150] Dabei werden vielstufig aufgebaute Produktionsprozesse, von der Rohstoffbereitstellung über diverse Zwischenstufen der Bearbeitung bis zur Fertigstellung der Endprodukte, beständig von vielfältigen Leistungen unterstützt.[151] Teil des Produktionsmanagements[152] ist zu entscheiden, welche dieser Leistungen intern durchgeführt und welche an externe Lieferanten ausgelagert werden sollen. Dies beeinflusst die Struktur der Leistungserbringung und damit der gesamten Wertschöpfung in der industriellen Produktion.[153]

II.1.4 Entwicklung der Wertschöpfung

Die Leistungserstellung sowie die Wertschöpfung haben sich im Laufe der Zeit grundlegend verändert. Dies zeigt sich insbesondere an den vier industriellen Revolutionen, die als Meilensteine in der produzierenden Industrie angeführt werden.[154] Die vier industriellen Revolutionen sollen nachfolgend mitsamt den Charakteristika beschrieben werden.

Der Niedergang der traditionellen, durch Landwirtschaft und Handwerk geprägten Arbeitswelt war maßgeblich getrieben durch die Erfindung der Dampfmaschine im Jahre

[144] Vgl. Wiendahl (Betriebsorganisation für Ingenieure), 2005, S. 11
[145] Vgl. Pande; Holpp (What is six sigma?), 2002, S. 52 ff.
[146] Vgl. Kistner (Produktions- und Kostentheorie), 1993, S. 1
[147] Vgl. Dyckhoff (Produktionstheorie), 2006, S. 3
[148] Vgl. Becker (Prozesse in Produktion und Supply Chain optimieren), 2008, S. 9
[149] Vgl. Meier; Uhlmann (Integrierte Industrielle Sach- und Dienstleistungen), 2012, S. 1
[150] Vgl. Frick (Erfolgreiche Geschäftsmodelle im Werkzeugbau), 2006, S. 196
[151] Vgl. Picot (Ein neuer Ansatz zur Gestaltung der Leistungstiefe), 1991, S. 337
[152] Vgl. Kapitel II.1.1
[153] Vgl. Picot (Ein neuer Ansatz zur Gestaltung der Leistungstiefe), 1991, S. 338
[154] Vgl. Pierce (The Industrial Revolution), 2005, S. 2 ff.

1763 durch James Watt.[155] Der Einsatz der Dampfmaschine in der damaligen Schlüsselindustrie des Textilgewerbes Ende des 18. Jahrhunderts leitete die **erste industrielle Revolution** ein. Mechanische Produktionsanlagen, die durch Wasser- und Dampfkraft betrieben wurden, ersetzten zunehmend die bis dahin durch menschliche Kraft angetriebenen Anlagen.[156] Erste Fabriken zur industriellen Produktion wurden errichtet und ermöglichten eine rasante Entwicklung des Handwerks zur Serienproduktion und damit eine deutliche Steigerung der Effizienz.[157]

Rund ein Jahrhundert später, Ende des 19. Jahrhunderts, begann die **zweite industrielle Revolution** infolge der Einführung der Elektrizität als Antriebskraft. Als Schlüsselereignis wird in der Literatur der Beginn der Fließbandproduktion am Schlachthof von Cincinnati im Jahre 1870 angeführt, die neue Möglichkeiten der Massenproduktion eröffnete. TAYLOR forcierte die zweite industrielle Revolution, indem er die Effizienz der industriellen Produktion bemängelte und Maßnahmen der Standardisierung ergriff. Schließlich war es FORD, der im Jahre 1913 auf der Basis von TAYLOR die Fließbandarbeit in der Massenproduktion von Kraftfahrzeugen in seinen Werken einführte und durch standardisierte, sich wiederholende Aktivitäten an einem Fließband sowie die Umgestaltung der Arbeitsorganisation die Effizienz der Produktion weiter verbesserte.[158]

Die **dritte industrielle Revolution** setzte in den 1970er Jahren ein. Der zunehmende Wunsch nach vielfältigeren und qualitativ hochwertigeren Produkten konnte durch den Einsatz von Elektronik- und Informationstechnologien in der Fertigung realisiert werden. Erste speicherprogrammierbare Steuerungen (SPS) führten zur weiteren Automatisierung der Produktion, sodass Fertigungsschritte weitestgehend eigenständig ablaufen und die menschliche Arbeit anderweitig eingesetzt werden konnte.[159] Für den Einsatz von Informations- und Kommunikationstechnologien (IKT) in der produzierenden Industrie wurde das Konzept des Computer Integrated Manufacturing (CIM) entwickelt, um so den Auftragsabwicklungsprozess zu unterstützen.[160] Allgemein verstärkte sich die Kopplung informationsverarbeitetenden Komponenten mit physischen Objekten.[161] Durch Systemunterstützung und Automatisierung konnte die Effizienz weiter gesteigert werden.[162]

Zu Beginn des neuen Jahrhunderts leiteten leistungsfähiger werdende digitale Systeme die **vierte industrielle Revolution** ein, deren Realisierung gegenwärtig voranschreitet. Konnten im Zuge der dritten industriellen Revolution IKT nur lokal eingesetzt werden, können diese im Zuge der vierten industriellen Revolution entlang der gesamten Wertschöpfungskette Anwendung finden und eine vollständige Durchdringung der industriellen Produktion und ihrer Produkte realisieren.[163] Physische Objekte werden zu cyber-physischen Systemen (CPS), die in der Lage sind, Daten und Informationen z. B. über Sensoren aufzunehmen,

---

[155] Vgl. Pierce (The Industrial Revolution), 2005, S. 12
[156] Vgl. Reinhart (Handbuch Industrie 4.0), 2017, S. XXXI
[157] Vgl. Helbing (Handbuch Fabrikprojektierung), 2010, S. 9
[158] Vgl. Redlich; Wulfsberg (Wertschöpfung in der Bottom-up-Ökonomie), 2011, S. 28
[159] Vgl. Bauernhansl et al. (Industrie 4.0 in Produktion, Automatisierung und Logistik), 2014, S. 5 ff.
[160] Vgl. Westkämper et al. (Digitale Produktion), 2013, S. 51 f.
[161] Vgl. VDI (Cyber Physical Systems), 2013, S. 2
[162] Vgl. Komorek (Gestaltungsmodell für kollaborative Wertschöpfung), 2014, S. 35
[163] Vgl. Reinhart et al. (Handbuch Industrie 4.0), 2017, S. XXXIII

diese zu verarbeiten und anschließend mithilfe einer Aktorik physische Vorgänge vorzunehmen.[164] Diese neue Art der digitalen Vernetzung ermöglicht eine Vielzahl neuer Anwendungsfälle für die Wertschöpfung in der industriellen Produktion.[165, 166] Zusammenfassend lässt sich festhalten, dass die Weiterentwicklung zu einer neuen industriellen Revolution in erster Linie in der Realisierung **kollaborativer Produktivität** liegt.[167] Auf der Hannover Messe im Jahr 2011 wurde im Rahmen der Hightech-Strategie 2020 der Bundesregierung die sich anbahnende vierte industrielle Revolution unter den Leitbegriff Industrie 4.0 gestellt.[168] Der Begriff Industrie 4.0 ist angelehnt an die Versionierung von Softwaresystemen, die einen elementarenBestandteil der vierten industriellen Revolution darstellen.[169] Die vier industriellen Revolutionen in der produzierenden Industrie sind in der nachfolgenden Abbildung II-9 dargestellt.

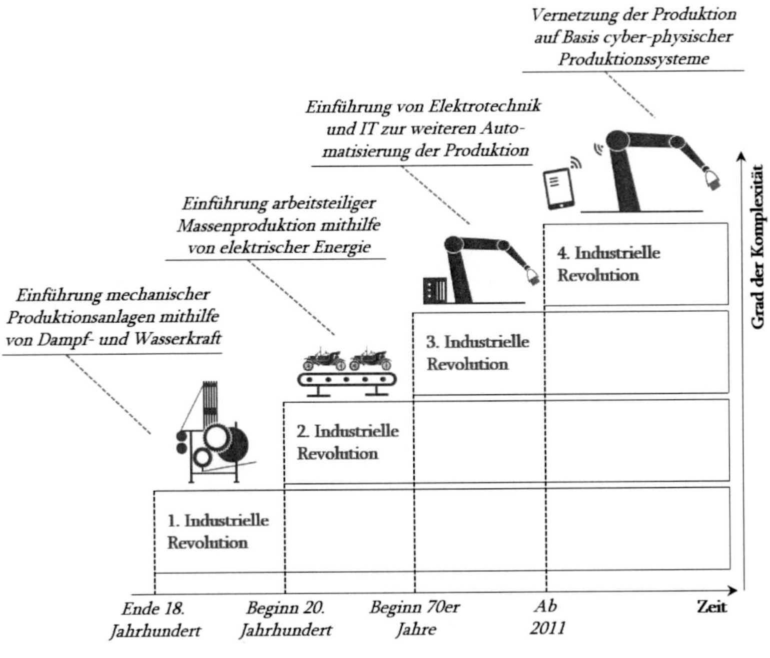

Abbildung II-9: Die vier industriellen Revolutionen[170]

[164] Vgl. Geisberger; Broy (agendaCPS), 2012, S. 22
[165] Vgl. Kagermann et al. (Industrie 4.0 im globalen Kontext), 2016, S. 5
[166] Vgl. Kagermann et al. (Umsetzungsempfehlungen für das Zukunftsprojekt Industrie 4.0), 2013, S. 17
[167] Vgl. Komorek (Gestaltungsmodell für kollaborative Wertschöpfung), 2014, S. 37
[168] Vgl. BMBF (Industrie 4.0), 2015, S. 2
[169] Vgl. Kagermann et al. (Umsetzungsempfehlungen für das Zukunftsprojekt Industrie 4.0), 2013, S. 39
[170] Vgl. Kagermann et al. (Umsetzungsempfehlungen für das Zukunftsprojekt Industrie 4.0), 2013, S. 17

II.2 Wertschöpfung in Zeiten von Industrie 4.0

In Zeiten der vierten industriellen Revolution unterliegt die Wertschöpfung einer signifikanten Veränderung. Um ein Verständnis der Wertschöpfung in Zeiten von Industrie 4.0 zu schaffen, müssen zunächst der Begriff Digitalisierung definiert und die Entwicklung der Digitalisierung in der produzierenden Industrie beschrieben werden. Auf Basis dessen erfolgt eine Erläuterung des Begriffs Industrie 4.0 mitsamt der Definition der Kernelemente Vernetzung und Adaptabilität. Weiterhin bedarf es einer Erläuterung cyber-physischer Produktionssysteme und einer Herleitung der Potenziale der Wertschöpfung durch Industrie 4.0.

II.2.1 Digitalisierung in der industriellen Produktion

Der Begriff Digitalisierung wird im allgemeinen Sprachgebrauch häufig mit dem Begriff Industrie 4.0 gleichgesetzt. Nach BAUERNHANSL ET AL. beschreibt die Digitalisierung ein Charakteristikum der dritten industriellen Revolution und der automatisierungsgetriebenen Rationalisierung. In der Wortherkunft bedeutet das Digitalisieren Erfassen, Aufbereiten und Speichern von Daten.[171] Rechnergestützte Anwendungen können die erfassten Daten verwenden und in Vorgänge, Prozesse und Arbeitsabläufe einfließen lassen, sodass folglich eine Automatisierung von Vorgängen, Prozessen und Arbeitsabläufen ermöglicht wird. Die Digitalisierung ist damit kein gänzlich neues Phänomen.[172]

Kern der Digitalisierung ist die **Datenerfassung**, d. h. die Wandlung der analogen Größen, wie zeit- und wertkontinuierlich vorliegende Zustände, in äquivalente Digitalwerte.[173] Solche Signale können Größen wie Strom, Kraft oder Druck sein.[174] Analoge Signale sind durch ihre zeit- und wertkontinuierlichen Eigenschaften charakterisiert. Abstrahiert bedeutet dies, dass analoge Signale für jeden Zeitpunkt eindeutig definiert sind und darüber hinaus jeden Wert des Wertebereichs annehmen können.[175] Digitale Signale hingegen werden nur zu diskreten Zeitpunkten aufgenommen und können auch nur endlich viele Werte des Wertebereichs abdecken. Folglich lässt sich ein digitales Signal durch die Eigenschaften zeit- und wertdiskret charakterisieren. Eine Sonderform digitaler Signale ist in digitalen Rechneranlagen zu finden, die mit sogenannten Binärsignalen arbeiten.[176]

In der **Datenaufbereitung** erfolgt eine Umwandlung der analogen Größe in digitale Größen. Es wird hierbei von digitaler Signalverarbeitung analoger Signale (DSP) gesprochen. Der Wandlungs- bzw. Umsetzungsprozess geschieht dabei in den drei Stufen Abtastung, Quantisierung und Codierung.[177] Analoge Werte werden somit in eine für den Computer zu verarbeitende Form gebracht und sind entsprechend zeitlich als auch räumlich austausch- und auswertbar.[178] Ein weiterer großer Vorteil ist, dass durch die Digitalisierung Daten in intelligenten Suchmaschinen schneller gefunden und miteinander in Relation gesetzt werden

[171] Vgl. Bauernhansl et al. (WGP Standpunkt Industrie 4.0), 2016, S. 6
[172] Vgl. Bauernhansl et al. (WGP Standpunkt Industrie 4.0), 2016, S. 6
[173] Vgl. Beucher (Signale und Systeme: Theorie, Simulation, Anwendung), 2015, S. 16
[174] Vgl. Fricke (Digitaltechnik), 2014, S. 1 f.
[175] Vgl. Meyer (Signalverarbeitung), 2009, S. 14
[176] Vgl. Woitowitz; Urbanski (Digitaltechnik), 2007, S. 2
[177] Vgl. Karrenberg (Signale-Prozesse-Systeme), 2017, S. 281
[178] Vgl. Kast et al. (Gestaltungshinweise ausgewählter Handlungsfelder), 2016, S. 55

können. In Summe wird durch die Digitalisierung somit der Aufwand der Informationsbeschaffung verringert.[179]

In der **Datenspeicherung** werden in der Regel Datenbanksysteme verwendet, welche anwendungsspezifisch ausgestaltet sind.[180] Nach MEIER & KAUFMANN können Datenbanksysteme applikationsunabhängig Daten speichern, beschreiben und abfragen. Die Datenbanksysteme bestehen aus einer Speicherkomponente, welche die Struktur und den Inhalt der Daten definiert, sowie einer Verwaltungskomponente, welche mittels Abfrage- und Manipulationssprachen die Auswertung und Veränderung der in der Speicherkomponente vorhandenen Daten ermöglicht.[181]

Die **Digitalisierung** in der industriellen Produktion hatte mit dem Einzug der Numerical Control (NC)- und Computerized Numerical Control (CNC)-Technologie ihren Ursprung in den 1960er Jahren. Zu dieser Zeit wurde der Einsatz von computergestützten Konstruktions- und Fertigungssystemen (CAD/CAM) ermöglicht, welche die geometrische Beschreibung von Objekten in Form von mathematischen Modellen ermöglichte sowie Anwendermodellierungen und -analysen von Produkten zuließ.[182] Neben der Digitalisierung der Fertigungsverfahren konnten mit Einführung von Computern auch Produktionsplanungssysteme entwickelt werden. In diesem Zusammenhang sind Material Requirement Planning Systeme (MRP) zu nennen (dt. Materialbedarfsplanungssysteme). Durch Stücklistenauflösung und unter Berücksichtigung von Beständen kalkulieren MRP-Systeme die optimale Materialversorgung.[183] Diese Lösung wurde in den 1980er Jahren erweitert. Durch Integration von Steuerungs- und Produktionsplanungs-Tools konnten Manufacturing Resource Planning Systeme (MRP II) geschaffen werden. Das MRP II beschreibt ein Tool, welches einen ganzheitlichen Ansatz für die markt- und ressourcenorientierte Planung der Absatz-, Produktions- und Bestandsmengen auf Basis des Geschäftsplans darstellt. Im deutschsprachigen Raum spricht man häufig von Produktionsplanungs- und Steuerungssystemen (PPS).[184] Auf Grundlage des MRP und MRP II entstanden in den 1980er Jahren Enterprise Ressource Planning-Systeme (ERP). ERP-Systeme beschreiben integrierte betriebswirtschaftliche Softwarelösungen, die eine Vielzahl operativer und dispositiver Geschäftsprozesse eines Unternehmens aus den Bereichen Finanz- und Rechnungswesen, Logistik, Produktion, Instandhaltung, Qualitätsmanagement und Human Resources integrieren. Die Integration der ERP-Systeme in die zentrale Datenbank ermöglicht eine selektive Extraktion von Stammdaten zur Planung von Geschäftsprozessen.[185] Erst Anfang der 1990er Jahre nahmen auch Systeme zum Produktionsdatenmanagement (PDM) Einzug in die industrielle Produktion. Diese speichern und verwalten produktdefinierende Daten als Ergebnis der Produktentwicklung und stellen diese in nachgelagerten Phasen des Produktlebenszyklus zur Verfügung.[186] Diese Systeme stellen damit eine Integrationsplattform für die

[179] Vgl. Keuper (Digitalisierung und Innovation), 2013, S. 5
[180] Vgl. Ottmann; Widmayer (Algorithmen und Datenstrukturen), 2012, S. 24
[181] Vgl. Meier; Kaufmann (SQL- & NoSQL-Datenbanken), 2016, S. 2 f.
[182] Vgl. Medland; Burnett (CAD/CAM in Practice), 1986, S. 29
[183] Vgl. Kurbel (Enterprise Resource Planning and Supply Chain Management), 2013, S. 19 ff.
[184] Vgl. Kurbel (Enterprise Resource Planning and Supply Chain Management), 2013, S. 61 ff.
[185] Vgl. Jacob (ERP Value), 2008, S. 2
[186] Vgl. Eigner; Stelzer (Product Lifecycle Management), 2013, S.12 ff.

verschiedenen Erzeugersysteme, wie beispielsweise CAD-Systeme, die während des gesamten Produktentwicklungsprozesses eingesetzt werden, dar. PDM-Systeme bilden einen Baustein innerhalb der informationstechnischen Gesamtinfrastruktur eines Unternehmens und müssen mit anderen IT-Systemen (z. B. betriebswirtschaftliche Standardsoftware) kommunizieren bzw. mit diesen abgeglichen werden können.[187] Der digitale Fortschritt der Informations- und Kommunikationstechnologien in Unternehmen profitierte besonders von dem rasanten Anstieg des Vernetzungsgrades um die Jahrtausendwende. Der Aufbau von Netzwerkinfrastrukturen wie WLAN oder Bluetooth kann als Treiber der Digitalisierung angesehen werden, denn der Ausbau der Kommunikationswege und die erhöhte Geschwindigkeit von Datenübertragungen ermöglichen den Fortschritt in der Vernetzung und bereiten den Weg in die vierte industrielle Revolution.[188] Die Entwicklung der **Digitalisierung in der Produktion** im Zeitverlauf ist in Abbildung II-10 dargestellt.

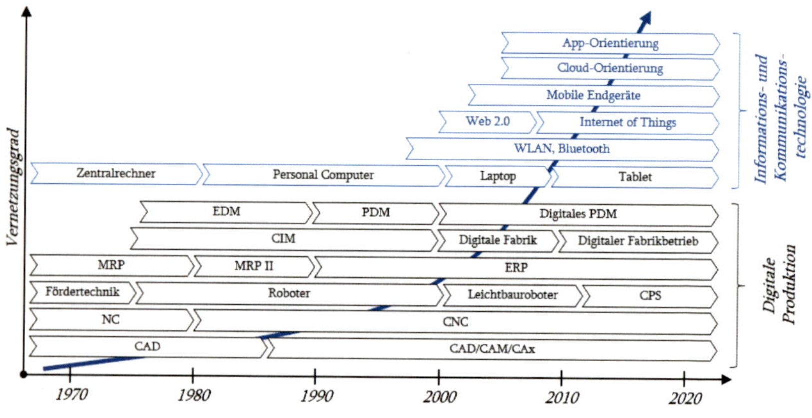

Abbildung II-10: Digitalisierung in der Produktion im Zeitverlauf[189]

Digitalisierung und Industrie 4.0 sind folglich nicht gleichzusetzten, vielmehr muss die Digitalisierung als Vorstufe für Industrie 4.0 verstanden werden.[190] Nicht die Digitalisierung, sondern die digitale Vernetzung von Ressourcen, Diensten und Menschen auf Basis cyber-physischer Systeme in Echtzeitnähe ist das Charakteristikum der Industrie 4.0. Bei der ganzheitlichen digitalen Vernetzung als zentrales Element der Zukunftsvision Industrie 4.0 wird in der Literatur zwischen einer vertikalen und horizontalen Vernetzung unterschieden.[191] Die horizontale Vernetzung ist die Vernetzung des Unternehmens mit Wertschöpfungspartnern und Kunden. Unter vertikaler Vernetzung wird die Integration

[187] Vgl. VDI (VDI-Richtlinie 2219), 2002
[188] Vgl. Bauernhansl et al. (WGP Standpunkt Industrie 4.0), 2016, S. 6
[189] I. A. a. Bauernhansl et al. (WGP Standpunkt Industrie 4.0), 2016, S. 6
[190] Vgl. Schuh et al. (Implikationen für produzierende Unternehmen), 2016, S. 42
[191] Vgl. BMWi (Potenziale Industrie 4.0 im Mittelstand), 2015, S. 16

der verschiedenen IT-Systeme entlang der unterschiedlichen Hierarchieebenen eines Produktionssystems zu einer durchgängigen Kommunikation im Unternehmen verstanden.[192] Die **vertikale Vernetzung** bezieht sich lediglich auf das Unternehmen selbst. Die Vision der vertikalen Verschmelzung der Kommunikation in einem Unternehmen betrifft fünf Ebenen, welche in der Literatur häufig durch die sogenannte Automatisierungspyramide dargestellt werden. Die heutige industrielle Automatisierung wird durch die Ebenen Unternehmensleit-, Betriebsleit-, Prozessleit-, Steuerungs- und Feldebene repräsentiert und in Form einer Automatisierungspyramide dargestellt.[193] Diese Automatisierungspyramide ist in Abbildung II-11 illustriert.

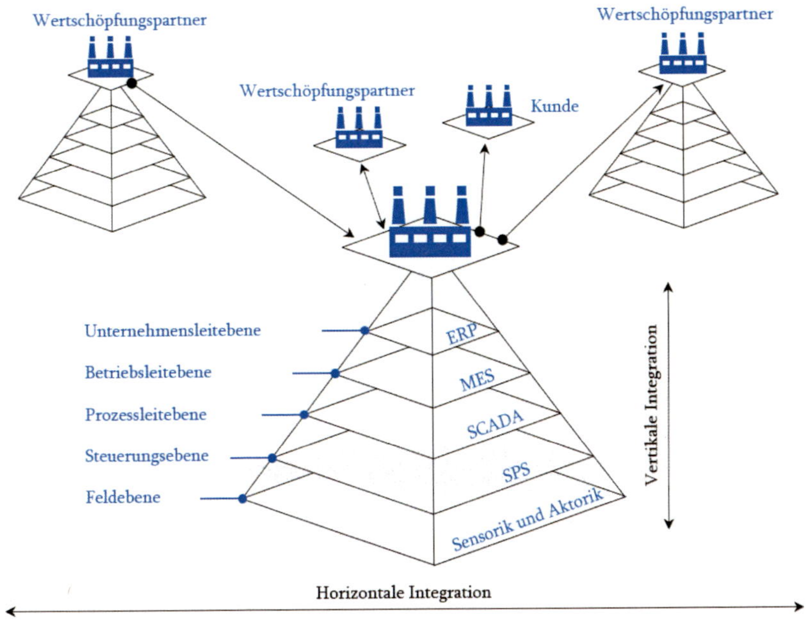

Abbildung II-11: Vertikale und horizontale Vernetzung – Automatisierungspyramide[194]

In der Unternehmensleitebene laufen alle Prozesse der strategischen Personal- und Produktionsplanung zum effizienten Einsatz von Ressourcen ab. Als unterstützendes Softwaresystem kann das ERP-System genannt werden.[195] Die Betriebsleitebene beschreibt diejenigen Prozesse, welche das operative Tagesgeschäft betreffen. Hierzu zählen die operative Produktionsplanung und die Terminüberwachung. Das MES-System kann als unterstützendes Softwaresystem genannt werden.[196]

[192] Vgl. acatech (Umsetzungsempfehlungen), 2013, S. 24
[193] Vgl. Bauernhansl et al. (WGP Standpunkt Industrie 4.0), 2016, S. 11
[194] Eigene Darstellung
[195] Vgl. Heinrich et al. (Grundlagen Automatisierung), 2015, S. 4 f.
[196] Vgl. Geisberger; Broy (agendaCPS), 2012, S. 249

In der Prozessleitebene wird die kurzfristige Produktionsplanung mit der Aufgabe der Einsatzplanung von Maschinen, Anlagen und Personal realisiert. Softwarelösungen für das Überwachen und Steuern technischer Prozesse sind sogenannte Supervisory Control and Data Acquisition-Systeme (SCADA).[197] In der Steuerungsleitebene erfolgt die Steuerung der Prozesse auf Basis der Generierung und Analyse von Daten durch eine speicherprogrammierbare Steuerung (SPS).[198] Die Steuerungsebene wertet über die SPS Eingangssignale, wie zum Beispiel Sensordaten, aus und sendet entsprechende Ergebnisdaten an die Feldebene zurück, um eine Maschinen- und Anlagensteuerung zu realisieren.[199] In der Feldebene findet die Datenaufnahme statt, welche über den Einsatz von Sensorik und Aktorik realisiert wird. Die Datenaufnahme dient der Datenbereitstellung der übergeordneten Ebenen.[200]

Neben der vertikalen Vernetzung spricht man in der Literatur außerdem von h**orizontaler Vernetzung**. Die horizontale Vernetzung erweitert die vertikale Vernetzung auf das gesamte Wertschöpfungsnetzwerk. Es sollen somit die unternehmensinternen Produktivitäts- und Flexibilitätsvorteile auf das gesamte Wertschöpfungsnetzwerk übertragen werden. So können der Gesamtressourceneinsatz, die Logistikketten und andere unternehmensübergreifende Prozesse in globalen Wertschöpfungsketten in Abstimmung mit den übrigen Wertschöpfungspartnern zeitoptimiert und koordiniert werden.[201]

II.2.2 Reifegradstufen von Industrie 4.0

Abgrenzend zu den Erläuterungen zur Digitalisierung sowie zur digitalen Vernetzung[202] beschreibt **Industrie 4.0** im Kern die echtzeitnahe **Vernetzung** von Ressourcen, Diensten und Menschen in einer Produktionsumgebung.[203] Die vertikale Vernetzung im Zuge des Konzepts von Industrie 4.0 verspricht hierarchielose Kommunikationsstrukturen. Das heißt, dass zukünftig die zuvor beschriebene starre Struktur der Automatisierungspyramide[204] durch ein flexibles, dezentral organisiertes Unternehmensnetzwerk ersetzt werden wird.[205] Im Rahmen von Industrie 4.0 wird dieser Wandel zu flexiblen, autonomen und sich selbst konfigurierenden Produktionsressourcen als cyber-physisches Produktionssystem (CPPS) bezeichnet.[206] Auf diese Weise lassen sich mit vertikaler Vernetzung im Produktionsprozess erhebliche Produktivitätssteigerungen und Ressourcenoptimierungen realisieren.[207] Die wesentliche Neuerung von Industrie 4.0 ist die Möglichkeit der Datenverarbeitung in Echtzeit und der intelligenten, selbstgesteuerten Reaktion vernetzter Ressourcen in der Produktion.[208] Industrie 4.0 kann laut SCHUH ET AL. als ein Entwicklungsweg verstanden

[197] Vgl. Heinrich et al. (Grundlagen Automatisierung), 2015, S. 5
[198] Vgl. Heinrich et al. (Grundlagen Automatisierung), 2015, S. 5
[199] Vgl. Siepmann (Industrie 4.0 - Technologische Komponenten), 2016, S. 50
[200] Vgl. Heinrich et al. (Grundlagen Automatisierung), 2015, S. 5
[201] Vgl. vbw (Dienstleistungspotenziale Industrie 4.0), 2014, S. 10
[202] Vgl. Kapitel II.2.1
[203] Vgl. Bauernhansl et al. (WGP Standpunkt Industrie 4.0), 2016, S. 6
[204] Vgl. Abbildung II-11
[205] Vgl. Kleinemeier (Automatisierungspyramide), 2017, S. 219
[206] Vgl. Bauernhansl et al. (WGP Standpunkt Industrie 4.0), 2016, S. 11
[207] Vgl. vbw (Dienstleistungspotenziale Industrie 4.0), 2014, S. 8
[208] Vgl. Bauernhansl et al. (WGP Standpunkt Industrie 4.0), 2016, S. 6

werden. Dieser Evolutionsprozess soll anhand von vier Industrie 4.0-Reifegradstufen erläutert werden. Dies erfordert Computerisierung und mit ihr die Vernetzung im Unternehmen als Voraussetzung für die Erreichung der Industrie 4.0-Reifegradstufen.[209] Die Reifegradstufen im Industrie 4.0-Reifegradmodell sind in Abbildung II-12 dargestellt.

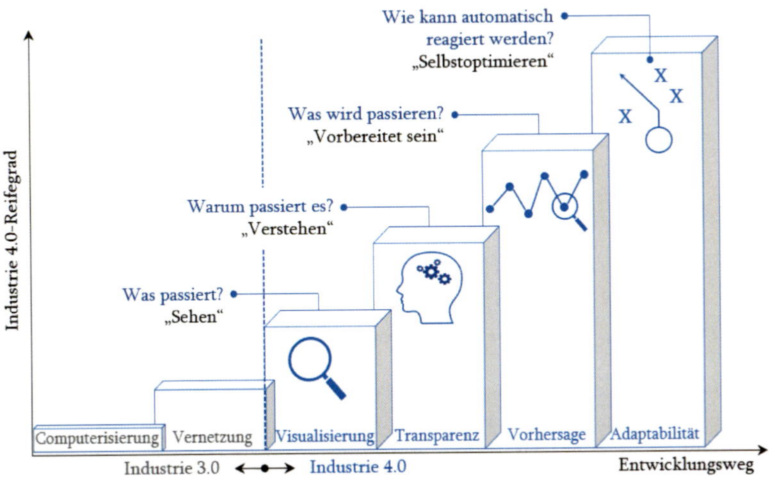

Abbildung II-12: Industrie 4.0-Reifegradmodell[210]

Die erste Reifegradstufe wird durch **Visualisierung** (Sehen: „Was ist passiert?“) beschrieben, welche durch die Datenerfassung aller Produktionsprozesse, Produkte, Maschinen und Menschen sowie die Abbildung dieser Daten in einem digitalen Schatten[211] realisiert wird. Die Idee des digitalen Schattens ist, das „hinreichend genaue Abbild der Prozesse in der Produktion, der Entwicklung und angrenzenden Bereichen mit dem Zweck, eine echtzeitfähige Auswertungsbasis aller relevanter Daten zu schaffen“.[212]

Die zweite Reifegradstufe kann durch **Transparenz** (Verstehen: „Warum ist es passiert?“) charakterisiert werden. Auf Basis der geschaffenen Sichtbarkeit auf der ersten Reifegradstufe findet eine detaillierte Analyse der aufgenommenen Daten mit dem Ziel der Identifikation von Ursache-Wirkungsbeziehungen statt.[213] Dies bezeichnet das Erkennen von Mustern, Zusammenhängen und gegenseitigen Abhängigkeiten, die zur Entscheidungsunterstützung genutzt werden können.[214]

Die dritte Reifegradstufe lässt sich mit dem Begriff **Vorhersage** (Vorbereitet sein: „Was wird passieren?“) beschreiben. In einem digitalen Schatten strukturierte Daten mitsamt den

---

209 Vgl. Schuh et al. (Industrie 4.0 Maturity Index), 2017, S. 15

210 Vgl. Bauernhansl et al. (WGP Standpunkt Industrie 4.0), 2016, S. 6

211 Der digitale Schatten ist ein hinreichend genaues Abbild der relevanten Produktionsdaten.

212 Bauernhansl et al. (WGP Standpunkt Industrie 4.0), 2016, S. 23

213 Vgl. Porter; Heppelmann (How Smart, Connected Products are Transforming Companies), 2015, S. 9

214 Vgl. Boos et al. (Smart Tooling), 2016, S. 10

identifizierten Abhängigkeiten sind die Grundlage für die Erreichung der dritten Reifegradstufe. Ziel ist es, eine Prognose über zukünftig eintretende Ereignisse auf Basis des Abgleichs von aktuellen und historischen Daten zu erstellen.[215] In der Konsequenz sind Unternehmen in der Lage, zukünftige Ereignisse zu antizipieren und rechtzeitig proaktiv Reaktionsmaßnahmen einzuleiten.[216]

Die letzte Reifegradstufe von Industrie 4.0 ist die **Adaptabilität** (Selbstoptimieren: „Wie kann automatisch reagiert werden?“). Diese Fähigkeit beinhaltet die Datenauswertung, das Verständnis von Ursache-Wirkungsbeziehungen und die darauf aufbauende Prognose von Ereignissen zur Erreichung der vierten und letzten Stufe des Reifegradmodells von Industrie 4.0. Auf dieser Reifegradstufe werden die vorhergehenden Stufen zur Realisierung selbstoptimierender Prozesse und Systeme kombiniert. Die Elemente des Produktionssystems, welche häufig als cyber-physische Produktionssysteme (CPPS) bezeichnet werden, sind in der Lage, Daten in Echtzeit aufzunehmen, zu interpretieren und entsprechende, automatisch ausgeführte Maßnahmen einzuleiten.[217, 218] Diese Entscheidungen werden unter Festlegung von durch den Menschen festgelegten Grenzen getroffen.[219]

II.2.3 Cyber-physische Produktionssysteme

Physische Systeme werden seit jeher in der Produktion in verschiedensten Anwendungen eingesetzt. CPS hingegen erweitern physische Systeme um eine digital-fähige Komponente, die über die Funktion der Datenverarbeitung verfügen.[220] CPS nehmen ihre Umwelt wahr und können auf Änderungen reagieren sowie den Umweltzustand adjustieren.[221] Die Integration von CPS in der Produktionswelt wird als cyber-physisches Produktionssystem (CPPS) bezeichnet. Es besteht aus flexiblen, autonomen und sich selbst konfigurierenden Produktionsressourcen, die untereinander und mit Produkten kommunizieren und in der Lage sind, situationsspezifische Entscheidungen zu treffen und auszuführen.[222] Sie nehmen demzufolge eine befähigende Rolle zur Umsetzung von Industrie 4.0 in der industriellen Produktion ein.[223] Der Einsatz von CPS kann in zwei Anwendungsfelder, die vertikale, unternehmensinterne Vernetzung verschiedener Ebenen sowie die horizontale, unternehmensexterne Vernetzung mit Wertschöpfungspartnern, unterteilt werden.[224, 225] Horizontale und vertikale Integration stehen dabei sowohl in einem sich ergänzenden als auch in einem sich bedingenden Verhältnis.[226] Die Elemente eines CPS sind in Abbildung II-13 dargestellt.

[215] Vgl. Liebowitz (Big Data and Business Analytics), 2013, S. 100
[216] Vgl. Boos et al. (Smart Tooling), 2016, S. 10
[217] Vgl. Bischoff (Industrie 4.0 im Mittelstand), 2015, S. 8
[218] Vgl. Zhou et al. (Industry 4.0: Towards Future Industrial Opportunities and Challenges), 2015, S. 2147
[219] Vgl. Schuh (Industrie 4.0 erfolgreich umsetzen), 2017, S. 18
[220] Vgl. Reinhart (Der Mensch in der Produktion von Morgen), S. XXXIV
[221] Vgl. Geisberger; Broy (agendaCPS), 2012, S. 17
[222] Vgl. Bauernhansl et al. (WGP Standpunkt Industrie 4.0), 2016, S. 11
[223] Vgl. acatech (Cyber-Physical Systems), 2011, S. 11
[224] Vgl. Bischoff (Industrie 4.0 im Mittelstand), 2015, S. 11 f.
[225] Vgl. Schuh et al. (Geschäftsmodell-Innovation), 2017, S. 19 f.
[226] Vgl. acatech (Umsetzungsempfehlungen), 2013, S. 35 ff.

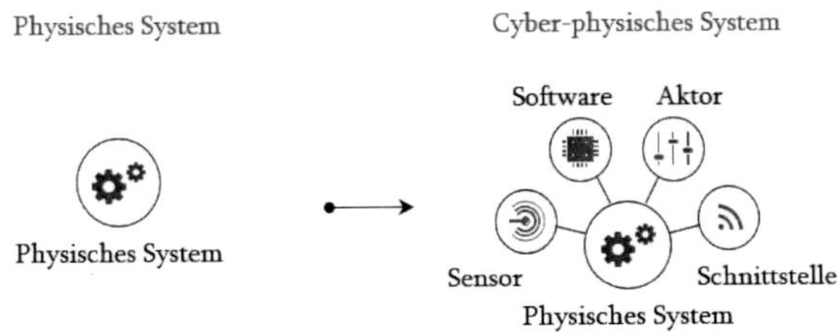

Abbildung II-13: Elemente eines CPS[227]

Spricht man von der Gesamtheit der Verknüpfung von CPS in einer internetähnlichen Struktur, so hat sich der Begriff Internet der Dinge manifestiert. Es realisiert eine effiziente Interaktion zwischen der physischen Welt und ihrem digitalen Pendant.[228] Der Begriff Internet der Dinge, oder engl. Internet of Things (IoT), ist durch einen Artikel im Forbes Magazine von ASHTON mit dem Titel „The Internet of Things" populär geworden. Zunächst stand das IOT überwiegend für sich selbst organisierende Logistiknetzwerke, welche auf Radiofrequenzidentifikation (RFID)-Technologie beruhten. Mittlerweile umfasst der Begriff die Idee eines vernetzten Systems autonom interagierender Gegenstände und Prozesse, das sich durch Selbstorganisation auszeichnet und eine zunehmende Verknüpfung physischer Dinge mit der digitalen Welt umsetzt.[229,230] In der Produktion bedeutet dies die Vernetzung des gesamten Produktionsumfeldes zu einer intelligenten Umgebung.[231] Über die bloße Verknüpfung und Kommunikation hinweg besitzt das Internet der Dinge die Fähigkeit autonomen Handelns unbelebter Objekte.[232] Das IoT wird durch folgende Aspekte gekennzeichnet:[233]

- *Einbettung:* Integration vernetzter Objekte in das Lebensumfeld des Menschen
- *Umgebungssensitivität:* Wahrnehmung des Nutzers durch Objekte und technischen Systemen im Situationskontext
- *Personalisierung/Individualisierung:* Konfiguration und Auslegung von Objekten und technischer Systeme entsprechend der Nutzeranforderungen
- *Adaptierbarkeit:* Veränderung von Objekten und technischen Systemen entsprechend den an sie gestellten Anforderungen
- *Vorwegnahme:* Voraussage von Anforderungen des Nutzers durch Objekte und technische Systeme

227 Eigene Darstellung
228 Vgl. Sisinni et al. (Industrial Internet of Things: Challenges, Opportunities, and Directions), 2018, S. 4724
229 Vgl. Brand et al. (Internet der Dinge), 2009, S. 13
230 Vgl. Xu et al. (Internet of Things in Industries: A Survey), 2014, S. 2233 f.
231 Vgl. Kagermann (Chancen von Industrie 4.0 nutzen), 2017, S. 238
232 Vgl. Brand et al. (Internet der Dinge), 2009, S. 14
233 Vgl. Brand et al. (Internet der Dinge), 2009, S. 5

Werden einzelne Funktionalitäten der im Internet der Dinge vernetzten CPS in Form von Diensten, sogenannten Services, abgebildet, so spricht man von einem Internet der Dienste. Solche Dienste werden in der Regel von Software-Services unterstützt und häufig mittels einer Cloud-Lösung intern oder extern bereitgestellt. Dies ist in Abbildung II-14 illustriert.

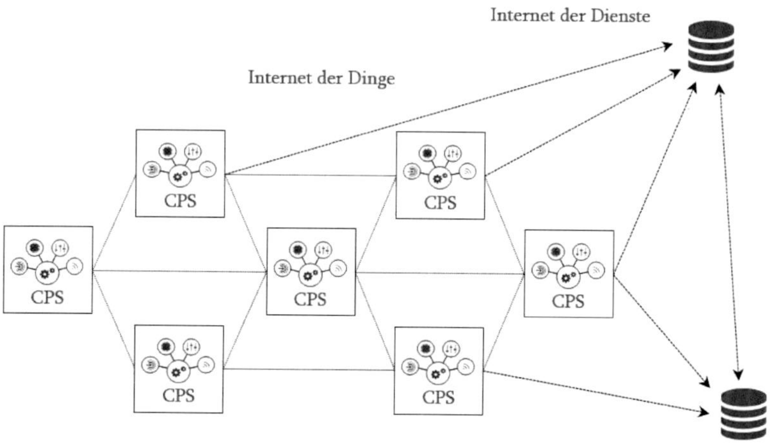

Abbildung II-14: Internet der Dinge und Dienste[234]

II.2.4 Potenziale der Wertschöpfung durch Industrie 4.0

Das Wertschöpfungspotenzial von Industrie 4.0 allein für die deutsche Wirtschaft wird bis 2021 auf 100 bis 150 Milliarden Euro geschätzt.[235] Realistisch betrachtet liegen diese Potenziale jedoch in weiter Ferne.[236] Einer Studie des Bundesministeriums für Wirtschaft und Energie (BMWi) zufolge liegt die Hauptursache für die Skepsis in mangelnder Nutzen-/Aufwandbalance von Industrie 4.0 für die Unternehmen – insbesondere solche der kleine und mittlere Unternehmen (KMU).[237] Hinzu kommen die hohe Komplexität der Thematik, Bedenken in Bezug auf die Datensicherheit, vermeintlich technische und wirtschaftliche Unsicherheiten, mangelnde Grundvoraussetzungen in Bezug auf digitale Infrastrukturen sowie zu lange und ungewisse Zeithorizonte bei der Umsetzung.[238] Diese Gründe führen zu zurückhaltenden Investitionen in Industrie 4.0-Lösungen.[239]

Industrie 4.0 bezeichnet die horizontale und vertikale Vernetzung von Ressourcen, Diensten und Menschen zur Echtzeitoptimierung komplexer Systeme. Das Ziel von Industrie 4.0 ist die enge Verzahnung von Informations- und Kommunikationstechnologien (IKT) mit

---

[234] Vgl. acatech (Umsetzungsempfehlungen), 2013, 2013, S. 28
[235] Vgl. Schuh et al. (Industrie 4.0 Maturity Index), 2017, S. 10
[236] Vgl. BMWi (Industrie 4.0 Standort Deutschland), 2015, S. 19
[237] Vgl. Europäische Kommission (Benutzerleitfaden zur Definition von KMU), 2015, S, 4 f.
[238] Vgl. Schuh et al. (Industrie 4.0: Implement it!), 2018, S. 7
[239] Vgl. Schuh et al. (Industrie 4.0 Maturity Index), 2017, S. 10

der industriellen Produktion, die insbesondere durch die Entwicklung spezifischer Technologietreiber ermöglicht wird. In der Umsetzung ist die **Vernetzung**[240] in der Lage, eine Transparenz über Daten und Informationen zu schaffen und cyber-physische Produktionssysteme miteinander zu verknüpfen. **Adaptabilität**[241] kann auf Basis der Vernetzung die Zeitspanne zwischen einem Ereignis und einer geeigneten, darauf bezogen eingeleiteten Maßnahme erheblich reduzieren.[242] Die sogenannten Latenzzeiten, wie bspw. Datenlatenz, Analyselatenz, Entscheidungslatenz und Anwendungslatenz, verringern sich durch die Nutzung neuer Technologien und deren Vernetzung untereinander.[243] In der Konsequenz sind Unternehmen in der Lage, auf jegliche Art von Umweltereignissen angemessen zu reagieren und Verschwendungen im Sinne des Lean-Managements[244] frühzeitiger adressieren zu können.[245] Dies bedeutet einen entscheidenden Wettbewerbsvorteil.[246]

Neben ökonomischen Chancen birgt Industrie 4.0 aber auch soziale und ergonomische Chancen. So können Mitarbeiter insbesondere vor dem Hintergrund des demografischen Wandels am Arbeitsplatz bspw. durch Assistenzsysteme unterstützt werden. Assistenzsysteme können u. a. dabei helfen, die durch Industrie 4.0 steigende kognitive, aber auch physische Belastung der Mitarbeiter zu reduzieren und den Mitarbeiter in seiner Fokussierung auf seine Kernaufgaben zu entlasten.[247] Zudem kann durch den Einsatz von Wissensmanagementsystemen der Zugang zu Wissen für alle Mitarbeiter durch die Digitalisierung und Vernetzung ermöglicht werden.[248] Da Wissen im Produktionsumfeld und vor allem in KMU zu sehr hohen Anteilen in den Köpfen der Mitarbeiter vorhanden ist, eröffnen sich durch Industrie 4.0 somit neue Möglichkeiten der Kommunikation und der Wissensverteilung.[249] Außerdem werden durch die neuen Formen der Kommunikation, der Interaktion und der Kooperation neue Möglichkeiten der Arbeitsorganisation entstehen.[250] Das erweiterte Zielsystem der industriellen Wertschöpfung wird dabei nicht tangiert, nach wie vor sind die Faktoren Zeit, Kosten, Qualität, Flexibilität und Nachhaltigkeit im Rahmen von Industrie 4.0 gültig.[251]

---

[240] Vernetzung ist die Verknüpfung von Elementen und Variablen in Systemen.

[241] Adaptabilität ist die Eigenschaft eines Systems, sich an eine veränderte Umwelt und Anforderungen eigenständig und ohne Einwirkung des Menschen anzupassen.

[242] Vgl. Schuh et al. (Industrie 4.0 Maturity Index), 2017, S. 11

[243] Vgl. Varghese; Tandur (Wireless Requirements and Challenges in Industry 4.0), 2014, S. 634

[244] Lean Management beschreibt ein Konzept zur Gestaltung der Wertschöpfungskette industrieller Güter unter Anwendung von zugrundeliegenden Denkprinzipien, Methoden und Verfahrensweisen.

[245] Vgl. Kagermann (Chancen von Industrie 4.0 nutzen), 2017, S. 240

[246] Vgl. Schuh et al. (Industrie 4.0 Maturity Index), 2017, S. 36

[247] Vgl. BMWi (Potenziale Industrie 4.0 im Mittelstand), 2015, S. 15

[248] Vgl. Salmen (Digital vernetzter Shopfloor), 2016, S. 81

[249] Vgl. WZL/IPT (Datenbank Werkzeugbau), 2020

[250] Vgl. Becker (Arbeit in der Industrie 4.0), 2015, S. 25

[251] Vgl. Bauernhansl et al. (WGP Standpunkt Industrie 4.0), 2016, S. 8

II.3 Werkzeugbau

Die Branche Werkzeugbau ist ein zentraler Befähiger der industriellen Produktion zwischen Produktentwicklung und Serienproduktion.[252] Die vorliegende Arbeit bezieht sich auf die Branche Werkzeugbau und bedarf daher einer Einordnung in die produzierende Industrie sowie einer Erläuterung der Charakteristika dieser Branche. Weiterhin ist eine Erläuterung der Entwicklung der Branche Werkzeugbau notwendig, um einen Handlungsbedarf begründen zu können.

II.3.1 Einordnung Branche Werkzeugbau

Im Kontext der industriellen Produktion wird zwischen den Fertigungsarten Einmal-/Unikat-, Einzel- und Kleinserien-, Serien- und Massenfertigung unterschieden.[253] Um eine Abgrenzung vornehmen zu können, werden meist zwei Kriterien zurate gezogen – die durchschnittliche Auflagenhöhe sowie die durchschnittliche Wiederholhäufigkeit der Erzeugnisse. Die Differenzierung über die durchschnittliche Auflagenhöhe der Erzeugnisse eignet sich zum Verständnis über die im jeweiligen Kontext vorliegende Fertigungsart. Diese kann je nach Produkt abweichen, zum Beispiel im Vergleich einer Schrauben- vs. Lastkraftwagenproduktion. Um dennoch eine aussagekräftigere Abgrenzung durchführen zu können, wird die durchschnittliche Wiederholhäufigkeit als Charakteristikum aufgeführt. Dieses beschreibt die Anzahl an Losen gleich oder ähnlich gefertigter Erzeugnisse.[254] Eine Gliederung der Fertigungsarten bezogen auf die durchschnittliche Auflagenhöhe sowie durchschnittliche Wiederholhäufigkeit je Erzeugnis pro Jahr können der Abbildung II-15 entnommen werden.

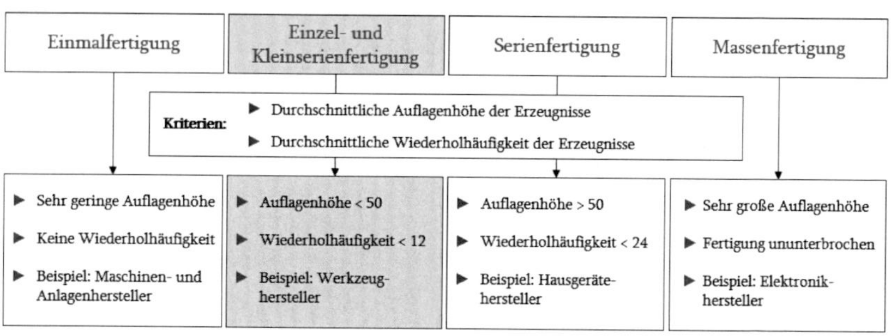

Abbildung II-15: Unterteilung von Fertigungsarten[255]

In der Unikatfertigung erfolgt eine Individualisierung der Produkteigenschaften entsprechend den spezifischen Kundenbedürfnissen.[256] Sehr geringe Auflagenhöhen und keine

[252] Vgl. Eversheim; Klocke (Werkzeugbau mit Zukunft), 1998, S. 1
[253] Vgl. Hirsch (CIM in der Unikatfertigung und -montage), 1992, S. 11
[254] Vgl. Schuh; Stich (Grundlagen der PPS), 2012, S. 130 f.
[255] Vgl. Schuh; Stich (Grundlagen der PPS), 2012, S. 131
[256] Vgl. Gruß (Schlanke Unikatfertigung), 2010, S. 68

Wiederholhäufigkeiten, wie in der Branche des Maschinen- und Anlagenbaus vorherrschend, charakterisieren eine Einmalfertigung. Bei einer Auflagenhöhe von unter 50 Erzeugnissen und einer jährlichen Wiederholhäufigkeit kleiner 12 spricht man in der Literatur von **Einzel- und Kleinserienfertigung**. Als Beispiel sei hier die Branche des Werkzeugbaus genannt. Bei einer Losgröße von mehr als 50 Erzeugnissen sowie einer gleichzeitigen Wiederholhäufigkeit von etwa zwei Losen pro Monat wird von einer Serienfertigung gesprochen. Hersteller von Hausgeräten fertigen üblicherweise in Serie. In der letzten Ausbaustufe der Fertigungsarten ist die Massenfertigung, die durch eine sehr große Auflagenhöhe und eine ununterbrochene Fertigung charakterisiert ist. Ein Beispiel für diese Fertigungsart ist die Elektronikherstellung.[257]

Als Betrachtungsfokus der vorliegenden Arbeit kann der Werkzeugbau aufgrund seiner Ausprägungen in Bezug auf Losgröße und Wiederholhäufigkeit der Einzel- und Kleinserienfertigung zugeordnet werden.[258]

II.3.2 Charakterisierung Branche Werkzeugbau

Weder im allgemeinen Sprachgebrauch noch in der Literatur ist ein einheitliches Begriffsverständnis der Begriffe Werkzeug und Werkzeugbau zu finden. Daher wird in diesem Kapitel eine Abgrenzung vorgenommen, welche die Grundlage der weiteren Betrachtung bildet. Dem VEREIN DEUTSCHER INGENIEURE (VDI) zufolge sind Werkzeuge, neben Maschinen, Vorrichtungen und anderen Hilfsstoffen, der Kategorie Fertigungsmittel zugeordnet. Diese lassen sich wiederum in die Oberkategorie Betriebsmittel einordnen. Betriebsmittel vereinen Fertigungsmittel, Prüfmittel, Handhabungsmittel, Transportmittel und Lagermittel. Die Kategorisierung nach der VDI Norm 2815 ist in Abbildung II-16 dargestellt.

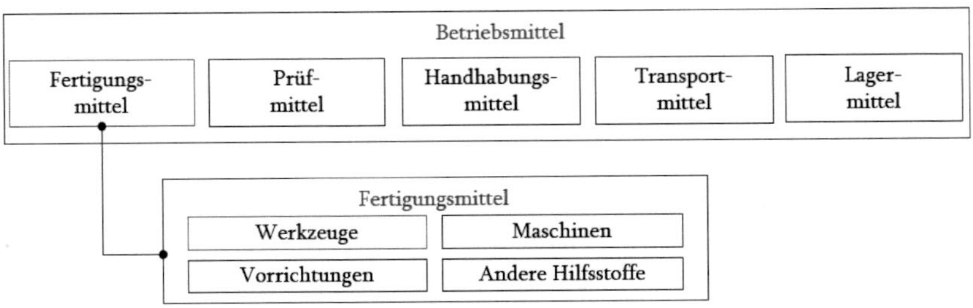

Abbildung II-16: Betriebsmittel nach VDI Norm 2815[259]

Definitorisch sind Werkzeuge als Fertigungsmittel zu klassifizieren, welche eine Form- und Substanzveränderung mittels mechanischer bzw. physikalisch-chemischer Art auf ein bestimmtes Material vornehmen.[260] Die in dieser Definition enthaltenen Standardwerkzeuge, wie beispielsweise Bohr-, Fräs-, Schleif- oder Schneidwerkzeuge, sind nicht Gegenstand der Betrachtung. Der Definition von EVERSHEIM & KLOCKE folgend sollen im Rahmen dieser

[257] Vgl. Schuh; Stich (Grundlagen der PPS), 2012, S. 131
[258] Vgl. Boos (Gestaltung und Bewertung modularer Werkzeuge), 2008, S. 41
[259] Vgl. VDI (VDI-Richtlinie 2815), 1978
[260] Vgl. VDI (VDI-Richtlinie 2815), 1978

Arbeit **Hohlformwerkzeuge**, die durch die teilweise oder vollständige Abbildung der Werkstückform auf der Werkzeuggeometrie charakterisiert sind, Gegenstand der Betrachtung sein. Innerhalb der Klasse der Hohlformwerkzeuge sind diesen Blechverarbeitungs-, Kunststoff-, Massivumform- und Druckgießwerkzeuge zuzuordnen. Hohlformwerkzeuge werden hauptsächlich zur Aluminium-, Blech- und Kunststoffverarbeitung eingesetzt.[261, 262] Der Werkzeugbaubetrieb ist demnach ein produzierendes Unternehmen, welches die oben genannten Werkzeuge herstellt. Verwendet wird nachfolgend der Begriff Werkzeugbau als Oberbegriff für „Formenbau", „Werkzeug- und Formenbau", „Werkzeug- und Anlagenbau".[263] In dieser Funktion hat der Werkzeugbau entscheidenden Einfluss auf die Leistungsfähigkeit der gesamten industriellen Produktion.[264]

II.3.2.1 Branchenstruktur

Die Branche Werkzeugbau ist grundsätzlich dort vertreten, wo produzierende Unternehmen ansässig sind. Demzufolge finden sich Werkzeugbaubetriebe auf allen Kontinenten, jedoch mit einem unterschiedlichen Entwicklungsstand und Entwicklungspotenzial.[265] Die sechs größten Werkzeugbaumärkte nach dem Produktionsvolumen sind China, die USA, Japan, Deutschland, Südkorea und Italien. Das Werkzeugvolumen der Hauptproduzenten ist in Abbildung II-17 dargestellt.

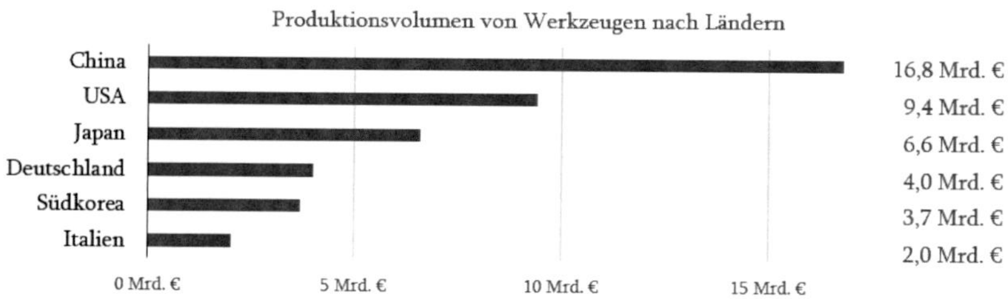

Abbildung II-17: Werkzeugvolumen der Hauptwerkzeugproduzenten[266]

Im Folgenden soll der Fokus auf dem deutschsprachigen Werkzeugbau liegen. Die Branche Werkzeugbau ist durch einen großen Anteil kleiner und mittlerer Unternehmen (KMU) gekennzeichnet. Aufgrund der Tatsache, dass Werkzeugbaubetriebe unter 20 Mitarbeitern nicht verpflichtet sind, Angaben zum Produktspektrum, Dienstleistungen oder Mitarbeitern zu machen, kann keine exakte Aussage über die Beschaffenheit der deutschsprachigen Branche gemacht werden.[267] Laut gemeinsamer Datenbank des Werkzeugmaschinenlabors WZL der RWTH Aachen und des Fraunhofer-Instituts für Produktionstechnologie IPT[268]

[261] Vgl. Eversheim; Klocke (Werkzeugbau mit Zukunft), 1998, S. 25
[262] Vgl. Frick (Erfolgreiche Geschäftsmodelle im Werkzeugbau), 2006, S. 20
[263] Vgl. Frick (Erfolgreiche Geschäftsmodelle im Werkzeugbau), 2006, S. 20
[264] Vgl. Holmes et al. (Innovation in the Automotive Tool, Die and Mould Industry), 2004, S. 12 ff.
[265] Vgl. Boos et al. (World of Tooling), 2018, S. 7
[266] I. A. a. Boos et al. (World of Tooling), 2018, S. 179 ff.
[267] Vgl. VDMA (Branchenbericht Präzisionswerkzeuge 2018), 2019
[268] Größte Werkzeugbau-spezifische Datenbank mit mehr als 1.000 Datensätzen aus den letzten 5 Jahren.

existieren in Deutschland rund 3.800 Werkzeugbaubetriebe mit ca. 54.000 Mitarbeitern. Jedoch beschäftigen 72 % der Werkzeugbaubetriebe in Deutschland weniger als 50 Mitarbeiter, 27 % eine Mitarbeiteranzahl zwischen 50 und 100 Mitarbeitern und lediglich 1 % mehr als 100 Mitarbeiter. Dies zeigt, dass der deutsche Werkzeugbau eine starke Heterogenität und Fragmentierung in zumeist kleine- und mittelständische Unternehmen aufweist.[269] Die prozentuale Verteilung der Werkzeugbetriebe nach Anzahl der Mitarbeiter ist in Abbildung II-18 dargestellt.[270]

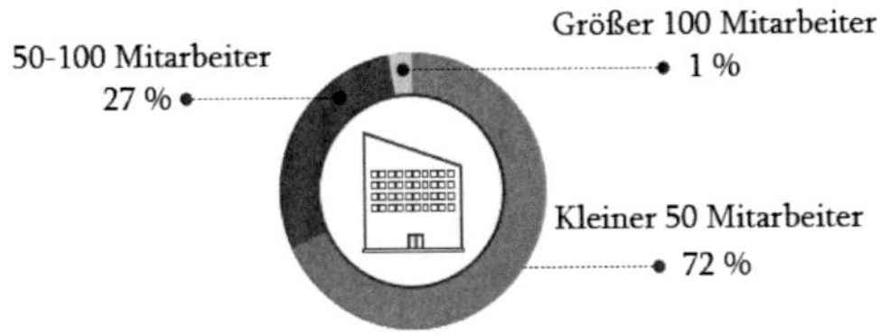

Abbildung II-18: Unternehmensgröße der deutschsprachigen Werkzeugbaubetriebe[271]

II.3.2.2 Marktzugang

Die beschriebene Heterogenität der Branche Werkzeugbau spiegelt sich ebenfalls im Marktzugang wider. Es wird unterschieden zwischen externen und internen Werkzeugbaubetrieben. Laut gemeinsamer Datenbank des Werkzeugmaschinenlabors WZL der RWTH Aachen und des Fraunhofer-Instituts für Produktionstechnologie IPT weisen 48 % aller Werkzeugbaubetriebe einen internen und 52 % einen externen Markzugang auf. Dies ist in Abbildung II-19 dargestellt.

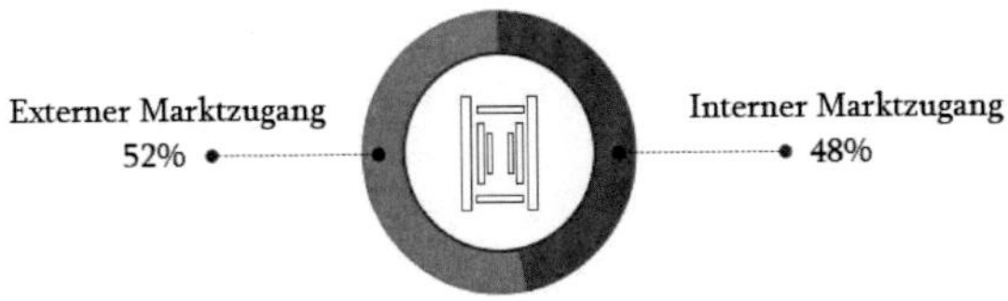

Abbildung II-19: Marktzugang der deutschsprachigen Werkzeugbaubetriebe[272]

Der Unterschied des Marktzugangs bezieht sich auf die Stellung des Werkzeugbaus gegenüber seinen Kunden. Externe Werkzeugbaubetriebe sind eigenständige Unternehmen, die meist ein breitgefächertes Kundenspektrum aufweisen. Der Werkzeugbau verfolgt die Interessen seiner Kapitalgeber und strebt eine Gewinnmaximierung an.

[269] Vgl. Boos et al. (Tooling in Germany), 2018, S. 15
[270] Vgl. WZL/IPT (Datenbank Werkzeugbau), 2020
[271] Vgl. WZL/IPT (Datenbank Werkzeugbau), 2020
[272] Vgl. WZL/IPT (Datenbank Werkzeugbau), 2020

Ein interner Werkzeugbaubetrieb ist Teil eines übergeordneten Unternehmens und versorgt dieses mit Werkzeugen. Der interne Werkzeugbaubetrieb ist somit der Lieferant für sein Mutterunternehmen, welches gleichzeitig als Kunde und Kapitalgeber auftritt.[273] Interne Werkzeugbaubetriebe können organisatorisch unterschiedlich im Mutterunternehmen integriert sein. Ist der interne Werkzeugbaubetrieb als Abteilung des Gesamtunternehmens organisiert, findet eine aufgabenorientierte Ausrichtung statt und die anfallenden Kosten werden auf andere Unternehmensbereiche umgelegt. „Unbeschränkte" Finanzmittel stehen bei dieser Organisationsform hohen Kosten durch fehlende Verantwortung gegenüber. Bei der Organisation des internen Werkzeugbaus als Cost-Center wird das übergeordnete Unternehmen in kleine Einheiten, sogenannte Center, aufgeteilt und diese bezüglich Budget und Kosten eigenverantwortlich geführt. Leistungen werden innerhalb des Unternehmens zwischen verschiedenen Centern verkauft und erworben. Ein Rentabilitätsvergleich ist aufgrund interner Verrechnungen nur sehr bedingt möglich. Die Ausrichtung als Profit-Center macht den internen Werkzeugbaubetrieb zu einem eigenen Geschäftsbereich des Unternehmens. Dazu zählen in der Regel die eigenständige Akquisition und Durchführung der Projekte sowie die Verantwortung hinsichtlich Kosten und Ergebnis. Die letztgenannte Option ist aufgrund des zunehmenden Kostendrucks die heutzutage am häufigsten gewählte Organisationsform.[274] Die aufgeführten Organisationsformen Abteilung, Cost-Center und Profit-Center sind in der Abbildung II-20 dargestellt.

	Abteilung	Cost-Center	Profit-Center
Ausrichtung	aufgabenorientiert	kostenorientiert	leistungsorientiert
Arbeitsweise	Kostenumlage auf andere Bereiche	Eigenverantwortung bezüglich Kosten	Eigenverantwortung bezüglich Ergebnis
Vorteile	„unbeschränkte" Finanzmittel	Kostensenkung durch Kostenverantwortung	Vergleichsmöglichkeit mit externen Anbietern
Nachteile	hohe Kosten durch fehlende Verantwortung	bedingter Rentabilitätsvergleich	hoher administrativer Aufwand

Abbildung II-20: Organisationsformen von Werkzeugbaubetrieben[275]

[273] Vgl. Eversheim; Klocke (Werkzeugbau mit Zukunft), 1998, S. 75
[274] Vgl. Kuhlmann (Gestaltung von Geschäftsprozessen), 2013, S. 27
[275] Vgl. Kuhlmann (Gestaltung von Geschäftsprozessen), 2013, S. 27

II.3.2.3 Leistungsspektrum

Unabhängig von Marktzugang und Organisationsform bietet der Werkzeugbau verschiedene Leistungen[276] an. Die Leistungen des Werkzeugbaus lassen sich grundsätzlich in fünf Kategorien unterteilen, die wiederum Erzeugnisse und Dienstleistungen darstellen. Die kategorische Unterteilung des gesamten Leistungsspektrums des Werkzeugbaus ist in Abbildung II-21 aufgeführt.

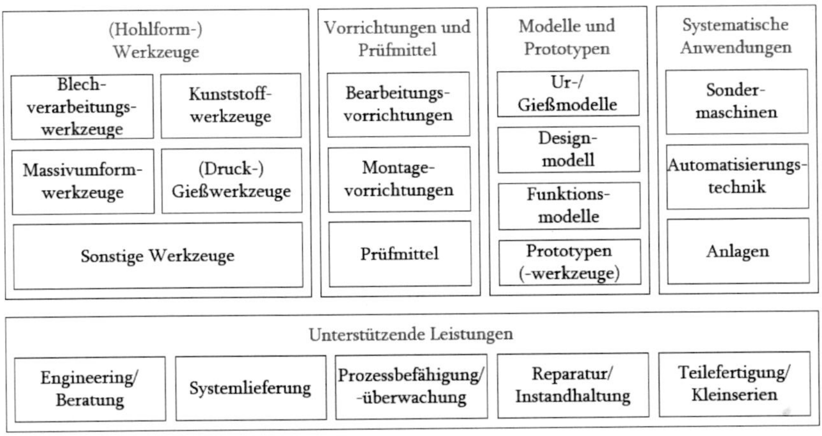

Abbildung II-21: Leistungsspektrum des Werkzeugbaus[277, 278]

Der Hauptbestandteil der Leistungen im Werkzeugbau sind die (Hohlform-)Werkzeuge, die eine teilweise oder vollständige Abbildung der Werkstückform auf der Werkzeuggeometrie auszeichnet.[279] (Hohlform-)Werkzeuge können wiederum in Blechverarbeitungswerkzeuge, Kunststoffwerkzeuge, Massivumformwerkzeuge, (Druck-)Gießwerkzeuge und sonstige Werkzeuge unterteilt werden. Genannte Werkzeuge können Werkzeuggewichte von weniger 100 kg bis zu 40 t aufweisen.[280]

Blechverarbeitungswerkzeuge können in Stanz-, Biegewerkzeuge und Tiefziehwerkzeuge unterteilt werden. Stanz-Biegewerkzeuge fertigen Blechteile in der Regel in mehreren Bearbeitungsschritten unter der Verwendung der Verfahren Blechfügen, Blechzerteilen und Blechumformen.[281] Tiefziehwerkzeuge werden zur Herstellung von Hohlkörpern durch Zugdruckumformung von Blechen verwendet.[282] Der schematische Aufbau sowie die Funktionsweise eines Blechverarbeitungswerkzeugs sind in der nachfolgenden Abbildung II-22 dargestellt.

---

276 Vgl. Kapitel II.1.3
277 Vgl. Eversheim; Klocke (Werkzeugbau mit Zukunft), 1998, S. 25 ff.
278 Vgl. Frick (Erfolgreiche Geschäftsmodelle im Werkzeugbau), 2006, S. 20
279 Vgl. Eversheim; Klocke (Werkzeugbau mit Zukunft), 1998, S. 25
280 Vgl. Eversheim; Klocke (Werkzeugbau mit Zukunft), 1998, S. 25
281 Vgl. Schuler GmbH (Handbuch der Umformtechnik), 1996, S. 124 ff.
282 Vgl. Schuler GmbH (Handbuch der Umformtechnik), 1996, S. 11 ff.

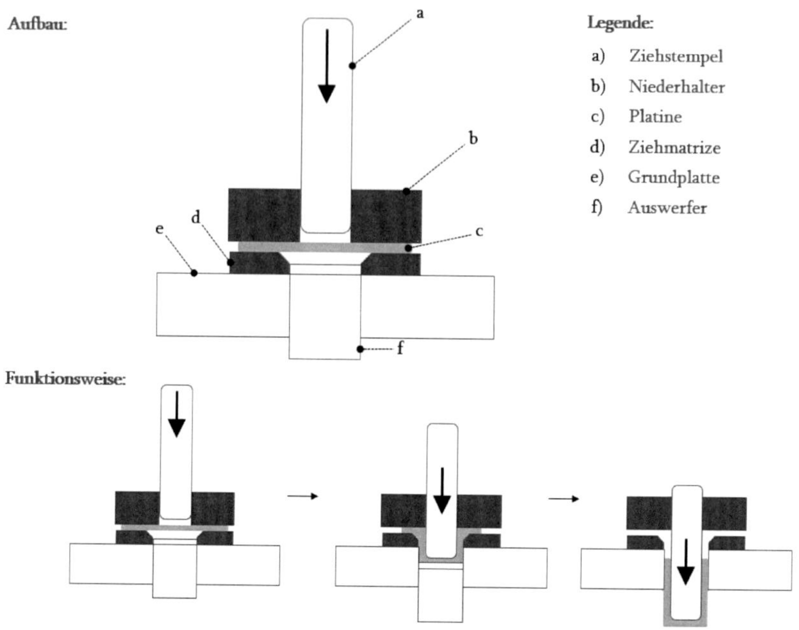

Abbildung II-22: Schematischer Aufbau eines Blechverarbeitungswerkzeugs[283]

Bei Blechverarbeitungswerkzeugen wird die Platine durch die Presskraft des Ziehstempels in vertikaler Richtung in die Form der Ziehmatrize, welche auf der Grundplatte befestigt ist, gedrückt.[284] Dadurch nimmt diese die Form der Ziehmatritze an. Der Niederhalter, welcher den Ziehstempel umgibt, fixiert dabei die Platine, um eine Positionsgenauigkeit zu gewährleitsten. Der Auswerfer befördert das Bauteil nach dem Verformungsvorgang aus der Ziehmatrize heraus.[285]

Kunststoffwerkzeuge dienen zur industriellen Serienproduktion von Kunststoffteilen. Die Werkzeuge bestehen aus einer Auswerferseite und einer Düsenseite, die in der Regel durch Grund-, Form-, Auswerferplatten aufgebaut werden. Auf der Düsenseite wird der Kunststoff plastifiziert und über ein Angusssystem in eine Form, eine Kavität, unter Druck eingespritzt. Im Werkzeug erkaltet und vernetzt der Werkstoff und wird nach dem Öffnen des Werkzeuges in der Trennebene aus der Kavität befördert. Dazu können beispielsweise Auswerferstife verwendet werden.[286] Aufgrund der vielfältigen Formen der hergestellten Kunststoffteile ist das Einsatzspektrum von Kunststoffwerkzeugen breit gefächert.[287] Ein schematischer Aufbau sowie die Funktionsweise sind in Abbildung II-23 dargestellt.

---

283 Der Aufbau und die Funktionsweisen wurden von realen Zeichnungen produzierender Werkzeugbaubetriebe abgeleitet.
284 Vgl. Doege; Behrens (Handbuch Umformtechnik), 2010, S. 7
285 Vgl. Eversheim; Klocke (Werkzeugbau mit Zukunft), 1998, S. 26
286 I. A. a. Koltzenburg et al. (Polymere), 2014, S. 468
287 Vgl. Menges et al. (Spritzgießwerkzeuge), 2007, S. 560 ff.

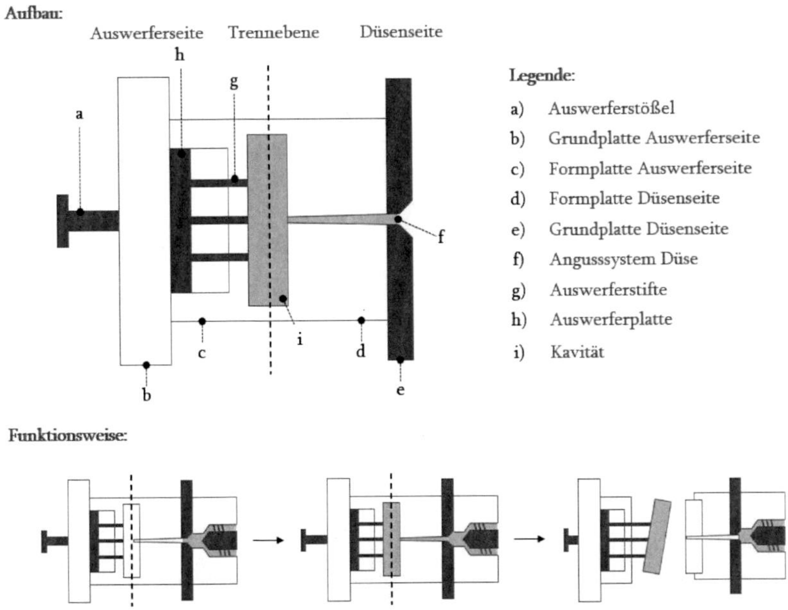

Abbildung II-23: Schematischer Aufbau eines Kunststoffwerkzeugs[288]

Nach DIN 8580 wird unter dem Massivumformen ein Verfahren verstanden, bei dem Rohteile ohne Materialverlust durch plastische Verformung in eine andere Form gebracht werden. Dabei treten hohe Kräfte auf, weswegen die Anforderungen an die Steifigkeit der Werkzeuge hoch sind. Die Fertigung findet meist in mehreren Schritten statt und kann als Kalt- oder Warmumformung ausgeführt werden. Aktuelle **Massivumformwerkzeuge** sind zumeist mehrstufig, wobei die ersten drei Stufen zur Hauptumformung dienen. Kalibrier-, Loch- oder Beschneidoperationen erfolgen in den nachgelagerten Stufen.[289] Zunächst wird dabei ein metallischer Rohling, das Werkstück, zwischen das Ober- und Unterwerkzeug geführt und unter hohen Kräften in eine Form gebracht, welche der Negativform der Kavität mit entsprechender Gravur entspricht. Ein Ausstoßer befördert das massviumgeformte Bauteil aus der Kavität. Durch die Verformung entsteht ein Grat, da der Rohling in der Regel mehr Material hat als das massivumgeformte Bauteil.[290] Ein schematischer Aufbau sowie die Funktionsweise von Massivumformwerkzeugen sind in der Abbildung II-24 dargestellt.

[288] Der Aufbau und die Funktionsweisen wurden von realen Zeichnungen produzierender Werkzeugbaubetriebe abgeleitet.

[289] Vgl. Schuler GmbH (Handbuch der Umformtechnik), 1996, S. 485 ff.

[290] Vgl. Schuler GmbH (Handbuch der Umformtechnik), 1996, S. 433 ff.

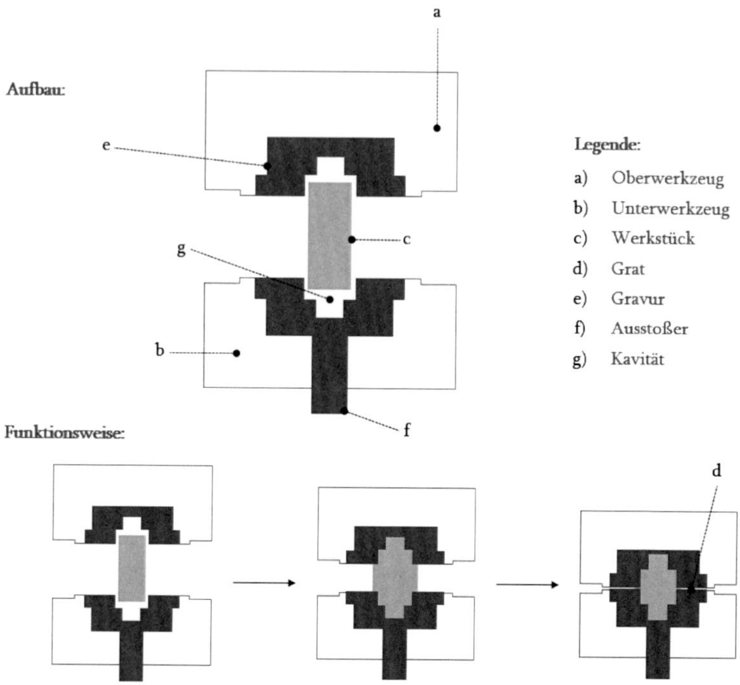

Abbildung II-24: Schematischer Aufbau eines Massivumformwerkzeugs[291, 292]

Beim Gießen wird ein flüssiges Metall (meist Metalle mit niedrigem Schmelzpunkt wie bspw. Aluminium, Magnesium oder Zink) unter hohem Druck und hoher Formfüllgeschwindigkeit mithilfe eines Gießkolbens in eine Gießform gegeben. In der Gießform bzw. der Kavität erstarrt das flüssige Metall und wird dann dem Werkzeug entnommen.[293] Gießbauteile enthalten aufgrund der Materialzufuhr Grat, welcher nach dem Gießvorgang noch vom Bauteil getrennt werden muss.[294] Konkrete Verfahrensbeispiele des Gießens mit Dauerformen sind Kokillen- und Druckgussformen, für die jeweils spezifische Gießformen entwickelt werden müssen.[295] Der schematische Aufbau sowie die Funktionsweise eines **(Druck-)Gießwerkzeugs** ist in Abbildung II-25 dargestellt.

[291] I. A. a. Herbertz et al. (Massivumformung), 2013, S. 46 f.
[292] Der Aufbau und die Funktionsweisen wurden von realen Zeichnungen produzierender Werkzeugbaubetriebe abgeleitet.
[293] Vgl. Herfurth (Fertigungsverfahren Urformen), 2007, S. 17
[294] Vgl. Brunhuber (Praxis der Druckgußfertigung), 1991, S. 187 ff.
[295] Vgl. Bühring-Polaczek et al. (Urformen von Metallen), 2014, S. 252

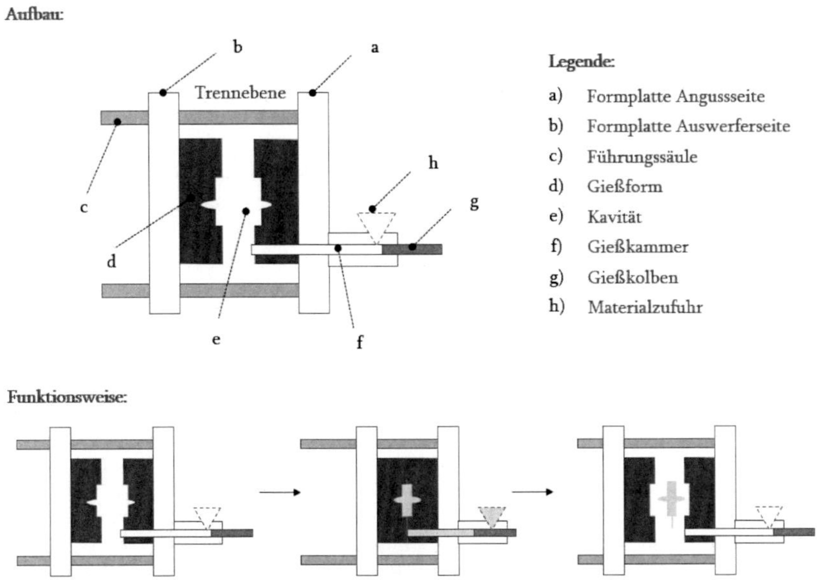

Abbildung II-25: Schematischer Aufbau eines (Druck-)Gießwerkzeugs[296]

Unter **sonstigen Werkzeugen** werden insbesondere Sinter-Pressformen zusammengefasst, die für die Herstellung von Bauteilen aus pulverförmigem, meist metallischem Ausgangsmaterial, unter hohem Druck verwendet werden. Derart hergestellte Produkte weisen eine vergleichsweise einfache Geometrie und ein poröses Gefüge auf.[297]

Neben den beschriebenen (Hohlform-)Werkzeugen sind vier weitere Kategorien an Leistungen zu nennen. Leistungen wie die Fertigung von Bearbeitungs-, Montagevorrichtungen und Prüfmitteln lassen sich den Vorrichtungen und Prüfmitteln zuordnen. Eine weitere Kategorie stellen Modelle und Prototypen dar. Hier unterscheidet man Ur-/Gießmodelle, Designmodelle sowie Funktionsmodelle und Prototypen(-werkzeuge). Sondermaschinen, Automatisierungstechnik und Anlagen werden den systemischen Anwendungen zugeordnet und bilden die vierte Kategorie. Das Leistungsspektrum wird durch Dienstleistungen vervollständigt. Dazu zählen Engineering/Beratung, Systemlieferung, Prozessbefähigung und -überwachung, Reparatur und Instandhaltung sowie Teilefertigung und Kleinserien. [298] Die beschriebenen Werkzeugleistungen, als Kernleistung der Branche Werkzeugbau, machen in der umsatzbezogenen Verteilung ca. 78,1 % des gesamten Leistungsspektrums aus. Die restlichen rund 21,9 % verteilen sich auf die

[296] Der Aufbau und die Funktionsweisen wurden von realen Zeichnungen produzierender Werkzeugbaubetriebe abgeleitet.

[297] Vgl. Bilsing (Bewertung der technologischen Leistungsfähigkeit), 2007, S. 5

[298] Vgl. Eversheim; Klocke (Werkzeugbau mit Zukunft), 1998, S. 25

sonstigen Leistungen, unter welche Vorrichtungen und Prüfmittel, Modelle und Prototypen, systemische Anwendungen und sonstige unterstützende Leistungen gefasst werden. Dies ist in Abbildung II-26 illustriert.

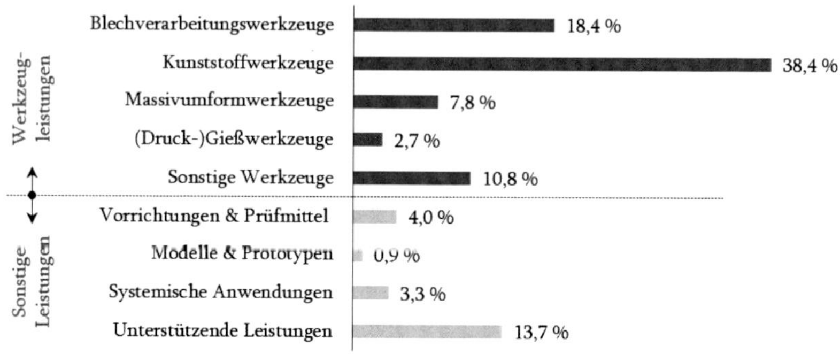

Abbildung II-26: Durchschnittliches Leistungsangebot der Branche Werkzeugbau[299, 300]

Um sich im Wettbewerb von Mitbewerbern zu differenzieren, erweitern inzwischen viele Werkzeugbaubetriebe ihr vorhandenes Produktportfolio um ein Serviceportfolio, indem überwiegend Werkzeuge in Kombination mit unterstützenden Dienstleistungen angeboten werden.[301] Werkzeugbaubetriebe werden dadurch intensiver in diverse Kundenprozesse integriert, können flexibler auf veränderte Kundenbedürfnisse reagieren und schaffen Alleinstellungsmerkmale.[302] Infolge der digitalen Transformation werden für die Branche Werkzeugbau zunehmend neue Dienstleistungen entwickelt, wie bspw. Predictive Maintenance.[303]

II.3.2.4 Auftragsarten

Das Leistungsspektrum kann weiterhin durch verschiedene Auftragsarten unabhängig des zu fertigenden Werkzeugs charakterisiert werden. Nach EVERSHEIM & KLOCKE sind im Werkzeugbau fünf Auftragsarten zu differenzieren. Diese lauten Neuaufträge, Änderungsaufträge, Reparaturaufträge, Instandhaltungsaufträge sowie sonstige Aufträge.[304] **Neuaufträge** stellen solche Aufträge dar, die eine Neuerstellung eines Werkzeugs bedeuten. Bei dieser Auftragsart kann insbesondere in der Einzel- und Kleinserienfertigung nur in geringem Maße auf bereits vorhandene Vorarbeiten zurückgegriffen werden. Die Werkzeuge durchlaufen dabei die gesamte Prozesskette des Werkzeugbaus.[305] Bei einem **Änderungsauftrag** äußert der Kunde den Wunsch, während oder nach der Fertigung des Werkzeugs Modifikationen durchzuführen. Das Aufgabenspektrum umfasst Optimierungs-

[299] Vgl. WZL/IPT (Datenbank Werkzeugbau), 2020
[300] I. A. a. Kuhlmann (Corporate Tooling), 2016, S. 83
[301] Vgl. Schuh (Operative Exzellenz im Werkzeug- und Formenbau), 2010, S. 26
[302] Vgl. Galbraith (Organizing To Deliver Solutions), 2002, S. 194 ff.
[303] Vgl. Boos et al. (Digitale Transformation), 2019, S. 42 ff.
[304] Vgl. Eversheim; Klocke (Werkzeugbau mit Zukunft), 1998, S. 20
[305] Vgl. Eversheim; Klocke (Werkzeugbau mit Zukunft), 1998, S. 20 ff.

möglichkeiten bis hin zu Anpassungen an zugekauften Werkzeugen. Bei Änderungsaufträgen durchlaufen Werkzeuge in der Regel nur gewisse Abschnitte der Prozesskette.[306] **Reparaturaufträge** hingegen stellen solche Aufträge dar, welche Anpassungen an bestehenden und sich bereits in der (Serien-)Produktion befindlichen Werkzeugen beinhalten. Der Ursprung von Reparaturaufträgen ist vielfältig und kann in dem Falle bspw. in einem Werkzeugbruch oder aber in Rissen der Kavität liegen. Charakteristisch für Reparaturen ist, dass diese in der Regel sehr zeitkritisch sind, da die Serienproduktion angehalten ist. Reparaturen sind kaum planbar und erhalten in der Bearbeitung gegenüber anderen Aufträgen, aufgrund der großen Auswirkung auf Produktionskosten, häufig Vorrang.[307] Eine weitere Auftragsart ist der **Instandhaltungsauftrag**, welcher in der Regel vergleichsweise planbar ist und eine präventive Bearbeitung des Werkzeugs bedeutet. Kennzeichnend für alle Instandhaltungsaufträge ist, dass sie sich in der Regel aus manuellen Tätigkeiten wie der Reinigung und der anschließenden Schmierung der Werkzeugkomponenten oder dem Austausch von Verschleißkomponenten zusammensetzen.[308] Schließlich sind es **sonstige Aufträge**, die keiner der zuvor erwähnten Kategorien zuzuordnen sind. Hierzu zählen beispielsweise die Beschaffung von Werkzeugen oder die Entwicklungsberatung der Produktentwicklung.[309]

Je nach Marktzugang der Werkzeugbaubetriebe kann die Umsatzverteilung variieren. Es lässt sich feststellen, dass aktuell 33,9 % des durchschnittlichen Umsatzes eines Werkzeugbaubetriebs auf Neuwerkzeuge entfallen. Durchschnittlich 19,8 % des Umsatzes werden durch Änderungsaufträge, 16,2 % durch Reparaturaufträge, 14,4 % durch Instandhaltungsaufträge sowie 15,7 % durch sonstige Aufträge im Werkzeugbau erwirtschaftet. Die durchschnittliche Verteilung der Auftragsarten nach Umsatzanteil und Marktzugang der Werkzeugbaubetriebe ist in Abbildung II-27 dargestellt.

	Externer Werkzeugbau	Interner Werkzeugbau	Ø
Neuaufträge	33,2 %	34,6 %	33,9 %
Änderungsaufträge	25,9 %	13,8 %	19,8 %
Reparaturaufträge	11,0 %	21,3 %	16,2 %
Instandhaltungsaufträge	11,7 %	17,1 %	14,4 %
Sonstige Aufträge	18,2 %	13,2 %	15,7 %

Abbildung II-27: Umsatzverteilung nach Auftragsarten[310]

[306] Vgl. Pitsch (Kompetenzfeldbasierte Vernetzung), 2014, S. 41
[307] Vgl. Eversheim; Klocke (Werkzeugbau mit Zukunft), 1998, S. 23
[308] Vgl. Kuhlmann (Corporate Tooling), 2016, S. 83 f.
[309] Vgl. Eversheim, Klocke (Werkzeugbau mit Zukunft), 1998, S. 20
[310] Vgl. WZL/IPT (Datenbank Werkzeugbau), 2020

II.3.2.5 Prozesskette

Die Auftragsabwicklung im Werkzeugbau kann im Allgemeinen durch eine generische Prozesskette beschrieben werden. Jeder Prozessschritt ist zur Erstellung eines Werkzeugs notwendig. Je nach Auftragsart, wie z. B. bei der Reparatur oder der Instandhaltung, sind gewisse Prozessschritte nicht notwendig, da diese bereits während der initialen Erstellung durchlaufen wurden. Die generische Prozesskette ist in Abbildung II-28 dargestellt.

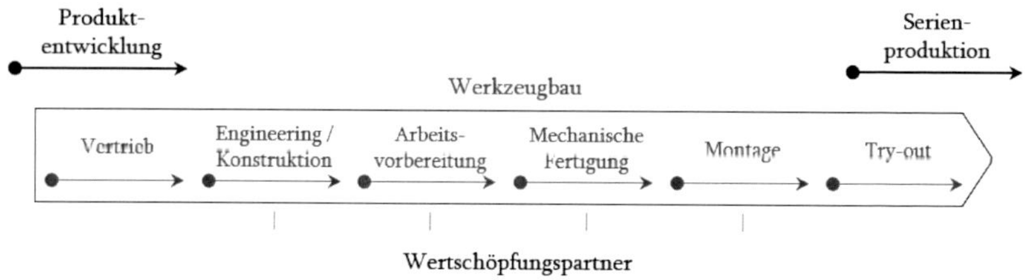

Abbildung II-28: Generische Prozesskette des Werkzeugbaus[311]

Zu Beginn der Prozesskette des Werkzeugbaus steht der Vertrieb als Schnittstelle zwischen dem Werkzeugbaubetrieb und dem Kunden. In diesem Zusammenhang sind die Haupttätigkeiten des Vertriebs neben der Betreuung (externer/interner) Kunden und der Kalkulation von Angeboten die Akquise neuer Kunden bzw. Aufträge. Die Auftragsakquise verläuft in der Werkzeugbaubranche aufgrund der Einzel- und Kleinserienfertigung in der Regel so, dass die Kunden mit Produktzeichnungen an den Werkzeugbaubetrieb herantreten, der daraufhin einen Aufwand kalkuliert, ein Angebot erstellt und dieses an den Kunden weitergibt. Nach Annahme des Angebots durch den Kunden wird dem Projektmanagement die Auftragsbetreuung übergeben.[312] Anschließend erfolgt die Werkzeugentwicklung, die sich in die Methodenplanung und Konstruktion unterteilt. Während die Methodenplanung das technologische Konzept und damit Fertigungsoperation und Materialauswahl festlegt, beschäftigt sich die Konstruktion mit der Erstellung der Werkzeuge mithilfe von CAD-Programmen. Dieser Schritt kann unter Engineering/Konstruktion zusammengefasst werden.[313] Im nächsten Schritt erfolgt die Arbeitsvorbereitung. Zu den Aufgaben der Arbeitsvorbereitung zählen neben der Termin- und Kapazitätsplanung ebenfalls die Festlegung der Fertigungsfolgen und Einlastung auf den Maschinen. Auch wenn die NC-Programmierung in einigen Werkzeugbaubetrieben organisatorisch von der Arbeitsvorbereitung getrennt ist, wird diese literaturseitig zur Arbeitsvorbereitung gezählt. Die NC-Programmierung befasst sich mit der Eingabe bzw. Übertragung der in der Phase der Werkzeugentwicklung erstellten Konstruktionsdaten auf die Fertigungsmaschinen (z. B. Fräsmaschinen, Drehmaschinen usw.). Darauffolgend kann die mechanische Fertigung in der Regel mit NC-gesteuerten Maschinen beginnen. Die in der mechanischen Fertigung hergestellten Bauteile wer-

[311] Vgl. Boos (Gestaltung und Bewertung modularer Werkzeuge), 2008, S. 42
[312] Vgl. Boos (Gestaltung und Bewertung modularer Werkzeuge), 2008, S. 42
[313] Vgl. Boos (Gestaltung und Bewertung modularer Werkzeuge), 2008, S. 43

den zu einem funktionstüchtigen Werkzeug in der Montage zusammengefügt. Die endgültige Anpassung der Werkzeugkomponenten wird schließlich in der (Werkzeug-)Qualifizierung[314] realisiert. Die Sicherstellung der Funktionalität sowie die Einhaltung von Form- und Lagetoleranzen werden im Try-out überprüft und gegebenenfalls durch die Montage korrigiert. Die Ausbesserung und Optimierung der Bauteile findet so lange statt, bis die gewünschte Produktqualität erreicht ist.[315]

II.3.2.6 Ressourcenverteilung

Die Ressourcen im Werkzeugbau lassen sich hinsichtlich der Mitarbeiter, der Technologien und der IT-Systeme näher betrachten. Beginnend mit der Ressource Mitarbeiter lässt sich konstatieren, dass die Mitarbeiter des Werkzeugbaus nicht gleichmäßig über die Prozesskette des Werkzeugbaus verteilt sind. 77 % der Mitarbeiter deutscher Werkzeugbaubetriebe arbeiten in der Arbeitsvorbereitung, der mechanischen Fertigung, der Montage und der Try-out und damit auf dem Shopfloor des Werkzeugbaus. Hierbei entfällt mit 42 % der größte Teil auf die mechanische Fertigung, 19 % der Mitarbeiter sind mit Montage und 6 % der Mitarbeiter im Try-out beschäftigt. Lediglich 23 % der Mitarbeiter im Werkzeugbau haben ihren Arbeitsplatz in vor- oder nachgelagerten Prozessschritten der Werkzeugerstellung. Die Mitarbeiterverteilung ist in der Abbildung II-29 illustriert.

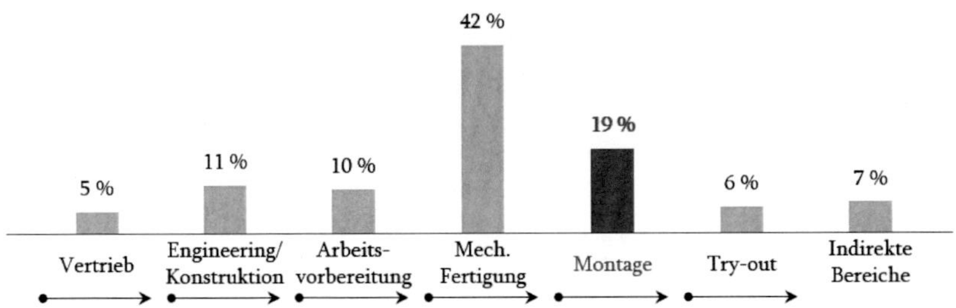

Abbildung II-29: Mitarbeiterverteilung im Werkzeugbau[316]

In den vergangenen Jahren ist ein Trend zur Verschiebung von Mitarbeiteranteilen aus der mechanischen Fertigung hin zu arbeitsvorbereitenden Tätigkeiten erkennbar.[317, 318] Dies ist auf die zunehmende Automatisierung der mechanischen Fertigung im Werkzeugbau zurückzuführen.[319] Einhergehend findet zudem eine Erhöhung der durchschnittlichen Mitarbeiterverantwortung im Werkzeugbau statt. Derzeit beträgt die Führungsspanne ca. 12 Mitarbeiter pro Führungskraft.[320] In Bezug auf den durchschnittlichen Fertigungstechnologieeinsatz sind fünf Technologien hauptsächlich im Einsatz. Dies beinhaltet das Fräsen

[314] Qualifizierung und Try-out werden in dieser Arbeit synonym verwendet, nachfolgend wird der Begriff Try-out verwendet
[315] Vgl. Frick (Erfolgreiche Geschäftsmodelle im Werkzeugbau), 2006, S. 28
[316] Vgl. WZL/IPT (Datenbank Werkzeugbau), 2020
[317] Vgl. WZL/IPT (Datenbank Werkzeugbau), 2020
[318] Vgl. Schuh (Operative Exzellenz im Werkzeug- und Formenbau), 2010, S. 51
[319] Vgl. WZL/IPT (Datenbank Werkzeugbau), 2020
[320] Vgl. Salmen (Digital vernetzter Shopfloor), 2016, S. 54

(47,2 %), das Drehen (7,5 %), das Schleifen (12,0 %), das Senkerodieren (12,3 %) und das Drahterodieren (21,0 %).[321] Vereinzelt finden ebenfalls Technologien wie 3D-Druck, Härten, Schweißen oder Sandstrahlen Anwendung im Werkzeugbau.[322] Hinsichtlich der IT-Systeme verwendet der Werkzeugbau hauptsächlich Computer-Aided-Manufacturing (CAM), Computer-Aided-Design (CAD), Enterprise-Ressource-Planning (ERP), Produktionsplanungssysteme (PPS), Betriebsdatenerfassung (BDE), Customer-Relation-Management (CRM) sowie häufig (eigens programmierte) Excel-Lösungen für die Kalkulation, die Materialplanung oder die Personalplanung.[323]

II.3.3 Entwicklung der Branche Werkzeugbau

Aufgrund der Charakteristika der Branche Werkzeugbau ist diese Branche traditionell handwerklich geprägt. Die Folge dieser Prägung führte zu einer im Vergleich zu anderen Branchen der produzierenden Industrie mangelnden Industrialisierung mit hohen Durchlaufzeiten, schlechter Termintreue und hohen Beständen.[324] Infolge einer Steigerung des Wettbewerbsdrucks in den vergangenen Jahren durch Trends wie die Globalisierung, die Derivatisierung und den Mitarbeiterwandel war eine Entwicklung der Wertschöpfung des Werkzeugbaus von einem handwerklichen zu einem **industriellen Werkzeugbau** notwendig.[325] Maßgeblicher Einfluss auf diese Entwicklung wurde durch das Gestaltungsmodell für einen industriellen Werkzeugbau von KLOTZBACH[326] gelegt. Einen industriellen Werkzeugbau charakterisiert demnach im Vergleich zur handwerklichen Prodution eine weitgehende Arbeitsteilung innerhalb und außerhalb des Werkzeugbaus, auf jeweilige Positionen spezialisierte Mitarbeiter, komplexe und starre Produktionsabläufe mit einer hohen Produkt- und Prozessstandardisierung. Ziel dabei ist die Steigerung operativer Exzellenz.[327, 328] Heute steht der Werkzeugbau vor einer weiteren Steigerung operativer Exzellenz hin zu einem **digital vernetzten Werkzeugbau.**[329, 330]

Industrie 4.0 nimmt in deutschen Werkzeugbaubetrieben eine immer stärkere Rolle ein.[331] Aktuell schätzen 92 % der Werkzeugbaubetriebe die Bedeutung von Industrie 4.0 für die Branche als hoch ein, auch wenn eine Umsetzung von Industrie 4.0 aktuell noch nicht flächendeckend adressiert wird. Große Vorteile für den Werkzeugbau ergeben sich in einem digital vernetzten Werkzeugbau durch eine hochauflösende Planung und transparente Auftragsabwicklung, die eine Automatisierung der „Losgröße 1" erlauben.[332] Neben einer internen Verbesserung der Wertschöpfung sind ebenfalls kundenspezifisch das Leistungsspektrum und die Leistung durch Auswertung von Produkt- und Prozessdaten mög-

[321] Die aufgeführten Werte sind durchschnittliche Fertigungszeiten der Branche Werkzeugbau und schwanken stark je nach Werkzeugfokus.
[322] Vgl. WZL/IPT (Datenbank Werkzeugbau), 2020
[323] Vgl. WZL/IPT (Datenbank Werkzeugbau), 2020
[324] Vgl. Klotzbach (Industrieller Werkzeugbau), 2007, S. 80
[325] Vgl. Pitsch (Kompetenzfeldbasierte Vernetzung), 2014, S. 54
[326] Vgl. Klotzbach (Industrieller Werkzeugbau), 2007
[327] Vgl. Schuh (Operative Exzellenz im Werkzeug- und Formenbau), 2010, S. 6
[328] Vgl. Wolf (Industrie und Handwerk), 2013
[329] Vgl. Boos et al. (Smart Tooling), 2016, S. 9
[330] Vgl. Schuh (Operative Exzellenz im Werkzeug- und Formenbau), 2010, S. 6
[331] Vgl. Schuh et al. (Industrie 4.0 Maturity Index), 2017, S.11
[332] I. A. a. Boos et al. (Digitale Transformation), 2019, S. 5 f.

lich. Die Implementierung von Industrie 4.0 führt schließlich zu einer intelligenteren Produktion bei gleichzeitiger Steigerung operativer Exzellenz.[333, 334] Diese Entwicklung kann anhand des S-Kurven Modells, wie in Abbildung II-30 dargestellt, beschrieben werden.

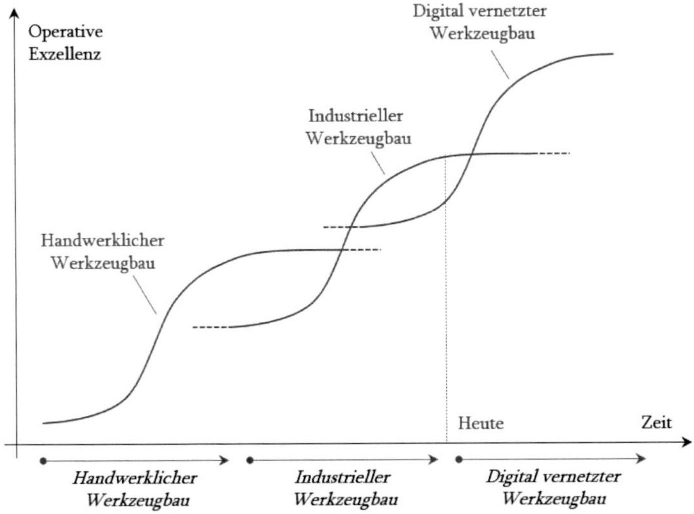

Abbildung II-30: S-Kurven Modell der Branche Werkzeugbau[335, 336]

II.4 Montage

Im Fokus dieser Arbeit steht der Prozessschritt Montage. Die Montage stellt einen entscheidenden Prozessschritt in der Auftragsabwicklung eines produzierenden Unternehmens dar und trägt damit maßgeblich zur Wirtschaftlichkeit des Unternehmens bei. Zum vollständigen Verständnis werden die Kapitel Definition und Einordnung Montage, Montagesysteme, Organisationsformen der Montage, Montageprozess und Montagetätigkeiten sowie Besonderheiten der Montage im Werkzeugbau ausgeführt.

II.4.1 Definition und Einordnung Montage

Innerhalb der generischen Prozesskette eines produzierenden Unternehmens ist die Montage der vorletzte Prozessschritt der Produkterstellung.[337] Unter dem Begriff Montieren wird laut der VDI-Richtlinie 2860 die Gesamtheit aller Vorgänge verstanden, die dem „Zusammenbau von geometrisch bestimmten Körpern dienen“[338]. Neben den Richtlinien und

---

[333] Vgl. Boos et al. (Smart Tooling), 2016, S. 9 f.
[334] Vgl. WZL/IPT (Datenbank Werkzeugbau), 2020
[335] I. A. a. Schuh (Operative Exzellenz), 2010, S. 6
[336] I. A. a. Boos et al. (Digitale Transformation), 2019, S. 6 f.
[337] Vgl. Schuh et al. (Highly Iterative Product Development), 2017, S. 577
[338] VDI (VDI-Richtlinie 2860), 1990

Normen ist in der Literatur die Definition nach WARNECKE weit verbreitet. Demnach bestehen industriell hergestellte Produkte in der Regel aus einer Vielzahl von Einzelteilen, die zu unterschiedlichen Zeitpunkten mit unterschiedlichen Fertigungsverfahren hergestellt werden. Aufgabe der Montage ist es, aus diesen Teilen ein Produkt höherer Komplexität mit vorgegebenen Funktionen in einer bestimmten Zeit zusammenzubauen.[339] WARNECKE beschreibt außerdem, welche Tätigkeiten für die Erfüllung einer Montageaufgabe notwendig sind. Dazu zählen folgende Tätigkeiten[340]:

- *Direkte Tätigkeiten*, welche beispielsweise Montagetätigkeiten des Zusammenfügens von Bauteilen und Baugruppen sowie die Reinigung von Bauteilen beinhalten
- *Produktionsnahe indirekte Tätigkeiten*, welche unter anderem die Bereitstellung von Werkzeugen und Bauteilen einschließen
- *Indirekte Tätigkeiten*, welche beispielsweise solche Tätigkeiten der Instandhaltung oder Wartung von Bauteilen beschreiben
- *Dispositive Tätigkeiten*, welche Tätigkeiten der Auftragsverfolgung beinhalten
- *Administrative Tätigkeiten*, welche Tätigkeiten einschließen, die der Koordination des Montageablaufs dienen

Die aufgeführten Tätigkeiten tragen dazu bei, dass in der Montage die in der mechanischen Fertigung (vor-)gefertigten Einzelteile oder extern beschafften Bauteile über Baugruppen verschiedener Produktionsstufen bis hin zum Fertigerzeugnis kombiniert werden.[341]

II.4.2 Montagesysteme

Der Zusammenbau von Baugruppen oder Fertigerzeugnissen aus Einzelteilen wird in einer Anordnung technischer Einrichtungen, einem Montagesystem, vorgenommen. Dieses erfüllt alle Aufgaben bei der Durchführung von Montageprozessen für ein festgelegtes Produktspektrum.[342] Zur Unterstützung der Montageaufgaben werden Betriebsmittel, welche den Montagefortschritt am Produkt bewirken, eingesetzt. Dazu zählen beispielsweise Maschinen, Werkzeuge[343], Vorrichtungen sowie Mess- und Prüfeinrichtungen.[344] Im Allgemeinen kann zwischen den drei grundlegenden Montagesystemen manuelle, automatische und hybride Montagesysteme unterschieden werden. Bei der manuellen Montage (hergeleitet von lateinisch manus, die Hand) werden alle Montagetätigkeiten durch den Mitarbeiter ausgeführt. Mithilfe des Einsatzes des Körpers, der Fingerfertigkeit, der Sinnesorgane und der Intelligenz führt der Mensch unter Zuhilfenahme von Hilfsmitteln die Montagevorgänge aus.[345] Manuelle Montagesysteme zeichnen sich in der Regel durch eine geringe Stückzahl, eine hohe Flexibilität, einen geringen Investitionsbedarf sowie eine zu anderen

[339] Vgl. Warnecke et al. (Montagetechnik), 1975, S. 11
[340] Vgl. Warnecke (Montage im flexiblen Produktionsbetrieb), 1996, S. 348
[341] Vgl. Warnecke et al. (Montagetechnik), 1975, S. 11
[342] Vgl. Spur; Helwig (Einführung in die Montagetechnik), 1986, S. 593
[343] Unter Werkzeugen werden Bearbeitungswerkzeuge verstanden. Die im Kapitel II.3 erwähnten (Hohl-)Formwerkzeuge sind hier ausdrücklich nicht gemeint.
[344] Vgl. REFA (REFA: Planung und Gestaltung komplexer Produktionssysteme), 1987
[345] Vgl. Lotter; Schilling (Manuelle Montage), 1994, S. 109

Montagesystemen vergleichsweise geringer Produktivität aus.[346, 347, 348] Im Gegensatz zur manuellen Montage erfolgt die automatische Montage nahezu ohne manuelle Eingriffe. Die Montage erfolgt unter Zuhilfenahme von Montageautomaten, welche die menschliche Arbeitskraft ersetzen.[349] Solche automatischen Systeme sind nur bei hohen Stückzahlen sinnvoll, da das Investment vergleichsweise hoch ist.[350] Gleichzeitig führen hohe Stückzahlen in Verbindung mit einer hohen Produktivität zu einer Einschränkung der Flexibilität und Variantenvielfalt der automatischen Montage.[351, 352, 353] Werden automatische und manuelle Montagesysteme simultan eingesetzt, kann von einem hybriden Montagesystem gesprochen werden. Charakteristisch für hybride Montagesysteme ist, dass Stückzahl, Variantenvielfalt, Produktivität und Flexibilität entsprechend der Montageaufgabe angepasst werden können.[354] Ein Montagesystem mitsamt seiner Auswahlkriterien ist in Abbildung II-31 illustriert.

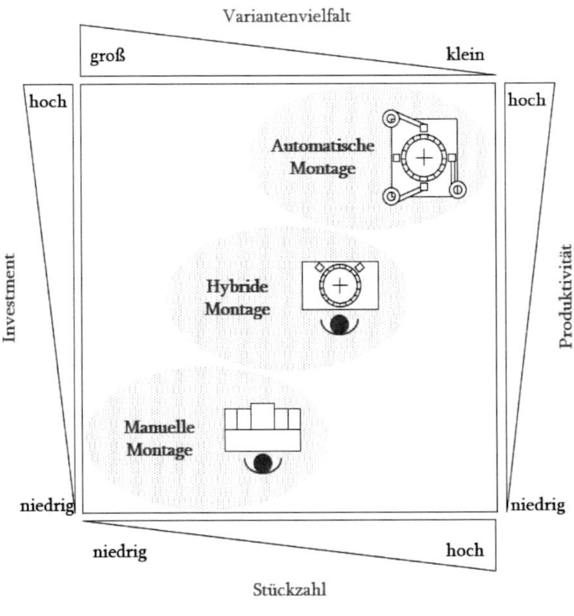

Abbildung II-31: Montagesysteme und Auswahlkriterien[355, 356]

346 Vgl. Lotter; Schilling (Manuelle Montage), 1994, S. 3
347 Vgl. Lotter; Wiendahl (Adaptive Production Planning and Control), 2009, S. 127 f.
348 Vgl. Rowland; Lee (Intelligent Assembly Systems), 1995, S. V
349 Vgl. Hesse (Automatische Montagemaschinen), 2012, S. 195
350 Vgl. Riley (Assembly automation), 1996, S. 2 f.
351 Vgl. Lotter; Wiendahl (Montage in der industriellen Produktion), 2012, S. 3
352 Vgl. Kumar et al. (Assembly Systems), 2020, S. 4f.
353 Vgl. Sawik (Production Planning and Scheduling in Flexible Assembly Systems), 1999, S. 8
354 Vgl. Lotter (Hybride Montagesysteme), 2012, S. 167
355 Vgl. Lotter; Wiendahl (Montage in der industriellen Produktion), 2012, S. 3
356 Vgl. Lotter (Hybride Montagesysteme), 2012, S. 168

II.4.3 Organisationsformen in der Montage

In Abhängigkeit des Automatisierungsgrads kann die Organisationsform in der Montage stark variieren. Unter Organisationsformen der Montage versteht man Beziehungs- und Anordnungsmuster sowie das Regelsystem eines Montageprozesses, welche die Art und Weise des Zusammenwirkens von Arbeitskräften, Betriebsmitteln und Montageobjekten in Form von räumlichen, zeitlichen und sachlichen Zusammenhängen festlegen.[357] Organisationsformen der Montage haben das Ziel eine rationale Struktur der Montage zur Herstellung von Leistungen in richtiger Qualität und Quantität sowie zeitlich kürzester, ökonomisch günstigster, sozial verträglichster und ökologisch bestmöglicher Weise bereitzustellen.[358] Aus der zuvor genannten Definition und dem Ziel von Organisationsformen der Montage lautet somit deren Aufgabe, ein organisatorisches Instrumentarium zur Montage eines Produkts bereitzustellen, in dem die einzelnen Montagevorgänge mit Hilfsmitteln durchgeführt werden können.[359]

Die Wahl der Organisationsform in der Montage ist abhängig von diversen Eigenschaften wie beispielsweise dem Produkt, der Komplexität, der Montagezeit und der Losgröße.[360] Organisationsformen in der Montage können dabei hinsichtlich des Prinzips und der Bewegungscharakteristik differieren.[361] Man unterscheidet zwischen

- *Organisationsformen nach dem Verrichtungsprinzip:* Einzelplatzmontage, Baustellenmontage, Gruppenmontage und
- *Organisationsformen nach dem Fließprinzip:* Reihenmontage, Taktstraßenmontage, Fließmontage.

Die Organisationsformen sind in der Abbildung II-32 dargestellt.[362]

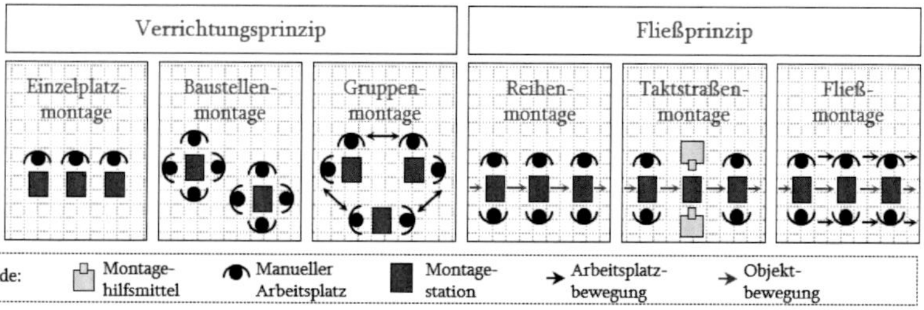

Abbildung II-32: Übersicht über Organisationsformen in der Montage[363]

[357] Vgl. Petersen (Organisationsformen der Montage), 2005, S. 24
[358] Vgl. Petersen (Organisationsformen der Montage), 2005, S. 25
[359] Vgl. Petersen (Organisationsformen der Montage), 2005, S. 25
[360] Vgl. Lotter; Schilling (Manuelle Montage), 1994, S. 3
[361] Weiterführende Erläuterungen erfolgen in Kapitel V.1.1.
[362] Vgl. Petersen (Organisationsformen der Montage), 2005, S. 122 f.
[363] I. A. a. Eversheim (Organisation in der Produktionstechnik), 1989, S. 168 und S. 176

II.4.4 Generischer Montageprozess

Im Gegensatz zur mechanischen Fertigung erfahren die Bauteile während der Montage in der Regel[364] keine Änderung der Geometrie, sondern eine Änderung der Lage.[365] Die Montage ist selten lediglich als Zusammenbau von Einzelteilen, sondern vielmehr als ein in Stufen aufgegliederter Prozess definiert. EVERSHEIM beschreibt den Montageprozess in der industriellen Fertigung als Zusammenfügung von Einzelteilen über mehrere Stufen hinweg.[366] Dabei tragen die nach WARNECKE beschriebenen Tätigkeiten dazu bei, dass vorgefertigte Einzelteile über Baugruppen verschiedener Produktionsstufen bis hin zum Fertigerzeugnis kombiniert bzw. montiert werden.[367] PETERSEN unterteilt diese Produktionsstufen in die Vor-, Baugruppen- und Endmontage.[368] Der grundsätzliche Montageprozess im Werkzeugbau ist in Abbildung II-33 visualisiert.

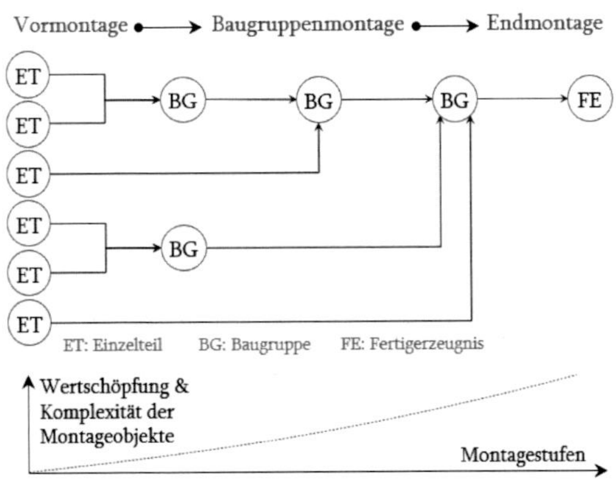

Abbildung II-33: Generischer Montageprozess[369, 370]

Dem generischen Montageprozess folgend umfasst die Vormontage das Zusammensetzen von Einzelteilen zu einer nicht funktionsfähigen Baugruppe.[371] Danach werden die Baugruppen in der Baugruppenmontage wiederum zu abgeschlossenen Baueinheiten zusammengefügt. Abschließend werden in der Endmontage die Baueinheiten und Baugruppen zum fertigen Erzeugnis zusammengesetzt. Das Voranschreiten in den verschiedenen Montagestufen ist wertschöpfend, da das Produkt eine kontinuierliche Wert- und Komplexitätssteigerung erfährt.[372]

---

364 Kleinere Tätigkeiten, wie beispielsweise das Abstimmen von Bauteilen zur besseren Montage, sind dieser Definition ausgenommen.
365 Vgl. Petersen (Organisationsformen der Montage), 2005, S. 10
366 Vgl. Eversheim (Organisation in der Produktionstechnik), 1989, S. 167 f.
367 Vgl. Warnecke (Der Produktionsbetrieb 2), 1995, S. 1
368 Vgl. Petersen (Organisationsformen der Montage), 2005, S. 15
369 I.A.a Petersen (Organisationsformen in der Montage), 2005, S. 10
370 Vgl. Petersen (Organisationsformen der Montage), 2005, S. 15
371 Vgl. Zachau; Binger (Fertigungsprozesse in der Montage), 1985, S. 143
372 Vgl. Petersen (Organisationsformen der Montage), 2005, S. 12

II.4.5 Montagetätigkeiten im Werkzeugbau

Die Montage beginnt in der Regel, wenn alle benötigten Bauteile und Baugruppen beschafft und/oder gefertigt sind. Die gefertigten Bauteile werden nach der Bereitstellung in zentralen montagebezogenen Lagern oder direkt dezentral an den Montagestationen zwischengelagert.[373] Von dort findet ein Transport der Bauteile zum Verrichtungsort der Montage der Werkzeuge statt. Die Montage selbst lässt sich unabhängig von den in Kapitel II.3.2.3 beschriebenen Werkzeugtypen in die aufeinanderfolgenden Tätigkeiten Zubringen, Kontrollieren, Fügen und Bearbeiten bzw. Anpassen gliedern.[374] Zubringen bezeichnet alle Operationen wie Spannen, Weitergeben und Positionieren. Dem folgt eine Überprüfung der benötigten Voraussetzungen, bevor im Schritt Fügen durch Operationen wie Klemmen, Schrauben, Schweißen oder ggf. Nieten die Verbindungen zwischen den Bauteilen hergestellt werden. Im Anschluss findet eine Kontrolle statt, in der die Funktion beweglicher Teile und die Einhaltung von Maßgenauigkeiten überprüft werden. Je nach Ergebnis sind Nach- und Einstellarbeiten zur Ermöglichung der Fügeoperation bei großen Passungenauigkeiten oder zur Erzielung geforderter Maßtoleranzen nötig. Die Bearbeitung bzw. Anpassung stellt zumindest teilweise einen Rückgriff auf den Schritt der mechanischen Fertigung dar.[375] Nach Fertigstellung der Montage übernimmt das Try-out eine Überprüfung der Funktionsfähigkeit montierter Bauteile.[376, 377] Die erläuterten Montagetätigkeiten sind in Abbildung II-34 illustriert.

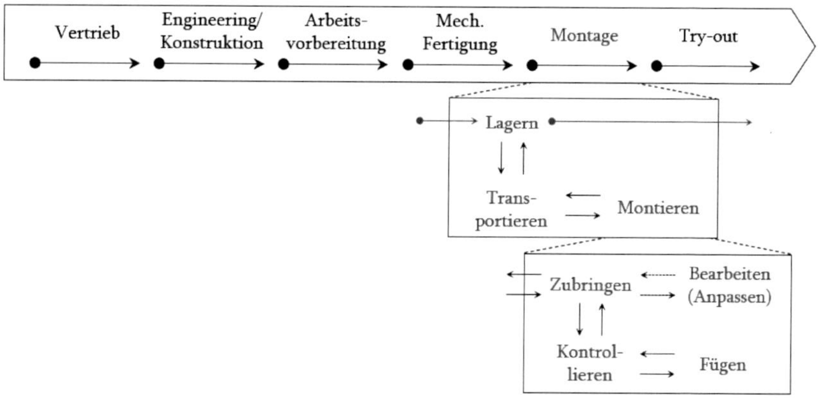

Abbildung II-34: Montagetätigkeiten im Werkzeugbau[378, 379]

[373] Vgl. Eversheim et al. (Montage richtig planen), 1981, S. 5 f.
[374] Vgl. Eversheim et al. (Montage richtig planen), 1981, S. 6
[375] Vgl. Haasler (Hochtechnologie und Handarbeit), 2004, S. 41
[376] Vgl. Boos (Gestaltung und Bewertung modularer Werkzeuge), 2008, S. 44
[377] Vgl. Eversheim et al. (Montage richtig planen), 1981, S. 6
[378] Vgl. Eversheim et al. (Montage richtig planen), 1981, S. 6
[379] Je nach Form des Werkzeugs können werkzeugindividuelle und spezifische Montagetätigkeiten zusätzlich notwendig werden.

II.4.6 Besonderheiten der Montage im Werkzeugbau

Die Auftragsabwicklung in der Montage des Werkzeugbaus ist verglichen mit der Auftragsabwicklung der Serien- und Massenmontage deutlich komplexer. Der Grund dafür ist die Tatsache, dass die vorgestellte Prozesskette des Werkzeugbaus[380] nur selten auch sequenziell durchlaufen wird. Vielmehr findet eine Abfolge der generischen Prozesskette in beide Richtungen statt, wodurch die Montage, aufgrund ihrer Stellung, eine Vielzahl von Interaktionen mit vor- und nachgelagerten Prozessschritten bewältigen muss.[381] Im Werkzeugbau steht einer durchschnittlichen Auftrittshäufigkeit von Neuaufträgen und damit planbaren Aufträgen von ca. 45,4 % ein durchschnittlicher Anteil von ca. 55,6 % an Änderungs-, Reparatur- und Instandhaltungsaufträgen, und damit größtenteils unplanbaren Aufträgen, gegenüber.[382] Dies bedeutet für die Montage des Werkzeugbaus, dass diese einer hohen Kurzfristigkeit in der Auftragsabwicklung ausgesetzt ist und damit ein hoher und frequenter Interaktionsaufwand mit allen Gewerken notwendig wird. Eine adäquate und zuverlässige Planung und Steuerung ist aufgrund der beschriebenen hohen Schnittstellenaufwände infolge der Vielzahl von Interaktionen mit der Montage sowie der daraus resultierenden Aufgaben nicht ohne Weiteres umzusetzen. Weiterhin nimmt die Montage im Werkzeugbau, als letzter Prozessschritt vor dem Try-out, eine Schlüsselrolle ein, da diese von sämtlichen organisatorischen, terminlichen und qualitativen Fehlern der vorgelagerten Prozessschritte betroffen ist.[383] Die Schlüsselrolle der Montage im Werkzeugbau ist in Abbildung II-35 dargestellt.

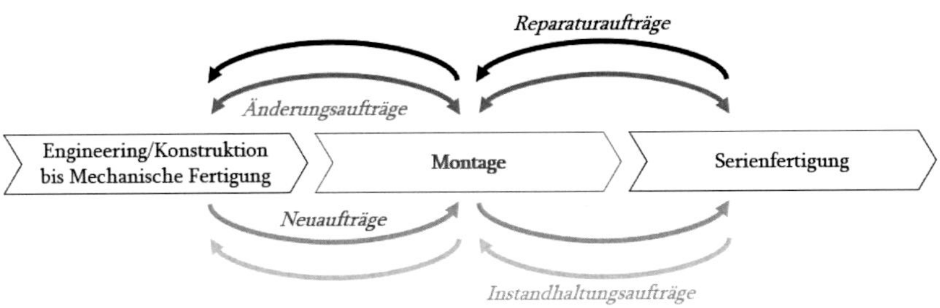

Abbildung II-35: Schlüsselrolle der Montage im Werkzeugbau[384]

Aus der Stellung der Montage im Werkzeugbau folgt, dass sich Herausforderungen in Bezug auf Wareneingang, Lagerung, Konstruktion, mechanische Fertigung von Bauteilen und Logistik auf die Montage auswirken und die Auftragsabwicklung der Montage erschweren.[385] Da Erfahrungswissen aufgrund der Losgröße 1 nur in geringem Umfang vorhanden ist, ist die Montage sehr stark auf Schätzungen angewiesen, um für die verschiedenen Fertigungsaufträge nach eigenem Ermessen Priorisierungen durchzuführen. Es muss für

---

380 Vgl. Abbildung II-28
381 Vgl. Boos et al. (Erfolgreich Planen im Werkzeugbau), 2015, S. 6
382 Vgl. WZL/IPT (Datenbank Werkzeugbau), 2020
383 Vgl. Kern (Handwörterbuch der Produktionswirtschaft), 1996, S. 1236
384 Vgl. WZL/IPT (Datenbank Werkzeugbau), 2020
385 Vgl. Petersen (Organisationsformen der Montage), 2005, S. 2

jeden Auftrag eine individuelle Planung durchgeführt werden.[386] Daher kann, wie zuvor beschrieben, nur selten auf vorhandenes Erfahrungswissen zurückgegriffen werden. Weiterhin sind die Rückmeldungen aufgrund der Handwerklichkeit in der Montage und damit die Planungsvorgaben ungenau sowie nicht anforderungsgerecht.[387] Neben der Herausforderung des Erfahrungswissens ist die Fehleridentifikation eine Herausforderung für die Montage des Werkzeugbaus. Häufig werden Fehler erst in der Montage oder sogar im Try-out entdeckt und müssen von dort bspw. in die Gewerke Engineering, Konstruktion, CAM-Programmierung und mechanische Fertigung zur Bearbeitung gegeben werden. Die zur Fehlerkorrektur notwendigen Eingriffe sind weder vorhersehbar noch planbar.[388] Somit durchlaufen sämtliche Nacharbeiten zwangsläufig die Montage, da das Werkzeug zum Teil demontiert bzw. wieder montiert werden muss und dies zu einem weiteren Nacharbeitsaufwand führt.

II.5 Handlungsbedarf aus der Praxis

Der Werkzeugbau ist als zentraler Bestandteil und Befähiger der industriellen Produktion maßgeblich für die Produktivität dieser Branche verantwortlich. Neben zunehmendem Kostendruck muss der Werkzeugbau die Herausforderungen von steigender Komplexität und Mitarbeiterwandel bewältigen. Der deutsche Werkzeugbau ist verglichen mit dem globalen Wettbewerb nur über die Optimierung des Leistungserstellungsprozesses in der Lage, die Wettbewerbsfähigkeit sicherzustellen. Der Leistungserstellungsprozess findet in erster Linie auf dem Shopfloor statt.[389] Dort stellt die Montage einen zentralen Prozessschritt mit großer Auswirkung auf den Leistungserstellungsprozess bzw. die Wertschöpfung dar.[390]

Der Leistungserstellungsprozess im Werkzeugbau ist verglichen mit anderen Branchen aufgrund der Einzel- und Kleinserienfertigung grundlegend verschieden. Die Übertragung der Prinzipien der Serien- und Massenfertigung ist nur bedingt möglich.[391] Demzufolge verzeichnete der Werkzeugbau in der Vergangenheit aufgrund der fehlenden Industrialisierung hohe Durchlaufzeiten, schlechte Termintreue und hohe Bestände.[392] In den vergangenen Jahren hat jedoch ein Paradigmenwechsel von einer stark handwerklichen Branche hin zu einem industriellen Werkzeugbau stattgefunden.[393] Grundelemente des industriellen Werkzeugbaus stellen standardisierte und modularisierte Produkte und Prozesse, eine Fertigung nach dem Flussprinzip und eine dezentrale Arbeitsorganisation dar.[394] Im Laufe der letzten Jahre wurde der industrielle Werkzeugbau in deutschen Werkzeugbaubetrieben weitestgehend umgesetzt. Dies hat zu einer Steigerung der operativen Exzellenz geführt.[395] Aus heutiger Perspektive ist eine weitere Steigerung operativer Exzellenz durch Industrie 4.0 zu erwarten, da Industrie 4.0 die horizontale und vertikale Vernetzung von Ressourcen, Diensten und Menschen zur Echtzeitoptimierung komplexer Systeme realisiert und damit

[386] Vgl. Lotter; Schilling (Manuelle Montage), 1994, S. 109
[387] Vgl. Kern (Handwörterbuch der Produktionswirtschaft), 1996, S. 1236
[388] Vgl. Boos (Erfolgreich Digital Vernetzen), 2016, S. 32 f.
[389] Vgl. Boos et al. (Digitale Transformation), 2019, S. 6 f.
[390] Vgl. Kern (Handwörterbuch der Produktionswirtschaft), 1996, S. 1236
[391] Vgl. Klotzbach (Industrieller Werkzeugbau), 2007, S. 77
[392] Vgl. Klotzbach (Industrieller Werkzeugbau), 2007, S. 80
[393] Vgl. Schuh (Operative Exzellenz im Werkzeug- und Formenbau), 2010, S. 1
[394] Vgl. Klotzbach (Industrieller Werkzeugbau), 2007, S. 77
[395] Vgl. Schuh (Operative Exzellenz im Werkzeug- und Formenbau), 2010, S. 1

die Kollaborationsproduktivität[396] signifikant steigert.[397] Das Ziel von Industrie 4.0 ist die enge Verzahnung von Informations- und Kommunikationstechnologien (IKT) mit der industriellen Produktion, die insbesondere durch die Anwendung neuer und innovativer Technologietreiber ermöglicht wird. Auf diese Weise lassen sich die sogenannten Latenzzeiten (Datenlatenz, Analyselatenz, Entscheidungslatenz und Anwendungslatenz) drastisch reduzieren und eine schnellere Reaktion auf Umweltereignisse realisieren.[398] Dies bedeutet einen fundamentalen Wandel für die produzierende Industrie.[399]

Die Montage stellt innerhalb der generischen Prozesskette des Werkzeugbaus den vorletzten Prozessschritt der Produkterstellung dar und trägt damit maßgeblich zur Wirtschaftlichkeit der Werkzeugerstellung bei.[400] Mangelnde Transparenz über Aufträge, Auftragsstatus bei den Mitarbeitern ist charakteristisch für die Montage im Werkzeugbau. Dies wird durch einen hohen Anteil manueller Tätigkeiten, durch die relativ hohe Unplanbarkeit von Aufträgen sowie durch hohe Schnittstellenaufwände erzeugt. Die frequenten Interaktionen mit den anderen Gewerken der Auftragsabwicklung, wie bspw. der mechanischen Fertigung oder dem Try-out, sind kennzeichnend für die Montage.[401] So werden pro Werkzeug durchschnittlich 2,2 Funktionsprüfungen mit direkter, aber teilweise unplanbarer Auswirkung in Form von Nacharbeit oder Anpassungen in der Montage notwendig.[402] Derzeit erfolgt die Durchführung vieler Tätigkeiten zu großen Teilen unstrukturiert. Dies erfordert eine stringente **Organisationsgestaltung** der Montage mit klaren Rollenverteilungen, klar definierten Verantwortlichkeiten und einem konstanten und effizienten Informationsaustausch. Die Notwendigkeit eines effizienten Informationsaustauschs wird dadurch deutlich, dass sich mit 52 % jeder zweite Mitarbeiter in der Montage nicht ausreichend informiert fühlt.[403]

Neben dem unzureichenden Informationsgrad der Mitarbeiter ist die Montage zunehmend mit den Entwicklungen des demografischen Wandels konfrontiert. So sank die durchschnittliche Auszubildendenquote zwischen 2004 und 2016 von 15,7 % auf 8,9 %.[404] Dies erfolgte bei einem gleichzeitigen Anstieg des Umsatzes der Branche sowie einer Steigerung der Komplexität der Werkzeuge.[405] Aus diesen Entwicklungen muss eine proaktive Adressierung der Herausforderung **Kompetenzmanagement** in der Montage erfolgen, da insbesondere die Montagemitarbeiter die ganzheitliche Kompetenz des Werkzeugbaus vereinen und die Funktionsfähigkeit komplexer Werkzeuge und derer Mechanismen sicherstellen.

Neben dem Kompetenzmanagement resultiert eine weitere Herausforderung aus der Komplexität der Werkzeugabstimmung sowie der durch die zunehmend durch Sensorik und Aktorik ausgestatteten Werkzeuge.[406] Ferner beklagen Mitarbeiter fehlende Informationen über Montagevorgänge, Projektstatus, Besonderheiten des zu fertigenden Werkzeugs oder

---

[396] I. A. a. Salmen (Digital vernetzter Shopfloor), 2016, S. 90 f.
[397] Vgl. Bauernhansl et al. (WGP Standpunkt Industrie 4.0), 2016, S. 19 f.
[398] Vgl. Varghese; Tandur (Wireless Requirements and Challenges in Industry 4.0), 2014, S. 634
[399] Vgl. Schuh et al. (Industrie 4.0 Maturity Index), 2017, S.11
[400] Vgl. Abbildung II-28
[401] Vgl. Kapitel II.4.6
[402] Vgl. WZL/IPT (Datenbank Werkzeugbau), 2020
[403] Vgl. Boos et al. (Montage 4.0), 2017, S. 27 f.
[404] Vgl. WZL/IPT (Datenbank Werkzeugbau), 2020
[405] Vgl. VDMA (Branchenbericht Präzisionswerkzeuge 2018), 2019
[406] Vgl. Boos et al. (Intelligente Werkzeuge), 2019, S. 4 ff.

Ähnliches.[407] Durch eine entsprechende ergonomische und kognitive **Montageunterstützung** kann diese zur Steigerung der Montageeffizienz beitragen.

Eine weitere Herausforderung ergibt sich aus der hohen Anzahl der durchschnittlich in einem Werkzeug verbauter Komponenten[408], welche aktuell in der Montage nur unter einem hohen logistischen Aufwand bereitgestellt werden. Ein mangelndes Logistikkonzept führt zu hohen Suchaufwänden und damit zu einer suboptimalen Nutzung von Mitarbeiterressourcen in der Montage. Damit stellt die **Bauteillogistik** eine weitere zentrale Herausforderung für die Montage des Werkzeugbaus dar.

Aktuell werden 43,5 % der Fertigungsfehler im Werkzeugbau erst in der Montage entdeckt, also zu einem späten Zeitpunkt der Auftragsabwicklung.[409] Die späte Identifikation von Fehlern führt zu negativen Auswirkungen bezüglich Qualität, Zeit und Kosten.[410] Die Schlüsselstellung der Montage in der Auftragsabwicklung sowie die Tatsache, dass in erster Linie hochqualifizierte Facharbeiter mit einem hohen Erfahrungsschatz gepaart mit einem tiefen Verständnis für die Werkzeugtechnik beschäftigt sind, ist prädestiniert, einen **kontinuierlichen Verbesserungsprozesses (KVP)** zu initiieren. Hierbei handelt es sich um ein dem Lean Production entnommenes Managementkonzept, das als Zielsetzung die kontinuierliche Optimierung der Qualität von Produkten sowie technischen und organisatorischen Prozessen hat.

Bei den im Werkzeugbau hergestellten Werkzeugen handelt es sich um Kleinserien, oftmals sogar um Einzelstücke.[411] Daher müssen die produktionsrelevanten Vorgänge jeweils auftragsspezifisch geplant und durchgeführt werden. Aus diesem Grund kann die Montage nicht unmittelbar auf Erfahrungswerte zurückgreifen und ist häufig auf Schätzungen von Experten angewiesen. Weiterhin prägen viele verschiedene Auftragstypen und daraus resultierende kurzfristige Umplanungen und Umpriorisierungen mitsamt einer Intransparenz über Montagebearbeitungsstände die Planung und Steuerung der Montage.[412] Die Planung und Steuerung der Montage wird daher aktuell unter hohem manuellem Aufwand und individuell vorgenommen und weist daher bezüglich ihrer Effizienz deutliche Verbesserungspotenziale auf.[413] Für die Optimierung der **Planung und Steuerung** der Montage stellt die Entwicklung einer echtzeitnahen Planung und Steuerung in der Montage eine zentrale Herausforderung dar.

Zur Adressierung entsprechender Herausforderungen bedarf es einer informationstechnischen Grundlage in Form einer Infrastruktur aus Soft- und Hardwarekomponenten, welche einen effizienten Datenaustausch sicherstellen. Die Optimierung und Standardisierung des **Datenmanagements** auf Basis einer Dateninfrastruktur ermöglicht die Senkung von entsprechenden Latenzzeiten sowie eine signifikante Unterstützung der Mitarbeiter in der Montage.[414]

---

[407] Vgl. Boos et al. (Erfolgreich Digital Vernetzen), 2017, S. 18 f.
[408] Vgl. Kapitel II.4.1
[409] Vgl. WZL/IPT (Datenbank Werkzeugbau), 2020
[410] Vgl. Boos (Gestaltung und Bewertung modularer Werkzeuge), 2008, S. 44
[411] Vgl. Pollack (Informationssystem für den Werkzeugbau), 1995, S. 10
[412] Vgl. Boos et al. (Erfolgreich Planen im Werkzeugbau), 2015, S. 12
[413] Vgl. Kapitel II.4.4
[414] Vgl. Varghese; Tandur (Wireless Requirements and Challenges in Industry 4.0), 2014, S. 634

Die genannten Herausforderungen in der Montage des Werkzeugbaus sind nachfolgend in Abbildung II-36 aufgeführt

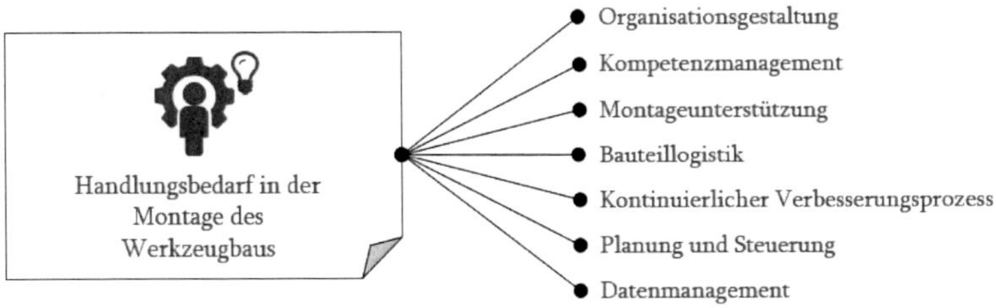

Abbildung II-36: Handlungsbedarf in der Montage des Werkzeugbaus[415]

In der Montage wurden die Herausforderungen Organisationsgestaltung, Kompetenzmanagement, Montageunterstützung, Bauteillogistik, kontinuierliche Verbesserung (KVP) einer Planung und Steuerung sowie eines Datenmanagements für die Montage begründet. Mit den Möglichkeiten und Potenzialen von Industrie 4.0 kann die konventionelle, stark handwerklich geprägte Montage mit ihren Schnittstellen zu den angrenzenden Gewerken durch einen echtzeitnahen digitalen Informationsaustausch eine neue Dimension in der Wertschöpfung erreichen. Die **Vernetzung** der Montage stellt dabei eine zwingende Voraussetzung zur Nutzung von Industrie 4.0 dar. Der Begriff Vernetzung steht für die Verknüpfung einzelner Elemente innerhalb von komplexen Systemen. Eine vernetzte Montage verknüpft demnach interne und externe Schnittstellen der Montage digital miteinander, um auf diese Weise Latenzzeiten signifikant zu reduzieren und damit die Grundlage zur Optimierung des Leistungserstellungsprozesses zu schaffen. Gleichzeitig dient die Vernetzung als Basis für die Realisierung der **Adaptabilität** in der Montage, also einer Montage, die die Fähigkeit zur (eigenständigen) Anpassung besitzt. Dies erfolgt durch CPPS, welche in der Lage sind, Daten in Echtzeit aufzunehmen, zu interpretieren und entsprechende, automatisch ausgeführte Maßnahmen einzuleiten.[416] Solche Maßnahmen werden unter zuvor definierten (vom Menschen festgelegten) Grenzen getroffen.[417]

Gegenüber der aktuellen Montage erzielt die vernetzte adaptive Montage im Werkzeugbau Effizienzsteigerungen durch die Realisierung von Transparenz, Kosteneinsparungen sowie Fehler- und Durchlaufzeitenreduzierung. Mithin kann die Leistungsfähigkeit der Montage als kritischer Prozessschritt der Leistungserstellung im Werkzeugbau auch zukünftig sichergestellt werden.

[415] Eigene Darstellung
[416] Vgl. Bischoff (Industrie 4.0 im Mittelstand), 2015, S. 8
[417] Vgl. Schuh (Industrie 4.0 erfolgreich umsetzen), 2017, S. 18

III Analyse bestehender Forschungsansätze

Im dritten Kapitel erfolgt eine Analyse bestehender wissenschaftlicher Forschungsansätze hinsichtlich der Adressierung der hergeleiteten Problemstellung.[418] Es wird untersucht, ob bereits bestehende Ansätze[419] zur Gestaltung der vernetzten adaptiven Montage im Werkzeugbau entwickelt wurden oder Ansätze mit wertvollem inhaltlichem Input übertragen werden können. Hierzu wird zunächst die Systematik der Analyse bestehender Ansätze erarbeitet, in dem das Bewertungs- und Anforderungssystem hergeleitet wird. Anschließend werden die wissenschaftlichen Ansätze detailliert vorgestellt und anhand des definierten Bewertungs- und Anforderungssystems abgeglichen. Abschließend wird ein Handlungsbedarf aus der Theorie abgeleitet sowie eine Detaillierung der Forschungsfrage vorgenommen.

III.1 Systematik der Analyse bestehender Modelle

Für die Bewertung bestehender Forschungsansätze wird die Systematik von KOMOREK[420] verwendet. Demnach setzt sich die Bewertung bestehender wissenschaftlicher Forschungsansätze aus einem Bewertungssystem und einem Anforderungssystem zusammen.[421] Zunächst werden Anforderungen hergeleitet, darauffolgend die Bewertungssystematik definiert und schließlich in der Zusammenführung das Anforderungssystem hergeleitet. Ziel ist es, einerseits die Gewährleistung der allgemeinen Relevanz des Forschungsansatzes für die vorliegende Fragestellung der Arbeit sicherzustellen sowie andererseits die Identifikation von Teilaspekten bestehender Forschungsansätze durchzuführen, welche zur Beantwortung der Forschungsfrage genutzt werden können.[422]

In der Literatur existiert eine Vielzahl verschiedener Vorgehensweisen zur Bewertung wissenschaftlicher Ansätze. Um ein einheitliches Ergebnis der Analyse wissenschaftlicher Ansätze sicherzustellen, muss zunächst die Bewertungssystematik definiert werden. In der Literatur ist die Bewertungssystematik über eine diskrete Skala mit verschiedenen Ausprägungen weit verbreitet. In der vorliegenden Arbeit soll ebenfalls eine diskrete Skala mit fünf unterschiedlichen Abstufungen verwendet werden. Diese hat ihren Ursprung bei LIKERT[423] und gewährleistet eine differenzierte, robuste sowie einheitliche Bewertung verschiedener Ansätze.[424]

Für die Bewertung im Zusammenhang mit der Branche Werkzeugbau werden ähnliche Bewertungssysteme durch PITSCH[425], KOMOREK[426], KUHLMANN[427] und SALMEN[428] verwendet.

[418] Vgl. Kapitel I.2
[419] Die Begriffe „Lösungsansatz" und „Ansatz" werden synonym verwendet.
[420] Vgl. Komorek (Gestaltungsmodell für kollaborative Wertschöpfung), 2014, S. 63
[421] Vgl. Komorek (Gestaltungsmodell für kollaborative Wertschöpfung), 2014, S. 63 f.
[422] Vgl. Kuhlmann (Corporate Tooling), 2016, S. 91 ff.
[423] Vgl. Likert (Technique for Measurement of Attitudes), 1932, S. 15 ff.
[424] Vgl. Dawes (Point Scales), 2008, S. 61
[425] Vgl. Pitsch (Kompetenzfeldbasierte Vernetzung), 2014
[426] Vgl. Komorek (Gestaltungsmodell für kollaborative Wertschöpfung), 2014
[427] Vgl. Kuhlmann (Corporate Tooling), 2016
[428] Vgl. Salmen (Digital vernetzter Shopfloor), 2016

Zur Visualisierung, Bewertung und Benennung der einzelnen Abstufungen soll eine Darstellung der Bewertungsergebnisse in Form eines Kreisdiagramms verwendet werden. Diese ist in der Abbildung III-1 dargestellt.

Abbildung III-1: Abstufung der Bewertung[429]

Die Abstufung der Bewertung wird in der vorliegenden Arbeit über fünf Abstufungen „Anforderung nicht erfüllt“, „Anforderung nur geringfügig erfüllt“, „Anforderung teilweise erfüllt“, „Anforderung erfüllt“ und „Anforderung voll erfüllt“ realisiert. In einer fünfgliedrigen Skala wird vermieden, dass eine eher zutreffende oder ablehnende Beurteilung vorgenommen werden muss. In diesem Fall steht für die Mitte die Bewertungskategorie „Anforderung teilweise erfüllt“. Durch die Benennung der übrigen vier Kategorien ist dagegen eine klare Zuordnung und Beschreibung ohne Mitte möglich, wodurch eine präzise Bewertung unterstützt wird.[430]

III.2 Anforderungssystem

In diesem Kapitel erfolgt die Ausformulierung des Anforderungssystems für die Bewertung der in der Literatur existierenden Ansätze. In übergeordneten Anforderungskategorien allgemeine Anforderungen, branchenbezogene Anforderungen, montagebezogene Anforderungen werden Anforderungen an den Lösungsansatz definiert, die sich aus dem Handlungsbedarf aus der Praxis[431] ergeben. Jede Anforderung muss auf Basis der Bewertungssystematik detailliert beschrieben werden. Dies lässt eine strukturierte und standardisierte Bewertung verschiedener Ansätze zu.

III.2.1 Allgemeine Anforderungen

Ein Lösungsansatz für eine vernetzte adaptive Montage im Werkzeugbau muss allgemeinen Anforderungen aus wissenschaftlicher Sicht genügen. Dazu sind Konkretheit des Lösungsansatzes sowie Praktikabilität und Wirtschaftlichkeit sicherzustellen.

Zur Umsetzbarkeit in der Praxis muss der Lösungsansatz **Konkretheit** aufweisen. Diese definiert sich über eine stringente Struktur sowie eine Interaktion der Elemente des Lösungsansatzes. Die einzelnen Elemente müssen zudem in prägnanter Form voneinander abgegrenzt und inhaltlich abgeschlossen sein, dennoch in Beziehung zu den übrigen Elementen gesetzt werden.[432] Die Ausprägungen innerhalb der Anforderung Konkretheit sind nachfolgend ausgeführt:

---

[429] Eigene Darstellung
[430] Vgl. Dawes (Point Scales), 2008, S. 66 ff.
[431] Vgl. Kapitel II.5
[432] Vgl. Pitsch (Kompetenzfeldbasierte Vernetzung), 2014, S. 60

- *Anforderung nicht erfüllt:* Der Ansatz besitzt weder eine übergeordnete stringente Struktur hinsichtlich seiner Elemente noch ist eine klare Struktur innerhalb der Elemente erkennbar.
- *Anforderung nur geringfügig erfüllt:* Der Ansatz lässt eine übergeordnete stringente Struktur hinsichtlich seiner Elemente erkennen. Innerhalb der Elemente mangelt es diesem Ansatz an Spezifizierung hinsichtlich der Gestaltung und Umsetzung der Elemente.
- *Anforderung teilweise erfüllt:* Der Ansatz besitzt eine klare übergeordnete Struktur und stellt Elemente zur Umsetzung zur Verfügung, die allerdings nur bedingt beschrieben werden.
- *Anforderung erfüllt:* Der Ansatz besitzt eine klare übergeordnete Struktur und stellt Elemente zur Umsetzung strukturiert und umfangreich vor. Konkrete Instrumente der Umsetzung bedürfen einer intensiveren Ausführung.
- *Anforderung voll erfüllt:* Der Ansatz besitzt eine klare übergeordnete Struktur sowie eine klare Struktur der Elemente. Die Instrumente der Umsetzung werden ausführlich beschrieben.

Entscheidend zur Sicherstellung eines ausreichenden Bezugs zur Realität sind **Praktikabilität & Wirtschaftlichkeit** des Lösungsansatzes. Dazu müssen realistische Annahmen unter realitätsnahen und praktischen Rahmenbedingungen getroffen werden.[433] Eine gute Handhabbarkeit für den Anwender und eine klare Struktur sind die Voraussetzungen für praktikable Ansätze.[434] Voraussetzung für eine hohe Wirtschaftlichkeit eines Ansatzes ist ein gutes Aufwand-/Nutzen-Verhältnis.[435] Die Ausprägungen innerhalb der Einzelanforderung Praktikabilität und Wirtschaftlichkeit sind nachfolgend ausgeführt:

- *Anforderung nicht erfüllt:* Der Ansatz berücksichtigt praktische Rahmenbedingungen nicht und weist eine schlechte Handhabbarkeit sowie ein niedriges Aufwand-/Nutzen-Verhältnis auf.
- *Anforderung nur geringfügig erfüllt:* Der Ansatz berücksichtigt praktische Rahmenbedingungen grundsätzlich, jedoch sind sowohl die Handhabbarkeit als auch das Aufwand-/Nutzen-Verhältnis eher gering.
- *Anforderung teilweise erfüllt:* Der Ansatz berücksichtigt praktische Rahmenbedingungen. Die Handhabbarkeit des Ansatzes ist vorhanden, jedoch das Aufwand-/Nutzen-Verhältnis ist gering.
- *Anforderung erfüllt:* Der Ansatz berücksichtigt praktische Rahmenbedingungen und ist handhabbar ausgestaltet. Das Aufwand-/Nutzen-Verhältnis ist auf einem guten Niveau.
- *Anforderung voll erfüllt:* Der Ansatz berücksichtigt praktische Rahmenbedingungen in hohem Maße und weist eine sehr gute Handhabbarkeit sowie ein sehr gutes Aufwand-/Nutzen-Verhältnis aus.

---

433 Vgl. Salmen (Digital vernetzter Shopfloor), 2016, S. 85
434 Vgl. Kuhlmann (Gestaltung von Geschäftsprozessen), 2013, S. 47
435 Vgl. Pitsch (Kompetenzfeldbasierte Vernetzung), 2014, S. 59 f.

III.2.2 Branchenbezogene Anforderungen

Neben allgemeinen Anforderungen muss der Lösungsansatz für eine vernetzte adaptive Montage im Werkzeugbau auch branchenbezogenen Anforderungen genügen. Diese basieren auf den Besonderheiten der Branche Werkzeugbau sowie auf dem heterogenen Branchencharakter mit internen und externen Werkzeugbaubetrieben.[436] Durch den Unikatcharakter der Werkzeuge resultiert eine Komplexität des Betrachtungsbereichs.[437] Die Anwendbarkeit des Lösungsansatzes auf eine Einzel- und Kleinserienfertigung ist daher eine notwendige branchenspezifische Anforderung. Die Ausprägungen innerhalb der Anforderung **Betrachtungsbereich** ist nachfolgend ausgeführt:

- *Anforderung nicht erfüllt:* Der Ansatz weist keinen Bezug zu einem konkreten Betrachtungsbereich auf.
- *Anforderung nur geringfügig erfüllt:* Der Ansatz weist einen Bezug zu einem konkreten Betrachtungsbereich gemäß einer Branche auf.
- *Anforderung teilweise erfüllt:* Der Ansatz lässt sich in der produzierenden Industrie anwenden.
- *Anforderung erfüllt:* Der Ansatz weist einen Bezug zur produzierenden Industrie auf und berücksichtigt die Besonderheiten der Einzel- und Kleinserienfertigung.
- *Anforderung voll erfüllt:* Der Ansatz ist für die Anwendung in der Einzel- und Kleinserienfertigung mit dem Fokus auf den Werkzeugbau konzipiert.

Neben der Anforderung Betrachtungsbereich sind die **Unternehmensrandbedingungen** zu prüfen. Die Unternehmen der Branche Werkzeugbau unterscheiden sich teilweise erheblich im Leistungsspektrum, im Technologieeinsatz und in der Mitarbeiterzahl.[438] Aufgrund der Heterogenität der Branche ist es notwendig, dass spezifische Unternehmensrandbedingungen, wie beispielsweise die Ausrichtung und Situation des Unternehmens, einbezogen werden sowie eine Anwendbarkeit des Lösungsansatzes für verschiedene Randbedingungen ermöglicht wird.[439] Die Ausprägungen der Anforderung Unternehmensrandbedingungen sind im Folgenden aufgelistet:

- *Anforderung nicht erfüllt:* Der Ansatz ist allgemeingültig konzipiert und berücksichtigt die konkreten Unternehmensrandbedingungen der vorliegenden Arbeit nicht.
- *Anforderung nur geringfügig erfüllt:* Der Ansatz ist allgemeingültig verfasst. Eine Adaption des Ansatzes bezüglich Ausrichtung und Situation des Unternehmens lässt sich nur in geringem Maße erkennen.
- *Anforderung teilweise erfüllt:* Der Ansatz ist allgemeingültig verfasst. Eine Adaption des Ansatzes bezüglich Ausrichtung und Situation des Unternehmens lässt sich für vereinzelte Bereiche des Ansatzes erkennen.

---

436 Vgl. Kapitel II.3.2.6
437 Vgl. Eversheim; Klocke (Werkzeugbau mit Zukunft), 1998, S. 3
438 Vgl. Salmen (Digital vernetzter Shopfloor), 2016, S. 87
439 Vgl. Salmen (Digital vernetzter Shopfloor), 2016, S. 87

- *Anforderung erfüllt:* Der Ansatz berücksichtigt unternehmensspezifische Randbedingungen und lässt größtenteils eine Anpassung entsprechend den heterogenen Randbedingungen zu.
- *Anforderung voll erfüllt:* Der Ansatz berücksichtigt unternehmensspezifische Randbedingungen und lässt eine vollumfängliche Anpassung entsprechend heterogener Randbedingungen zu.

III.2.3 Montagebezogene Anforderungen

Während allgemeine Anforderungen die Charakteristik des Lösungsansatzes bewerten und sich die branchenspezifischen Anforderungen auf Spezifika der Branche Werkzeugbau beziehen, existieren zusätzliche Anforderungen an einen Lösungsansatz zur vernetzten adaptiven Montage im Werkzeugbau. Diese Anforderungen ergeben sich aus den in Kapitel II.5 hergeleiteten Herausforderungen aus der Praxis. Diese Anforderungen werden nachfolgend montagebezogene Anforderungen genannt.

Für einen Lösungsansatz einer vernetzten adaptiven Montage des Werkzeugbaus stellt die Berücksichtigung der **Organisationsgestaltung** eine wesentliche Anforderung dar. Die Notwendigkeit zur stärkeren (digitalen) Vernetzung der Montage im Auftragsabwicklungsprozess hat zur Folge, dass Aufbau- und Ablauforganisation in der Montage an das Leistungsspektrum sowie die Wertschöpfungsprozesse angepasst werden müssen. Die Gestaltung muss die verfügbaren werkzeugbaurelevanten Ressourcen berücksichtigen. Die Ausprägungen der Anforderung sind nachfolgend detailliert:

- *Anforderung nicht erfüllt:* Der Ansatz berücksichtigt keine Aspekte zur Gestaltung der Organisation in der Montage.
- *Anforderung nur geringfügig erfüllt:* Der Ansatz beschreibt die Notwendigkeit sowie Teilaspekte der Organisationsgestaltung in der Montage, liefert jedoch keine spezifischen Gestaltungsempfehlungen.
- *Anforderung teilweise erfüllt:* Der Ansatz nennt wesentliche Aspekte der Organisationsgestaltung der Montage in der produzierenden Industrie. Konkrete Gestaltungsempfehlungen für die Aufbau- und Ablauforganisation werden nur bedingt gegeben. Eine Diskussion über eine digital vernetzte Organisationsgestaltung findet nicht statt.
- *Anforderung erfüllt:* Der Ansatz nennt und beschreibt die wesentlichen Aspekte der Organisationsgestaltung der Montage in der produzierenden Industrie. Dabei werden konkrete Gestaltungsempfehlungen für die Ablauf- und Aufbauorganisation vor dem Hintergrund der digitalen Vernetzung ausgesprochen.
- *Anforderung voll erfüllt:* Der Ansatz detailliert eine aufbau- und ablauftechnische Organisationsgestaltung für die Montage im Werkzeugbau vollumfänglich und liefert konkrete Gestaltungsempfehlungen durch die digitale Vernetzung.

In der Montage des Werkzeugbaus ist der Mitarbeiter die wichtigste Ressource, denn in der Montage findet der Zusammenbau und damit die Abstimmung des Werkzeugs unter Anwendung versierter Handwerklichkeit statt. Steigende Anforderungen hinsichtlich der Werkzeugkomplexität bzw. Werkzeugtechnik und Digitalisierung von Werkzeugkomponenten führen zur Notwendigkeit eines sukzessiven Kompetenzaufbaus in der Montage. Daher muss der Lösungsansatz die systematische, digital vernetzte bis hin zur adaptiven Mitarbeiterentwicklung in der Montage adressieren. Voraussetzung dafür sind eine Kompetenzanalyse sowie ein strukturierter Kompetenzaufbau. Dies wird mit dem Begriff **Kompetenzmanagement** zusammengefasst. Die Anforderung Kompetenzmanagement wird nachfolgend in ihren fünf Ausprägungen aufgeführt:

- *Anforderung nicht erfüllt:* Der Ansatz berücksichtigt keinerlei Aspekte eines Kompetenzmanagements.
- *Anforderung nur geringfügig erfüllt:* Der Ansatz beschreibt die Notwendigkeit sowie vereinzelte Teilaspekte eines Kompetenzmanagements, lässt jedoch konkrete Gestaltungsbeschreibungen offen.
- *Anforderung teilweise erfüllt:* Der Ansatz nennt wesentliche Aspekte des Kompetenzmangements in Form von Kompetenzanalyse und strukturiertem Kompetenzaufbau. Die Umsetzung dieser Aspekte mithilfe digital vernetzter Hilfsmittel wird bedingt beschrieben.
- *Anforderung erfüllt:* Der Ansatz nennt und beschreibt wesentliche Aspekte des Kompetenzmanagements in Form von Kompetenzanalyse und strukturiertem Kompetenzaufbau. Dabei wird ebenfalls auf eine Ausgestaltung des Kompetenzmanagements mit digital vernetzten Hilfsmitteln thematisiert.
- *Anforderung voll erfüllt:* Der Ansatz detailliert die Aspekte des digital vernetzten Kompetenzmanagements vollumfänglich. Zudem erfolgt eine detaillierte Beschreibung der Umsetzung des Kompetenzmanagements unter Anwendung digital vernetzter Hilfsmittel.

Zeitdruck, Komplexität und Mitarbeiterwandel sind die aktuellen Herausforderungen für den Werkzeugbau, die gleichermaßen für alle Prozessschritte und somit auch für die Montage Geltung finden. Insbesondere die Montage muss durch die Schlüsselstellung[440] in der Auftragsabwicklung in Verbindung mit der hohen Handwerklichkeit unter Zuhilfenahme digital vernetzter Hilfsmittel unterstützt werden. Im Zeitalter von Industrie 4.0 ergeben sich neue Möglichkeiten diese zu steigern, indem der Mitarbeiter anforderungsgerechter bei seinen Montageaufgaben unterstützt wird. Dazu ist eine gewerksübergreifende digitale Vernetzung sowie die Intelligenz der Montageunterstützung durch Adaptabilität notwendig. Die Anforderung **Montageunterstützung** wird nachfolgend in ihren fünf Ausprägungen aufgeführt:

- *Anforderung nicht erfüllt:* Der Ansatz berücksichtigt keinerlei Aspekte der Montageunterstützung des Mitarbeiters.
- *Anforderung nur geringfügig erfüllt:* Der Ansatz beschreibt die Notwendigkeit sowie vereinzelte Teilaspekte physischer und kognitiver Montageunterstützung, lässt jedoch konkrete Gestaltungsempfehlungen offen.

[440] Vgl. Abbildung II-35

- *Anforderung teilweise erfüllt:* Der Ansatz nennt wesentliche Aspekte der digital vernetzten Montageunterstützung in Form von kognitiver und physischer Unterstützung. Die Umsetzung dieser Aspekte mithilfe digital vernetzter Hilfsmittel erfolgt nicht.
- *Anforderung erfüllt:* Der Ansatz nennt und beschreibt wesentliche Aspekte der digital vernetzten Montageunterstützung in Form von kognitiver und physischer Unterstützung und erörtert Umsetzungsempfehlungen.
- *Anforderung voll erfüllt:* Der Ansatz nennt vollständig die Aspekte der digital vernetzten Montageunterstützung. Zudem erfolgen eine detaillierte Beschreibung der Realisierung sowie die Möglichkeit, eine vernetzte adaptive Montageunterstützung zu etablieren.

In Kapitel II.5 wurde bereits die Komplexität der **Bauteillogsitik** in der Montage dargestellt, welche aktuell durch einen hohen logistischen Aufwand durch qualifizierte Fachkräfte erfolgt und damit eine suboptimale Lösung in Bezug auf die Kostenoptimierung darstellt. Im Zuge der vierten industriellen Revolution werden bereits vielfach automatisierte Systeme zur Materialbereitstellung verwendet, welche auch in der Montage des Werkzeugbaus Anwendung finden können. Die Anforderung Bauteillogistik wird nachfolgend in ihren fünf Ausprägungen aufgeführt:

- *Anforderung nicht erfüllt:* Der Ansatz berücksichtigt keinerlei Aspekte der Bauteillogistik.
- *Anforderung nur geringfügig erfüllt:* Der Ansatz beschreibt die Notwendigkeit sowie vereinzelte Teilaspekte der Bauteillogistik, lässt jedoch konkrete Gestaltungsempfehlungen offen.
- *Anforderung teilweise erfüllt:* Der Ansatz nennt wesentliche Aspekte einer automatisierten Bauteillogistik und nimmt Bezug auf Materialbereistellung und Bauteilverwaltung. Die Umsetzung dieser Aspekte mithilfe digital vernetzter Hilfsmittel erfolgt nur oberflächlich.
- *Anforderung erfüllt:* Der Ansatz nennt und beschreibt wesentliche Aspekte der automatisierten Bauteillogistik in Form der Materialbereitstellung und Bauteilverwaltung und diskutiert eine entsprechende Gestaltungsempfehlung dieser.
- *Anforderung voll erfüllt:* Der Ansatz nennt vollständig die Aspekte der automatisierten Bauteillogistik und berücksichtigt dabei die Besonderheiten des Werkzeugbaus. Zudem erfolgen eine detaillierte Beschreibung der Umsetzung sowie die Möglichkeit der Realisierung von Adaptabilität in der Bauteillogistik.

Ein volatiles und hochkomplexes Marktumfeld erfordert eine stetige Weiterentwicklung der Montage. Diese Weiterentwicklung kann durch interne Aktivitäten oder externe Entwicklungen getrieben sein und muss in einer vernetzten adaptiven Montage Grundbestandteil sein. Ein **Kontinuierlicher Verbesserungsprozess** zur Nutzung innovativer und digital vernetzter Technologien muss in den operativen Ablauf der Montage integriert werden, mit der Aufgabe, die Leistungsfähigkeit der Montage stetig weiterzuentwickeln. Die Ausprägungen der Anforderung sind nachfolgend detailliert:

- *Anforderung nicht erfüllt:* Der Ansatz berücksichtigt keine Form eines kontinuierlichen Verbesserungsprozesses.
- *Anforderung nur geringfügig erfüllt:* Der Ansatz beschreibt die Notwendigkeit und Teilaspekte eines kontinuierlichen Verbesserungsprozesses, liefert jedoch keine konkreten Gestaltungsempfehlungen.
- *Anforderung teilweise erfüllt:* Der Ansatz nennt wesentliche Aspekte eines kontinuierlichen Verbesserungsprozesses. Es werden montageinterne und -externe Möglichkeiten der Gestaltung der stetigen Weiterentwicklung thematisiert. Eine Disskussion digital vernetzter Hilfsmittel zur Unterstützung erfolgt nur bedingt.
- *Anforderung erfüllt:* Der Ansatz nennt und beschreibt wesentliche Aspekte eines kontinuierlichen Verbesserungsprozesses unterstützt durch digital vernetzte Hilfsmittel. Es werden montageinterne und -externe Möglichkeiten der Umsetzung zur stetigen Weiterentwicklung der Montage eruiert.
- *Anforderung voll erfüllt:* Der Ansatz beschreibt vollständig die Aspekte und die prozessuale Implementierung eines kontinuierlichen Verbesserungsprozesses für die Besonderheiten des Werkzeugbaus. Zudem werden montageinterne und -externe Möglichkeiten der Umsetzung zur stetigen Weiterentwicklung umfassend erläutert sowie die Möglichkeiten zur Nutzung digital vernetzer Hilfsmittel detailliert.

Weiterhin ist die **Planung und Steuerung** eine relevante montagebezogene Anforderung an einen Lösungsansatz einer vernetzten adaptiven Montage im Werkzeugbau. Aufgrund der hohen Komplexität der Material- und Informationsflüsse in der Montage kommt der Montageplanung und -steuerung eine große Bedeutung zu. Ziel der Planung und Steuerung ist eine dynamische Umplanung, eine echtzeitnahe Koordination von Bearbeitungsumfängen sowie die Berücksichtigung der Mitarbeiterentwicklung. Nachfolgend sind die verschiedenen Ausprägungen der Anforderung Planung und Steuerung beschrieben:

- *Anforderung nicht erfüllt:* Der Ansatz berücksichtigt keinerlei Aspekte zur Planung und Steuerung in der Montage.
- *Anforderung nur in Ansätzen erfüllt:* Der Ansatz beschreibt die Notwendigkeit sowie Teilaspekte der Planung und Steuerung in der Montage. Eine Detaillierung der Teilaspekte findet nicht statt.
- *Anforderung teilweise erfüllt:* Der Ansatz nennt wesentliche Aspekte der Planung und Steuerung in der Montage. Dabei werden die Aspekte Umplanung, Koordination von Bearbeitungsumfängen sowie die Berücksichtigung der Mitarbeiterentwicklung in der Planung und Steuerung aufgeführt.
- *Anforderung erfüllt:* Der Ansatz nennt und beschreibt wesentliche Aspekte der Planung und Steuerung in der Montage. Dabei werden die Aspekte Umplanung, Koordination von Bearbeitungsumfängen sowie die Berücksichtigung der Mitarbeiterentwicklung in der Planung und Steuerung aufgeführt. Die Möglichkeiten der digitalen Vernetzung werden nur bedingt beschrieben.
- *Anforderung voll erfüllt:* Der Ansatz detailliert vollständig die Aspekte der Planung und Steuerung in der Montage vor dem Hintergrund digitaler Vernetzung. Dabei

werden die Aspekte dynamische Umplanung, echtzeitnahe Koordination von Bearbeitungsumfängen sowie die Berücksichtigung der Mitarbeiterentwicklung in der Planung und Steuerung erläutert und die Möglichkeiten von Adaptabilität genannt.

Ein Lösungsansatz für eine vernetzte adaptive Montage erfordert ein strukturiertes Datenmanagement. Dieses sieht eine Strukturierung und Nutzung von Daten vieler unterschiedlicher Prozesse und Teilnehmer vor, um eine flexiblere, schnellere und kosteneffizientere Leistungserstellung zu erreichen. Dazu muss eine stringente Dateninfrastruktur vorhanden sein. Der Ansatz sollte folglich die Datenaufnahme und -speicherung beschreiben sowie die operative Umsetzung der Datenanalyse und Dateninterpretation integrieren. Diese Elemente bilden die infrastrukturelle Grundlage zur digitalen Vernetzung und ermöglichen die Realisierung von Adaptabilität. Nachfolgend werden die fünf Ausprägungen der Anforderung **Datenmanagement** beschrieben:

- *Anforderung nicht erfüllt:* Der Ansatz berücksichtigt die Gestaltung eines Datenmanagements nicht.
- *Anforderung nur in Ansätzen erfüllt:* Der Ansatz beschreibt die Notwendigkeit sowie Teilaspekte des Datenmanagements, ohne auf die operative Umsetzung des Datenmanagements Bezug zu nehmen.
- *Anforderung teilweise erfüllt:* Der Ansatz nennt die wesentlichen Aspekte des Datenmanagements in Form der Datenaufnahme, der Datenspeicherung, der Datenanalyse und der Dateninterpretation. Eine Beschreibung der operativen Umsetzung wird nur bedingt thematisiert.
- *Anforderung erfüllt:* Der Ansatz nennt und beschreibt die wesentlichen Aspekte des Datenmanagements in Form der Datenaufnahme, der Datenspeicherung, der Datenanalyse und der Dateninterpretation. Eine Beschreibung der operativen Umsetzung findet statt.
- *Anforderung voll erfüllt:* Der Ansatz detailliert die Aspekte des Datenmanagements in Form der Datenaufnahme, der Datenspeicherung, der Datenanalyse und der Dateninterpretation vollständig. Eine Beschreibung der operativen Umsetzung zur Sicherstellung von Vernetzung und Adaptabilität erfolgt ebenfalls.

III.2.4 Aggregation der Anforderungen

In den Kapiteln III.2.1 bis III.2.3 wurden die allgemeinen, branchenbezogenen und montagebezogenen Anforderungen hergeleitet. Diese sind zusammengefasst in der Übersicht der Anforderungen in Abbildung III-2 aufgeführt.

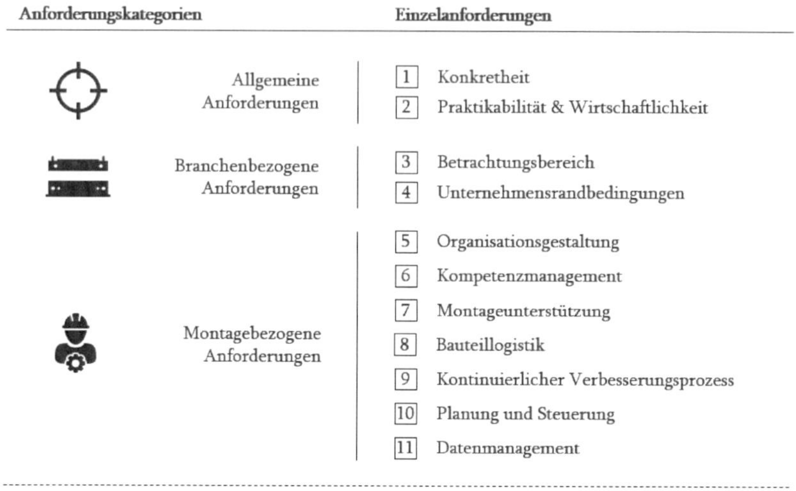

Abbildung III-2: Anforderungsübersicht für die Bewertung wissenschaftlicher Ansätze[441]

Anhand der aufgeführten Anforderungen in den Anforderungskategorien allgemeine, branchenbezogene und montagebezogene Anforderungen sollen nachfolgend bestehende wissenschaftliche Forschungsansätze bewertet werden.

III.3 Vorstellung wissenschaftlicher Forschungsansätze

Zur Sicherstellung der wissenschaftlichen Relevanz der vorliegenden Arbeit ist die Auseinandersetzung mit bestehenden wissenschaftlichen Forschungsansätzen essenziell. Dazu soll in den folgenden Kapiteln zunächst ein Überblick über bestehende, zu dieser Arbeit thematisch passende Forschungsansätze gegeben werden. Diese Forschungsansätze werden detailliert vorgestellt und entsprechend den definierten Anforderungen bewertet.

III.3.1 Synergetische Montageplanung nach Gerst et al.

In der produzierenden Industrie ist ein steigender Variantenreichtum mit einer damit verbundenen Erhöhung der Komplexität erkennbar. Diese Art der Komplexität hat einen erheblichen Einfluss auf die Planung von Montageaufgaben. Gerst et al. adressieren mit ihrem Ansatz diese Entwicklung. Der Ansatz der synergetischen Montageplanung beschreibt einen ganzheitlichen Planungsansatz zur Realisierung flexibler und gleichzeitig kostengünstigerer Montageprozesse in der Serienproduktion. Hierzu setzten Gerst et al. auf eine inhaltliche und zeitliche Koordination und Integration verschiedener Teildisziplinen der Montageplanung zur Erzielung von Synergien bezogen auf die erreichte Gesamtleistung.[442]

[441] Eigene Darstellung

[442] Vgl. Gerst et al. (Synergetische Montageplanung), 2006, S. 575

GERST ET AL. betrachten die Montage als Arbeitssystem. Beim Einsatz zur Planung neuer oder zur Optimierung bestehender Montagesysteme soll durch die Integration der verschiedenen Disziplinen die maximale Leistungsfähigkeit des Systems sichergestellt werden. Die verschiedenen zu adressierenden Elemente einer synergetischen Montageplanung sind Arbeitsablauf, Arbeitsmethoden, Layout, Gebäude, Kontinuierlicher Verbesserungsprozess (KVP), Arbeitsplatz/Montagetechnologie, Entgeltsystem und Kompetenzentwicklung.[443] Die Elemente der synergetischen Montageplanung sind in der Abbildung III-3 visualisiert.

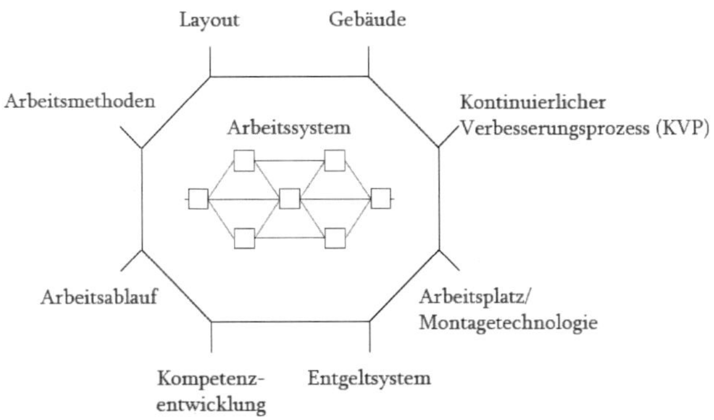

Abbildung III-3: Elemente der synergetischen Montageplanung nach GERST ET AL.[444]

In der Durchführung einer synergetischen Montageplanung wird ein Prozess definiert, den Unternehmen durchführen müssen, um die maximale Leistungsfähigkeit des Arbeitssystems Montage zu erreichen. Die synergetische Montageplanung beginnt mit einer Aufnahme des Arbeitsablaufs zur Analyse der Struktur der Teilaufgaben hinsichtlich logischer sowie zeitlicher Arbeitsfolgen. Analysierte Arbeitsfolgen und daraus resultierende Abhängigkeiten werden im Falle der Montagekomplexität in sogenannten Vorrangsgraphen dargestellt. Die Analyseergebnisse stellen die Basis der folgenden Gestaltung der Arbeitsplätze inklusive verwendeter Montagetechnologie dar. Die Gestaltung der Arbeitsplätze findet nach ergonomischen Gesichtspunkten und unter Berücksichtigung der Aspekte der schlanken Produktion statt. Im Fokus steht eine Berücksichtigung von mitarbeiterbezogenen Kriterien mit dem Ziel der Verminderung von Belastungen sowie der Vermeidung von Gesundheitsgefährdungen und Unfallgefahren.

Außerdem dient die ergonomische Analyse der effektiven Nutzung von Arbeitsmethoden zur Produktivitätssteigerung sowie der Vermeidung von Fehlern und Qualitätseinbußen bei gleichzeitiger Kompetenzentwicklung der Mitarbeiter. Die Ergebnisse der ersten beiden Schritte gehen als Eingangsgröße in die folgende Gestaltung des Layouts unter Berücksichtung der Rahmenbedingung Gebäude ein. Die Dimension Layout stellt den Fokus dieser Arbeit dar und erfolgt nach GERST ET AL. in drei Detaillierungsstufen[445]:

---

[443] Vgl. Gerst et al. (Synergetische Montageplanung), 2006, S. 576
[444] Vgl. Gerst et al. (Synergetische Montageplanung), 2006, S. 576
[445] Vgl. Gerst et al. (Synergetische Montageplanung), 2006, S. 580

- *Auslegung der Arbeitsplätze* gemäß definierten Material- und Informationsflüssen
- *Ideale detaillierte Arbeitsplatzanordnung* losgelöst von betrieblichen Restriktionen
- *Ermittlung einer realen Variante des Layouts* gemäß einer Nutzwertanalyse

Nach der Auswahl des für den Anwendungsfall optimalen Layouts schließt sich die Optimierung der Arbeitsorganisation an. Hierunter fällt die Überarbeitung von Arbeits- und Montageanweisungen in Form einer „bebilderten Arbeitsanleitung“ [446], die Einführung eines kontinuierlichen Verbesserungssystems (KVP) durch die Nutzung geführter KVP-Workshops. Weiterhin wird die Arbeitsorganisation durch die Überarbeitung des Entgeltsystems basierend auf Kennzahlen zur Steigerung der Qualität der Montageaufgaben sowie der stetigen Optimierung im Sinne des KVP.[447]

Die Bewertung des Ansatzes nach GERST ET AL. anhand des definierten Anforderungssystems[448] wird in der Abbildung III-4 vorgenommen.

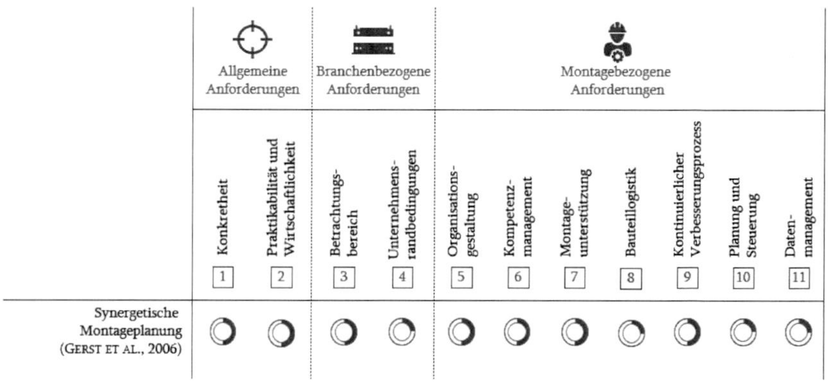

Abbildung III-4: Bewertung des Ansatzes nach GERST ET AL.[449]

Der Ansatz nach GERST ET AL. beschreibt die Umsetzung flexibler und gleichzeitig kostengünstiger Montageprozesse für die Serienproduktion. Durch eine inhaltliche und zeitliche Koordination und Integration verschiedener Teildisziplinen der Montageplanung sollen Synergien erzielt werden. Der Ansatz besitzt eine klare übergeordnete Struktur. Eine Konkretisierung der Teildisziplinen findet nur bedingt statt, wodurch der Ansatz nur teilweise konkret und praktikabel ist. Der Ansatz ist zwar für die Serienfertigung konzipiert, allerdings lässt sich der Ansatz auf die allgemeine produzierende Industrie übertragen, die Besonderheiten des Betrachtungsbereichs Werkzeugbau finden keine Berücksichtigung. Aus diesem Grund kann auch die Anforderung der Organisationsgestaltung sowie der Montageunterstützung nur allgemeingültig ohne Branchencharakteristik beschrieben

[446] Vgl. Gerst et al. (Synergetische Montageplanung), 2006, S. 576 ff.
[447] Gerst et al. (Synergetische Montageplanung), 2006, S. 576
[448] Vgl. Kapitel III.2
[449] Eigene Darstellung

werden. Weiterhin wird zwar auf die Anforderungen Kompetenzmanagement und kontinuierlicher Verbesserungsprozess eingegangen, allerdings werden die Möglichkeiten durch digital vernetzte Hilfsmittel nicht thematisiert. In dem Zuge erfolgt ebenfalls keine Erläuterung zum notwendigen Datenmanagement. Die Anforderungen Bauteillogistik, Planung und Steuerung finden nur in anderen Teilaspekten Erwähnung. Eine Detaillierung bleibt aus.

III.3.2 Planungssystematik für Montagesysteme nach Lotter & Wiendahl

Lotter & Wiendahl entwickeln das Modell zur Gestaltung von Montagesystemen, welches auf den Grundsätzen der REFA[450] beruht. Das Modell stellt einen verfahrens- und anlagenneutralen Leitfaden für produzierende Unternehmen zur Planung komplexer Produktionssysteme dar. Ziel der Planungssystematik für Montagesysteme ist die Effizienzsteigerung der bestehenden Montage mithilfe eines systematischen Vorgehens bestehend aus sechs Stufen und elf Schritten, die produktindividuell an die Erfordernisse der Montage anpassbar sind und damit die Ganzheitlichkeit sicherstellen. Die Anpassungen sind abhängig von der Produktgestaltung, der Komplexität und dem Produktionsvolumen realisierbar.[451] Das elfschrittige Vorgehen ist in Abbildung III-5 dargestellt.

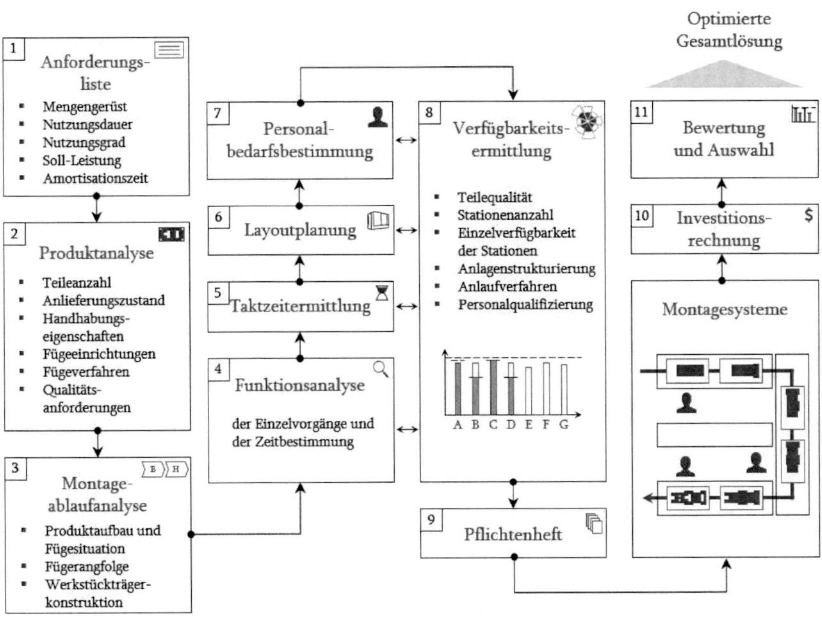

Abbildung III-5: Planungssystematik für Montagesysteme nach Lotter & Wiendahl[452]

[450] Vgl. Lotter; Wiendahl (Montage in der industriellen Produktion), 2012, S. 366
[451] Vgl. Lotter; Wiendahl (Montage in der industriellen Produktion), 2012, S. 365
[452] Vgl. Lotter; Wiendahl (Montage in der industriellen Produktion), 2012, S. 367

Das Vorgehen beginnt mit der Erstellung einer Anforderungsliste, in der die Eckdaten hinsichtlich der Montagerahmenbedingungen festgelegt werden. Als wirtschaftliche Planungsvorgabe fungiert die Amortisationszeit. Außerdem werden marktseitige Stückzahlschwankungen betrachtet, um die Wirtschaftlichkeit sicherzustellen.[453] Im zweiten Schritt, der Produktanalyse, wird der wirtschaftlich sinnvolle Automatisierungsgrad des Montagesystems ermittelt. Dies erfolgt auf Basis der Produkteigenschaften wie Teileanzahl, Anlieferungszustand, Fügerichtungen und -verfahren, Handhabungseigenschaften und Qualitätsanforderungen. Produktanalysen sind mit der ABC-Analyse durchzuführen.[454] Im Anschluss wird im dritten Schritt die Montageablaufanalyse angewendet. Hierzu wird anhand des Produktaufbaus und der daraus resultierenden Fügesituation die sogenannte Fügerangfolge festgelegt.[455] In der Funktionsanalyse (Schritt vier) werden die Einzelmontagevorgänge in ihre Funktionsfolgen gegliedert und der zeitliche Aufwand für die einzelnen Montageschritte bestimmt. Bei manuellen Vorgängen erschließt sich die Montagezeit dabei aus einer Funktionsfolge mithilfe vorbestimmter Zeiten (z. B. mittels des MTM Verfahrens). Automatisierte Vorgänge ermitteln die Zeiten auf Basis der zu ermittelnden Taktzeit.[456] Diese wird im fünften Schritt auf Basis des Mengengerüsts und der Nutzungsdauer über die Soll-Leistung ermittelt. In der Layoutplanung, dem sechsten Schritt, erfolgt die optimale Anordnung der Montageanlage und -arbeitsplätze in Bezug auf den Materialfluss und die Materialbereitstellung. Dabei fließen die Ergebnisse der Planungsschritte eins bis fünf in die Layoutplanung mit ein. Der Produktaufbau, die Fügerangfolge und die Taktzeit bestimmen hierbei die Größe des Montagesystems, während der Produktaufbau, die Fügesituation und die daraus resultierende Werkstückträgerkonstruktion festlegen, ob das Montageobjekt in einer einzigen Anlage oder über mehrere gleiche Stationen im Sinne einer Mengenteilung montiert werden kann. Nachfolgend wird der Personalbedarf bestimmt, wobei zwischen manuellen Tätigkeiten und Tätigkeiten zur Anlagenüberwachung unterschieden wird. Dies stellt den siebten Schritt der Planungssystematik dar.[457] Der anschließende achte Schritt umfasst die Verfügbarkeitsermittlung. Ziel des Schrittes ist es, eine gleichmäßige Verfügbarkeit des Montagesystems sicherzustellen. Die Schritte der Funktionsanalyse, Taktzeitermittlung, Layoutplanung und Personalbedarfsbestimmung müssen gegebenenfalls erneut durchlaufen werden, falls die geforderte Ausbringung mit der geplanten Montagestruktur nicht erreicht werden kann. Für den Fall, dass die geforderte Ausbringung erreicht wird, lässt sich der neunte Schritt, Erstellung des Pflichtenhefts, durchführen. Alle bisherigen Ergebnisse fließen in die Erstellung des Pflichtenheftes ein. Die Dokumentation enthält die Taktzeit, Angaben zur Integration manueller Tätigkeiten, die Anlagenstruktur sowie Anforderungen an das Vorfeld der automatisierten Montage. Mithilfe des Pflichtenheftes sind Montagesysteme hinreichend bestimmt und können bei Herstellern angefragt werden.[458] Zusätzlich ist die Durchführung einer Investitionsrechnung im zehnten Schritt erforderlich.[459] Dazu werden die Anlagenkosten von der Planung über die Fertigung und den Aufbau bis hin zur Inbetriebnahme kalkuliert. Außerdem wird die interne Fertigung

[453] Vgl. Lotter; Wiendahl (Montage in der industriellen Produktion), 2012, S. 367
[454] Vgl. Lotter; Wiendahl (Montage in der industriellen Produktion), 2012, S. 368
[455] Vgl. Lotter; Wiendahl (Montage in der industriellen Produktion), 2012, S. 368 f.
[456] Vgl. Lotter; Wiendahl (Montage in der industriellen Produktion), 2012, S. 370
[457] Vgl. Lotter; Wiendahl (Montage in der industriellen Produktion), 2012, S. 370
[458] Vgl. Lotter; Wiendahl (Montage in der industriellen Produktion), 2012, S. 370 f.
[459] Vgl. Lotter; Wiendahl (Montage in der industriellen Produktion), 2012, S. 371

mit der Fremdbeschaffung verglichen, um die kostengünstigste Lösung zu bestimmen. Anschließend erfolgt im letzten Schritt, auf Grundlage der Investitionsrechnung, die Bewertung und Auswahl der Montagesysteme.[460]

Die Bewertung des Ansatzes nach LOTTER & WIENDAHL anhand des definierten Anforderungssystems[461] wird in der Abbildung III-6 vorgenommen.

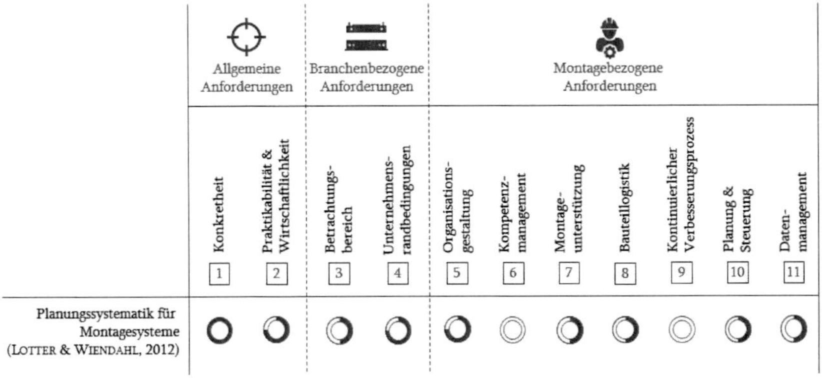

Abbildung III-6: Bewertung des Ansatzes nach LOTTER & WIENDAHL[462]

Der Ansatz nach LOTTER & WIENDAHL beschreibt die Gestaltung und Planung von komplexen Montagesystemen durch einen detaillierten verfahrens- und anlagenneutralen Leitfaden für die produzierende Industrie. Der Ansatz besitzt eine klare übergeordnete Struktur sowie eine klare Struktur der Elemente. Die Instrumente der Umsetzung werden ausführlich beschrieben. Der Ansatz berücksichtigt praktische Rahmenbedingungen und ist handhabbar ausgestaltet. Das Aufwand-/Nutzen-Verhältnis ist auf einem guten Niveau. Der Ansatz ist zwar allgemeingültig zur Anwendung in der produzierenden Industrie konzipiert, lässt sich größtenteils auf Unternehmensrandbedingungen skalieren, jedoch finden die Besonderheiten des Betrachtungsbereichs Werkzeugbau kaum Berücksichtigung. Die Organisationsgestaltung ist der Fokus dieses Ansatzes und damit wird diese Anforderung erfüllt. Eine teilweise Erfüllung findet bei den Anforderungen Montageunterstützung, Bauteillogistik, Planung und Steuerung statt. Eine Nutzung von digitalen Hilfsmitteln zur Vernetzung der Montage in der Auftragsabwicklung und der damit verbundenen Voraussetzung zur adaptiven Anpassung der Montage auf Veränderungen findet keine Berücksichtigung in diesem Ansatz. Weiterhin wird auch die infrastrukturelle Grundlage in der Anforderung Datenmanagement in Form von Datenaufnahme bis zur Dateninterpreation nicht berücksichtigt. Die Anforderung Kompetenzmanagement und die Anforderung kontinuierlicher Verbesserungsprozess finden keine Erwähnung.

[460] Vgl. Lotter; Wiendahl (Montage in der industriellen Produktion), 2012, S. 371 f.
[461] Vgl. Kapitel III.2
[462] Eigene Darstellung

III.3.3 Smart Factory nach LUCKE

LUCKE entwickelte vor dem Hintergrund der technologischen Entwicklungen und sich verändernden Rahmenbedingungen für die produzierende Industrie den Ansatz der Smart Factory. Laut LUCKE können eine zunehmende automatisierte Informationserfassung und -bereitstellung in jeglichen Einsatzgebieten einer Fabrik, bei gleichzeitiger Heterogenität der Informationssysteme und dezentraler Datenhaltung, als verändernde Rahmenbedingungen verstanden werden. Ziel des Ansatzes ist die Optimierung des Fabrikbetriebs durch die Verbesserung und Beschleunigung der Kommunikation durch eine definierte Modellierung des Zusammenspiels von Ressourcen. Dies wird im Folgenden als Smart Factory bezeichnet.[463] Das Gesamtkonzept Smart Factory, also insbesondere das Zusammenspiel zwischen Middleware, Umgebungsmodell und Informationsmodell, nach LUCKE ist in Abbildung III-7 dargestellt.

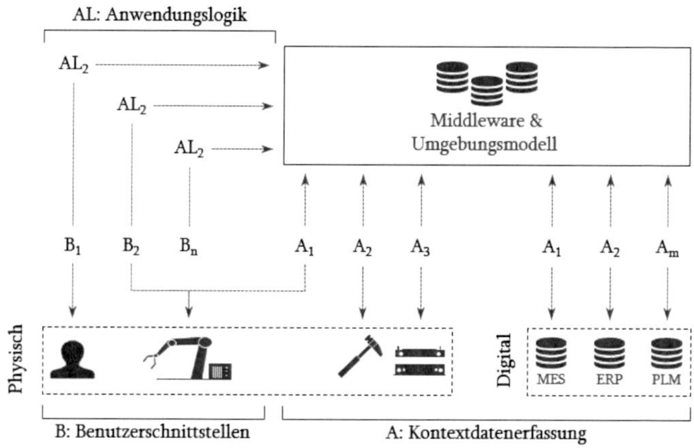

Abbildung III-7: Modell der Smart Factory nach LUCKE[464]

Die Smart Factory ist ein Ansatz zur vertikalen und horizontalen Vernetzung der Produktion[465], in dem Mitarbeiter kontextbezogen bei der Ausführung ihrer Tätigkeiten und Aufgaben unterstützt werden. Eine kontextbezogene Unterstützung bedeutet, dass Informationen verwendet werden können, die Objekte in einer Fabrik aufnehmen sowie Zusammenhänge, wie den aktuellen Ort oder Zustand nutzbar machen.[466] Kontextbezogene Anwendungen und Systeme in der Produktion sind folglich technische Hilfsmittel zur Umsetzung kontextbezogener Mitarbeiterunterstützung. Solche Anwendungen werden nach LUCKE in zwei Kategorien unterschieden.[467] In der ersten Kategorie werden integrierte, autonome

---

[463] Vgl. Lucke (Smart Factory), 2013, S. 252
[464] Vgl. Lucke (Smart Factory), 2013, S. 255
[465] Vgl. Lucke et al. (Kontextbezogene Anwendungen), 2008, S. 1 f.
[466] Vgl. Lucke (Smart Factory), 2013, S. 254
[467] Vgl. Lucke (Smart Factory), 2013, S. 254

Anwendungen, die in physische und logische Smart Objects gekapselt sind, zusammengefasst. In der zweiten Kategorie definiert LUCKE verteilte Anwendungen, die sich physisch und logisch auf mehrere Informationssysteme erstrecken und eigene Kommunikationsfähigkeiten besitzen.[468]

Während sich die Integrationsproblematik für integrierte, autonome Anwendungen mithilfe lokaler Sensorik lösen lässt, ist diese bei den verteilten Anwendungen, bei denen die Informationen meist über die gesamte Produktion verstreut sind, deutlich komplexer. Sogenannte Förderationsansätze können die Integrationsproblematik beheben.[469] Der Föderationsansatz wird technisch durch Middleware-Systeme umgesetzt, deren Aufgabe die Verteilung der jeweiligen Anfragen auf dezentrale IT-Systeme durch Synchronisation ist. Damit ist die Middleware als eine Form der Vermittlungsplattform für alle im Produktionsumfeld verwendeten Systeme zu verstehen. Ein sogenanntes Umgebungsmodell, also ein übergeordnetes Informationsmodell, bildet die Fabrik, die enthaltenen Objekte und die Zusammenhänge dynamisch ab. Dies kann als eine Art dynamisches Verzeichnis verstanden werden, welches Informationen schnell, einfach und anforderungsgerecht verteilt.[470]

Die Bewertung des Ansatzes nach LUCKE anhand des definierten Anforderungssystems[471] wird in der Abbildung III-8 vorgenommen.

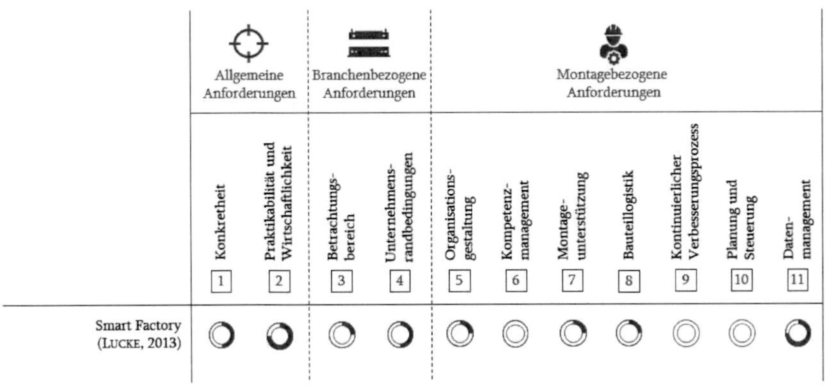

Abbildung III-8: Bewertung des Ansatzes nach LUCKE[472]

Der Ansatz nach LUCKE beschreibt die Optimierung des Fabrikbetriebs durch die Verbesserung und Beschleunigung der Kommunikation sowie der zugrundeliegenden notwendigen Infrastruktur. Der Ansatz besitzt eine klare übergeordnete Struktur und stellt Elemente zur Umsetzung zur Verfügung. Die Elemente werden allerdings nur in abstrakter Form beschrieben. Darüber hinaus ist der Ansatz handhabbar und verfügt über ein gutes

[468] Vgl. Lucke (Smart Factory), 2013, S. 255
[469] Vgl. Lucke (Smart Factory), 2013, S. 254
[470] Vgl. Lucke (Smart Factory), 2013, S. 255
[471] Vgl. Kapitel III.2
[472] Eigene Darstellung

Aufwand-/Nutzen-Verhältnis. Schwachstellen weist der Ansatz bezogen auf den Betrachtungsbereich sowie die Skalierbarkeit auf Unternehmensrandbedingungen auf. Weiterhin finden insbesondere die Anforderungen Kompetenzmanagement, kontinuierlicher Verbesserungsprozess, Planung und Steuerung, welche für die Gestaltung einer vernetzten adaptiven Montage notwendig sind, keine Betrachtung. Nur in Ansätzen erfüllt werden die Anforderungen Organisationsgestaltung, Montageunterstützung und Bauteillogistik. Zentraler Kritikpunkt hinsichtlich all dieser Anforderungen ist der mangelnde Fokus digital vernetzter Lösungen zur Optimierung der Auftragsabwicklung sowie ein begrenzter Anwendungsfokus für die Besonderheiten der Montage im Werkzeugbau. Der Ansatz nach LUCKE nennt und beschreibt die wesentlichen Aspekte des Datenmanagements in Form der Datenaufnahme, der Datenspeicherung und der Datenanalyse, womit die Anforderung Datenmanagement erfüllt wird. Dieser Ansatz stellt einen übergeordneten Ansatz zur Modellierung einer intelligenten Fabrik dar, konkrete und im Rahmen dieser Arbeit notwendige Detaillierung in Bezug auf die Auftragsabwicklung ist nicht Teil dieses Ansatzes.

III.3.4 Funktionale Arbeitsplatzgestaltung nach WIENDAHL ET AL.

Die funktionale Arbeitsplatzgestaltung von WIENDAHL ET AL. wurde zur ganzheitlichen Planung einer Fabrik veröffentlicht. Diese ist in vier Gestaltungsfelder aufgeteilt, welche bei der Konzeption von Arbeitsplätzen aus Prozesssicht zu berücksichtigen sind. Im Zuge der Fabrikplanung wird die Arbeitsplatzgestaltung von Fertigungs- und Montagearbeitsplätzen im Speziellen betrachtet, da Arbeitsplätze aus fabrikplanerischer Sicht die kleinsten Bausteine der Prozessgestaltung darstellen.[473] Laut den Autoren stellen diese Bausteine die Basis für die Erfüllung von Arbeitsaufgaben in einer Fabrik dar, da diese das Zusammenspiel von Mensch und Betriebsmittel vereinen.[474] Abbildung III-9 illustriert die funktionale Arbeitsplatzgestaltung nach WIENDAHL ET AL.

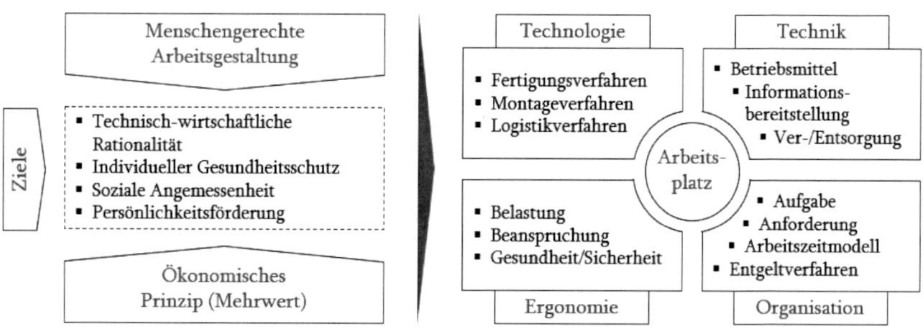

Abbildung III-9: Funktionale Arbeitsplatzgestaltung nach WIENDAHL ET AL.[475]

[473] Vgl. Wiendahl et al. (Funktionale Arbeitsplatzgestaltung), 2014, S. 157
[474] Vgl. Wiendahl et al. (Funktionale Arbeitsplatzgestaltung), 2014, S. 157
[475] Vgl. Wiendahl et al. (Funktionale Arbeitsplatzgestaltung), 2014, S. 158

Die Arbeitsplatzgestaltung verfolgt das Ziel, Arbeitsplätze zu konzipieren, um mit geringstmöglichem Aufwand die Arbeitsaufgabe optimal erfüllen zu können. Zur funktionalen Arbeitsplatzgestaltung definieren die Autoren vier Gestaltungsfelder, welche aus Vorüberlegungen zu Randbedingungen und Zielen resultieren. Als Randbedingungen werden die menschengerechte Arbeitsgestaltung und das ökonomische Prinzip beschrieben, welche gleichermaßen für eine erfolgreiche Arbeitsplatzgestaltung notwendig sind. Hierbei gilt es, sowohl die menschlich-organisatorische als auch die technisch-wirtschaftliche Sicht langfristig zu synthetisieren.[476] Aus diesen Randbedingungen ergeben sich für die funktionale Arbeitsplatzgestaltung die vier Ziele technisch-wirtschaftliche Rationalität, der individuelle Gesundheitsschutz, die soziale Angemessenheit und die Persönlichkeitsförderung. Die technisch-wirtschaftliche Rationalität bedeutet die richtige Zuordnung von menschlichen und maschinellen Leistungen. Der individuelle Gesundheitsschutz verfolgt das Ziel schädigungsfreier Arbeitstätigkeiten. Die soziale Angemessenheit spiegelt die Förderung zwischenmenschlicher Beziehungen sowie die Mitgestaltung der Mitarbeiter am Arbeitssystem wider. Das Ziel der Persönlichkeitsförderung verfolgt die Möglichkeit der Selbstverwirklichung der Mitarbeiter sowie ihrer Entwicklung von Fähigkeiten und Kompetenzen.[477]

Die Ziele und Rahmenbedingungen betreffend formulieren die Autoren die vier Gestaltungsfelder Technologie, Technik, Ergonomie und Organisation. Im Gestaltungsfeld Technologie wird die Technologieplanung in Form der Fertigungs-, Montage- und Logistikverfahren für die am Arbeitsplatz zu fertigenden Produkte festgelegt.[478] Auf Basis dieser Festlegungen ergibt sich der Inhalt des Gestaltungsfelds Technik. Solche sind Arbeits- und Betriebsmittel in Form von Maschinen und Anlagen für die Umsetzung der Technologieplanung. Darüber hinaus berücksichtigt das Gestaltungsfeld der Technik die Informationsbereitstellung am Arbeitsplatz sowie die notwendige Ver- und Entsorgung von Material. Im Gestaltungsfeld Organisation werden die durchzuführenden Arbeitsaufgaben je Arbeitsplatz bestimmt. Das Gestaltungsfeld beschreibt nicht die unternehmensweite Organisation, sondern vielmehr die Organisation der Arbeitsaufgaben am jeweiligen Arbeitsplatz. Inhalt dieses Gestaltungsfeldes sind Qualifizierungsmaßnahmen zum Kompetenzaufbau, Arbeitszeitmodelle sowie Entgeltverfahren.[479] Im vierten Gestaltungsfeld Ergonomie werden die Bedürfnisse des Menschen am Arbeitsplatz unter dauerhafter Erhaltung der Gesundheit und der körperlichen Unversehrtheit der Mitarbeiter betrachtet.[480]

Die Bewertung des Ansatzes nach WIENDAHL ET AL. anhand des definierten Anforderungssystems[481] wird in der Abbildung III-10 vorgenommen.

[476] Vgl. Wiendahl et al. (Funktionale Arbeitsplatzgestaltung), 2014, S. 158
[477] Vgl. Wiendahl et al. (Funktionale Arbeitsplatzgestaltung), 2014, S. 158
[478] Vgl. Wiendahl et al. (Funktionale Arbeitsplatzgestaltung), 2014, S. 158 f.
[479] Vgl. Wiendahl et al. (Funktionale Arbeitsplatzgestaltung), 2014, S. 159
[480] Vgl. Wiendahl et al. (Funktionale Arbeitsplatzgestaltung), 2014, S. 159
[481] Vgl. Kapitel III.2

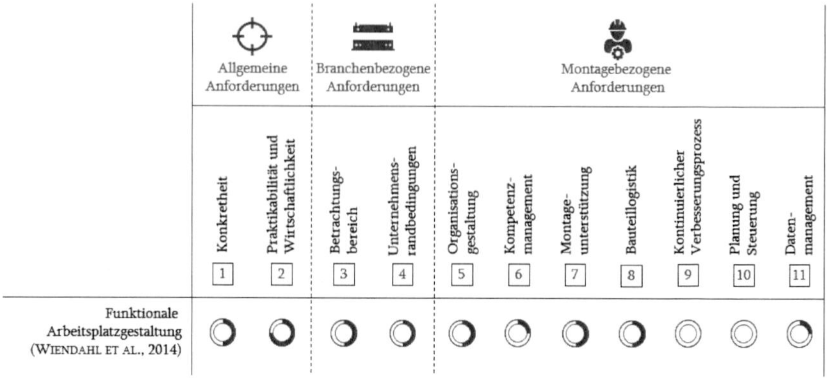

Abbildung III-10: Bewertung des Ansatzes nach WIENDAHL ET AL.[482]

Der Ansatz von WIENDAHL ET AL. beschreibt eine ganzheitliche Planung von Montagearbeitsplätzen als kleinste Bausteine der Prozessgestaltung in einer Fabrik. Der Ansatz ist für die produzierende Industrie konzipiert und besitzt eine klare übergeordnete Struktur sowie eine klare Struktur der Elemente. Der Ansatz ist handhabbar ausgestaltet. Das Aufwand-/Nutzen-Verhältnis ist auf einem guten Niveau. Der Ansatz ist allgemeingültig verfasst. Eine Adaption des Ansatzes bezüglich Ausrichtung und Situation des Unternehmens lässt sich nur in geringem Maße erkennen. Im Fokus des Ansatzes stehen die Arbeitsplatzgestaltung, weshalb auch die Anforderungen Organisationsgestaltung, Bauteillogistik und Montageunterstützung hinsichtlich wesentlicher Teilaspekte thematisiert werden. Die Nutzung digitaler Lösungen zur Erreichung einer vernetzten adaptiven Auftragsabwicklung wird jedoch nicht beschrieben. Weiterhin werden die Anforderungen Kompentenzmanagement und Datenmanagement nur geringfügig erfüllt. Zentraler Kritikpunkt in der Anforderung Kompetenzmanagement ist ein magelnder Bezug zur Kompetenzanalyse sowie zum Kompetenzaufbau. Mangelnde Konkretisierung bezogen auf die Ausgestaltung von Datenaufnahme, Datenspeicherung, Datenanalyse und Dateninterpretation ist in der Anforderung Datenmangement ein Kritikpunkt. Die Anforderungen kontinuierlicher Verbesserungsprozess und Planung und Steuerung finden keine Anwendung im vorgestellten Ansatz.

III.3.5 Digital vernetzter Shopfloor nach SALMEN

Das Gestaltungsmodell eines digital vernetzten Shopfloors von SALMEN adressiert die systematische und strukturierte Gestaltung des Shopfloors des Werkzeugbaus auf Basis neuer technologischer Entwicklungen. Teil des Shopfloors sind die Arbeitsvorbereitung (AV), die mechanische Fertigung, die Montage und der Try-out. Insbesondere die Digitalisierung und Vernetzung werden als die zentralen Befähiger zur Neugestaltung des Shopfloors im Werkzeugbau aufgeführt. Der Werkzeugbau steht laut SALMEN durch den Einzel- und Klein-

[482] Eigene Darstellung

seriencharakter und die begrenzten finanziellen Ressourcen vor größeren Herausforderungen als Unternehmen der Serienproduktion.

SALMEN leitet zunächst die strukturellen Anforderungen und Herausforderungen des Werkzeugbaus sowie des Shopfloors im Werkzeugbau her und baut darauf sein Gestaltungsmodell auf.[483] Das Gestaltungsmodell besteht aus Strukturelementen, Verhaltenselementen und Aktivitätselementen. Den Kern des Modells bilden hierbei die Aktivitätselemente, welche die operative Bearbeitung von Fertigungsaufträgen auf dem Shopfloor sicherstellen. Neben dem datenbasierten Shopfloormanagement und der hochauflösenden Ressourcen- und Auftragsplanung ist die intelligente Koordination cyber-physischer Systeme als drittes Aktivitätselement zu nennen.[484] Unter datenbasiertem Shopfloormanagement wird die Sammlung und Bereitstellung von auftragsbezogenen Daten fokussiert, die wiederum dem Mitarbeiter anforderungsgerecht zur Verfügung gestellt werden. Die hochauflösende Ressourcen- und Auftragsplanung fokussiert die echtzeitnahe Verarbeitung von Planungs- und Steuerungsdaten zur effizienteren Auftragsabwicklung. Auf dieser Grundlage werden sowohl Kapazitätsbedarfsabgleiche als auch Termin- und Kapazitätsplanungen durchgeführt.[485] Im Zuge der intelligenten Koordination cyber-physischer Systeme werden Gestaltungsaspekte beschrieben, welche die direkte Kollaboration von Menschen und Maschinen zur Auftragsbearbeitung betreffen.[486]

Neben den Aktivitätselementen existieren im Gestaltungsmodell nach SALMEN Verhaltenselemente. Die Verhaltenselemente lauten kollaborative Shopfloor Community, proaktives Lernen und digitale Kultur. Die kollaborative Shopfloor Community beinhaltet neue Formen der Zusammenarbeit der Mitarbeiter durch vernetzte Informations- und Kommunikationstechnologien. Proaktives Lernen steht für die Weiterentwicklung der Mitarbeiter durch organisationale und prozessuale Maßnahmen zur Sicherstellung der notwendigen Kompetenzen auf dem Shopfloor. Weiterhin beschreibt das dritte Verhaltenselement Normen und Werte für ein Arbeiten auf einem digital vernetzten Shopfloor im Werkzeugbau.[487] Die Aktivitätselemente sowie die Verhaltenselemente basieren auf dem Strukturelement digitale Plattformen, welches Aspekte der Dateninfrastruktur, der Datensicherheit und des Datenschutzes beinhaltet.

Die beschriebenen Elemente aggregieren sich zu einem ganzheitlichen Gestaltungsmodell, welches in Abbildung III-11 dargestellt ist.

[483] Vgl. Salmen (Digital vernetzter Shopfloor), 2016, S. 4
[484] Vgl. Salmen (Digital vernetzter Shopfloor), 2016, S. 138
[485] Vgl. Salmen (Digital vernetzter Shopfloor), 2016, S. 138
[486] Vgl. Salmen (Digital vernetzter Shopfloor), 2016, S. 139
[487] Vgl. Salmen (Digital vernetzter Shopfloor), 2016, S. 139

Abbildung III-11: Digital vernetzter Shopfloor nach SALMEN[488]

Die Bewertung des Ansatzes nach SALMEN anhand des definierten Anforderungssystems[489] wird in der Abbildung III-12 vorgenommen.

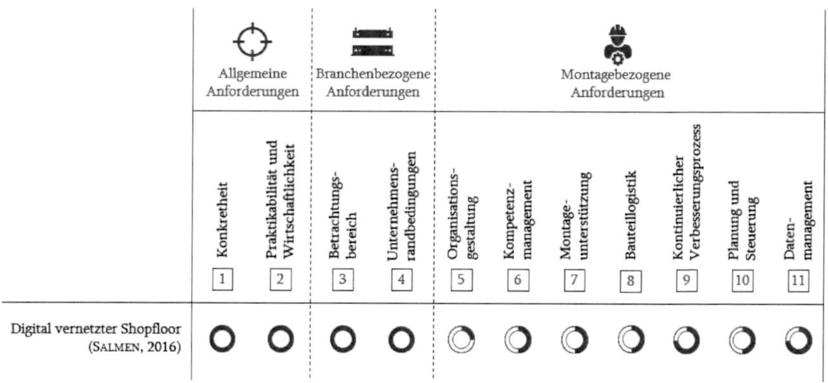

Abbildung III-12: Bewertung des Ansatzes nach SALMEN[490]

Der Ansatz nach SALMEN beschreibt die Gestaltung eines digital vernetzten Shopfloors im Werkzeugbau. Der Ansatz besitzt eine klare übergeordnete Struktur von Elementen, welche ausführlich beschrieben werden. Der Ansatz berücksichtigt praktische Rahmenbedingungen in hohem Maße und weist eine sehr gute Handhabbarkeit sowie ein sehr gutes Aufwand-/Nutzen-Verhältnis auf. Der Ansatz ist für die Anwendung in der Einzel- und Kleinserienfertigung mit dem Fokus auf den Werkzeugbau konzipiert und ist skalierbar hinsichtlich der Unternehmensrahmenbedingungen. Die allgemeingültige Betrachtung des Shopfloors ohne Fokus auf die Werkzeugmontage lässt allerdings Defizite hinsichtlich

488 Vgl. Salmen (Digital vernetzter Shopfloor), 2016, S. 138
489 Vgl. Kapitel III.2
490 Eigene Darstellung

montagebzogenen Anforderungen erkennen. Die Anforderungen Organisationsgestaltung und Kompetenzmanagement werden durch SALMEN lediglich in Teilaspekten erwähnt. Die Anforderungen Montageunterstützung und Bauteillogistik werden tangiert und durch die Notwendigkeit einer digital vernetzten Lösung thematisiert. Auf den Anwendungsfall der Montage angepasste Lösungen sind nicht Teil dieses Ansatzes. Ebenfalls wird die Planung und Steuerung der Werkzeugherstellung, allerdings mit dem Fokus auf die mechanische Fertigung, beschrieben. Die Besonderheiten der Montage finden keine Berücksichtigung. Weiterhin nennt der Ansatz wesentliche Aspekte eines kontinuierlichen Verbesserungsprozesses, unterstützt durch digitale Hilfsmittel. Dies erfolgt ebenfalls für das Datenmanagement.

III.3.6 Smart Tooling nach BOOS ET AL.

Die Entwicklung von Industrie 4.0 ist auch für die Branche Werkzeugbau ein zentrales Handlungsfeld. Aktuell schätzen 92 % der Werkzeugbaubetriebe die Bedeutung von Industrie 4.0 für die Branche als hoch ein, da Industrie 4.0 Anwendungen die Grundlage für eine hochauflösende Planung, eine transparente Auftragsabwicklung sowie eine Automatisierung der „Losgröße 1“ erlauben können. Zur erfolgreichen Implementierung von Industrie 4.0 im Werkzeugbau zeigen BOOS ET AL. Potenziale und Anwendungsfelder zur Erreichung von Smart Tooling auf.[491] Nachfolgend sind die Handlungsfelder für Smart Tooling in Abbildung III-13 dargestellt.

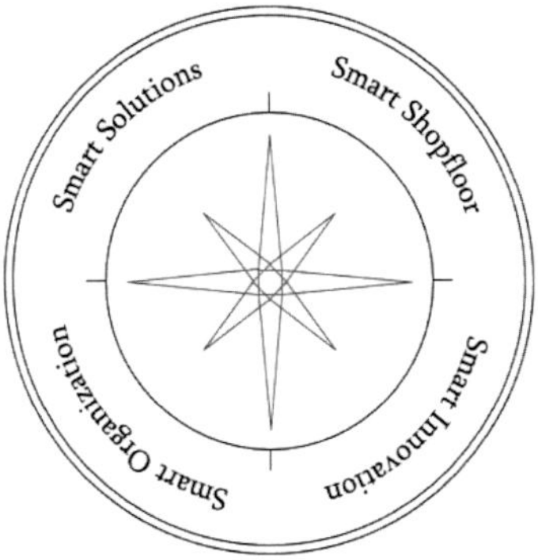

Abbildung III-13: Handlungsfelder von Smart Tooling nach BOOS ET AL.[492]

Smart Tooling ist der Inbegriff für die Implementierung von Industrie 4.0 im Werkzeugbau, welches durch die Handlungsfelder Smart Solutions, Smart Innovation, Smart Organization und Smart Shopfloor erreicht werden kann.[493] Der Fokus im Rahmen dieser Arbeit soll auf den beiden Handlungsfeldern Smart Shopfloor sowie Smart Organization liegen, da sie für den Betrachtungsbereich Montage von hoher Bedeutung sind.

[491] Vgl. Boos et al. (Smart Tooling), 2016, S. 13
[492] Vgl. Boos et al. (Smart Tooling), 2016, S. 6
[493] Vgl. Boos et al. (Smart Tooling), 2016, S. 7

Das Handlungsfeld Smart Shopfloor betrachtet die Anwendung von Industrie 4.0-Lösungen auf dem Shopfloor, bestehend aus Arbeitsvorbereitung, mechanischer Fertigung, Montage und Try-out. Industrie 4.0-Lösungen können den Mitarbeiter bei seiner täglichen Auftragsabwicklung, mit dem Ziel der Produktivitätssteigerung, unterstützen. Grundlage hierfür ist die durchgängige Nutzung von Daten in den verschiedenen Softwaresystemen. Unterschieden werden im Handlungsfeld Smart Shopfloor die Bereiche Datenerfassung, Visualisierung, Planung und Steuerung sowie kontinuierliche Verbesserungsprozesse. Eine durchgängige Erfassung der Betriebs- und Auftragsdatenerfassung stellt die Basis für die Realisierung erfolgreicher Datenauswertung und damit zur Umsetzung von Industrie 4.0-Anwendungen dar.[494]

Das Handlungsfeld Smart Organization betrifft die Verankerung von Wissen und Lernen in organisatorischen Strukturen von Werkzeugbaubetrieben. Im Rahmen dessen werden die Themen Wissensmanagement, Lernprozesse, interne und externe Kollaboration sowie Kultur adressiert. Eine Möglichkeit zur Umsetzung dieser Themen stellt ein digitales und vernetztes Wissensmanagement für einen kontinuierlichen Austausch zwischen Mitarbeitern dar. Darauf aufbauend ermöglicht organisationales Lernen, durch eine Verankerung systematischen Wissensmanagements in der Organisationsstruktur, die Weiterentwicklung der gesamten Organisation. Des Weiteren sichern projektorientiertes Arbeiten und dynamische Partnernetzwerke die Anpassungsfähigkeit von Werkzeugbaubetrieben auf äußere Umstände und erlauben eine jeweils anforderungsgerechte Integration von Kompetenzen, extern sowie intern. Eine entsprechende Kultur sorgt dafür, dass Eigeninitiative und unternehmerisches Handeln der Mitarbeiter gefördert werden.[495]

Weiterhin werden die Handlungsfelder Smart Solutions und Smart Innovation aufgeführt. Smart Solution fokussiert die Kernaufgabe von Werkzeugbaubetrieben, die Befähigung einer effizienten Serienproduktion durch das Angebot intelligenter Werkzeuge und Dienstleistungen. Dieses Angebot intelligenter Leitungen basiert auf in der Serienproduktion aufgenommenen Daten, die zur Produkt- und Prozessoptimierung genutzt werden.[496] Neben dem Handlungsfeld Smart Solution nennen BOOS ET AL. das Handlungsfeld Smart Innovation. Eine gestiegene Werkzeugkomplexität in Verbindung mit verkürzten Produktlebenszyklen kann nur durch eine frühzeitige Einbindung des Werkzeugbaus in die Produktentwicklung, eine kostengünstige Produktion und einen reibungslosen Produktionsstart erreicht werden. Im Rahmen des Handlungsfeldes werden daher eine Optimierung des Entwicklungsprozesses, die Kundenintegration, die Methodenentwicklung, die Werkzeugstandardisierung und -validierung erörtert.[497]

Die Bewertung des Ansatzes nach BOOS ET AL. anhand des definierten Anforderungssystems[498] wird in der Abbildung III-12 vorgenommen.

---

[494] Vgl. Boos et al. (Smart Tooling), 2016, S. 31 ff.
[495] Vgl. Boos et al. (Smart Tooling), 2016, S. 15 ff.
[496] Vgl. Boos et al. (Smart Tooling), 2016, S. 41 ff.
[497] Vgl. Boos et al. (Smart Tooling), 2016, S. 23 ff.
[498] Vgl. Kapitel III.2

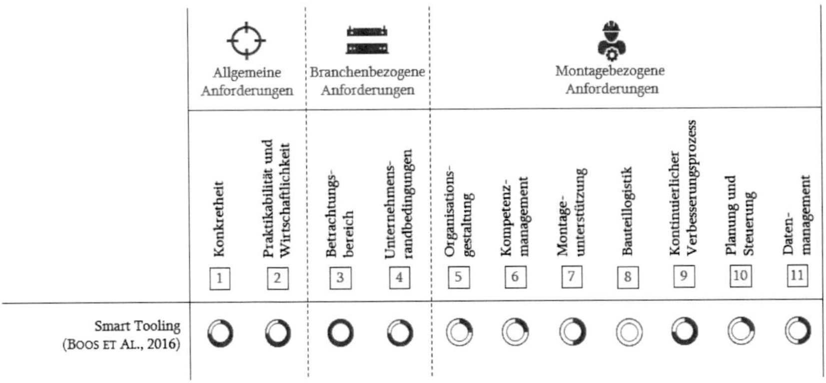

Abbildung III-14: Bewertung des Ansatzes nach BOOS ET AL.[499]

Der Ansatz nach BOOS ET AL. beschreibt Potenziale und Anwendungsfelder zur Erreichung von Smart Tooling für die Branche Werkzeugbau. Der Ansatz besitzt eine klare übergeordnete Struktur von Elementen, welche nur in abstrakter Form beschrieben werden. Der Ansatz berücksichtigt praktische Rahmenbedingungen in hohem Maße und weist eine sehr gute Handhabbarkeit sowie ein gutes Aufwand-/Nutzen-Verhältnis auf. Weiterhin ist der Ansatz für die Anwendung in der Einzel- und Kleinserienfertigung mit dem Fokus auf den Werkzeugbau konzipiert und größtenteils skalierbar hinsichtlich der Unternehmensrahmenbedingungen. Der Ansatz nach BOOS ET AL. kann als übergeordneter Ansatz verstanden werden, die Möglichkeiten von Industrie 4.0 für die Branche Werkzeugbau zu nutzen. Demzufolge ist mangelnder Montagefokus vorhanden. Lediglich die Anforderungen Montageunterstützung, kontinuierlicher Verbesserungsprozess und Datenmanagement werden (teilweise) erfüllt und in Bezug auf Bedeutung und übergeordnete Gestaltungsempfehlung diskutiert. Eine Konkretisierung bezogen auf die Ausgestaltung zur anforderungsgerechten Anwendung in der Montage findet daher nicht statt. Die Anforderungen Organisationsgestaltung, Kompetenzmanagement und Planung und Steuerung werden in Teilaspekten für den Werkzeugbau genannt, der Montagefokus ist aber für keine der genannten Anforderungen erkennbar, sodass die Lösungen eher allgemeingültig verfasst sind. Die Bauteillogistik ist nicht Teil des Ansatzes.

III.3.7 Assembly System Configuration 4.0 nach COHEN ET AL.

COHEN ET AL. beschreiben in ihrer wissenschaftlichen Veröffentlichung „Assembly System Configuration through Industry 4.0 Principles“ die Einflüsse von Industrie 4.0 auf die Montage. Das übergeordnete Ziel des Ansatzes ist die Vorstellung einer generellen Architektur, mithilfe derer Industrie 4.0 in bestehende Montagesysteme integriert werden kann. Diese sind manuelle flexible Montagesysteme, flexible Montagesysteme, rekonfigurierbare

[499] Eigene Darstellung

Montagesysteme sowie dedizierte Montagesysteme. Durch die Implementierung von Industrie 4.0-Applikationen, wie bspw. cyber-physischen Systemen, in die Montage können Prozesse besser verstanden, Kosten und Fehler reduziert sowie die Flexibilität und Effektivität erhöht werden.[500]

Industrie 4.0 ist ein zentraler Befähiger, durch welche intelligente Montagestationen errichtet und das Produktionsvolumen oder die Vielfalt der montierten Produkte erhöht werden können. COHEN ET AL. zeigen, dass sich manuelle Montagesysteme unter zunehmendem Einsatz von Industrie 4.0-Applikationen besser in einer Reihenanordnung anstatt in Zellen oder Montagestationen anordnen lassen. Um dies erreichen zu können, werden vier Grundprinzipien zur Entwicklung eines effizienten Montagesystems 4.0 (Assembly System 4.0) beschrieben. Diese vier Grundprinzipien lauten Konnektivität, Information, Wissen und Intelligenz.[501] Nachfolgend ist die Architektur zur Implementierung des Assembly System 4.0 in der Abbildung III-15 dargestellt.

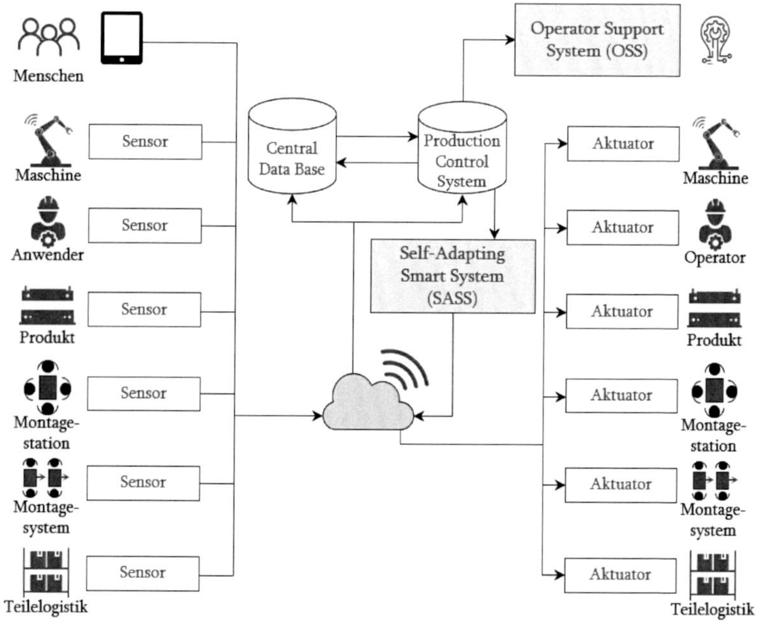

Abbildung III-15: Architektur eines Assembly System 4.0 nach COHEN ET AL.[502]

Das erste Grundprinzip ist die Konnektivität, welche die Vernetzung und Sammlung jeglicher Daten zu jeder Zeit umfasst. Die Sammlung der Daten kann entweder manuell vom Anwender eingepflegt oder über verbaute Sensoren in der Montageumgebung erfolgen.

[500] Vgl. Cohen et al. (Assembly System Configuration through Industry 4.0 Principles), 2017, S. 14958
[501] Vgl. Cohen et al. (Assembly System Configuration through Industry 4.0 Principles), 2017, S. 14960 f.
[502] I. A. a. Cohen et al. (Assembly System Configuration through Industry 4.0 Principles) 2017, S. 14961

Unabhängig der Aufnahme ist eine zentrale Datenspeicherung und Aggregation der Daten notwendig. Auf Basis der aufgenommenen und gespeicherten Daten folgt die Ableitung des zweiten Grundprinzips Informationen durch die Nutzung standardisierter und strukturierter Key Performance Indicators (KPI) zur echtzeitnahen Mitarbeiterführung in der Montage. Das dritte Grundprinzip, das Wissen, umfasst die Entwicklung eines strukturierten Bedienerunterstützungssystems (Operator Support System/OSS) mithilfe integrierter cyber-physischer Informationsflüsse. Diese stellen Daten, Informationen, Vorgehensweisen, KPIs und Best Practices in Echtzeit bereit, um standardisierte sich selbst entwickelnde Prozesse zu ermöglichen. In dem letzten Grundprinzip, namentlich Intelligenz, soll das Montagesystem zu einem selbstanpassenden intelligenten System (Self-Adapting Smart System/SASS) gemacht werden.[503] Demnach muss eine Selbststeuerung des Montagesystems auf Basis generierter Informationen, intelligenter Algorithmen und schließlich ausführender Aktorik erfolgen. Erst das Zusammenspiel von SASS und OSS führt zu einer deutlichen Steigerung der Produktivität, der Flexibilität und der Agilität der Montagesysteme.[504] Die Bewertung des Ansatzes nach COHEN ET AL. anhand des definierten Anforderungssystems[505] wird in der Abbildung III-16 vorgenommen.

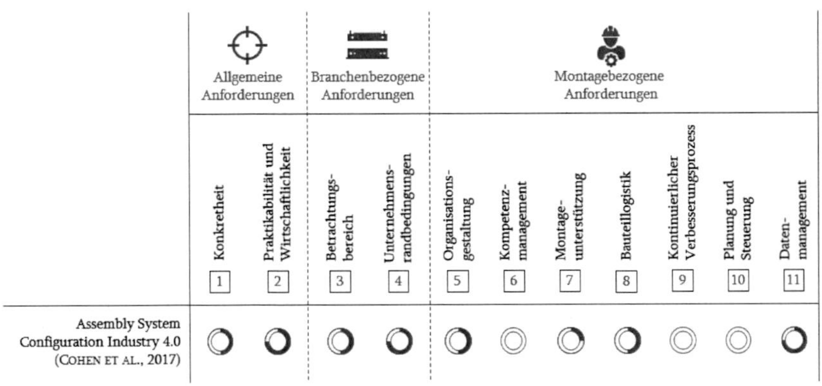

Abbildung III-16: Bewertung des Ansatzes nach COHEN ET AL.[506]

Der Ansatz nach COHEN ET AL. beschreibt eine generelle Architektur, mithilfe derer Industrie 4.0 in bestehende Montagesysteme integriert werden kann. Der Ansatz besitzt eine klare übergeordnete Struktur von Elementen, welche allerdings nur in abstrakter Form beschrieben werden. Der Ansatz berücksichtigt praktische Rahmenbedingungen. Die Handhabbarkeit des Ansatzes ist vorhanden, jedoch das Aufwand-/Nutzen-Verhältnis auf einem guten Niveau. Der Anwendungsbereich ist die produzierende Industrie und eine Skalierbarkeit bezüglich der Unternehmensrandbedingungen lässt sich erkennen. Im Fokus dieses Ansatzes steht das Datenmanagement, welches die gleichnamige Anforderung erfüllt. Es erfolgt eine detaillierte Beschreibung von Datenaufnahme, Datenspeicherung und

[503] Vgl. Cohen et al. (Assembly system configuration through Industry 4.0 Principles), 2017, S. 14960 f.
[504] Vgl. Cohen et al. (Assembly system configuration through Industry 4.0 Principles), 2017, S. 14961
[505] Vgl. Kapitel III.2
[506] Eigene Darstellung

Datenanalyse. Weiterhin werden die Anforderungen Organisationsgestaltung und Bauteillogistik mit ihren Teilspekten beschrieben sowie eine Verknüpfung zum Datenmanagement hergestellt und damit die Grundlage der Vernetzung geschaffen. Montageunterstützung als Anforderung wird darüber hinaus nur genannt, jedoch nicht detailliert beschrieben. Eine Konkretisierung bezogen auf die Ausgestaltung mithilfe konkreter digital vernetzter Hilfmittel bleibt aus. Ebenso werden die Anforderungen Kompetenzmanagement, kontinuierlicher Verbesserungsprozess sowie Planung und Steuerung nicht erfüllt, da der Ansatz die generelle Architektur zur adaptiven Anpassung eines Montagesystems fokussiert.

III.3.8 Assembly System Design 4.0 nach BORTOLINI ET AL.

Vor dem Hintergrund einer sich verändernden Produktion in Zeiten von Industrie 4.0 diskutieren BORTOLINI ET AL. in ihrer wissenschaftlichen Veröffentlichung „Assembly system design in the Industry 4.0 era“ die Auswirkungen von Industrie 4.0 auf die Montage. Neue befähigende Technologien, wie bspw. Big Data, Internet of Things (IoT), Echtzeitoptimierung, Cloud-Computing, CPS, additive Fertigung, kollaborative Robotik, Augmented Reality und Machine Learning eröffnen neue Möglichkeiten Montagesysteme auszulegen und zu gestalten. Das übergeordnete Ziel des Ansatzes nach BORTOLINI ET AL. ist die Verbesserung der Entwicklung sowie die Konfiguration eines modernen Montagesystems, um die Funktionen und Anwendungen von Industrie 4.0 wirksam einsetzen zu können.[507] Das beschriebene Assembly System 4.0 nach BORTOLINI ET AL. ist in der Abbildung III-17 dargestellt.

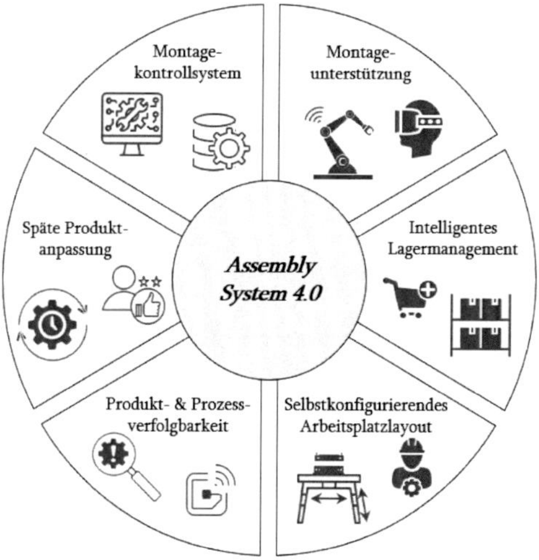

Abbildung III-17: Assembly System Design 4.0 nach BORTOLINI ET AL.[508]

[507] Vgl. Bortolini et al. (Assembly System Design in the Industry 4.0 Era), 2017, S. 5700
[508] I. A. a. Bortolini et al. (Assembly System Design in the Industry 4.0 Era), 2017, S. 5704

BORTOLINI ET AL. integrieren neue befähigende Technologien in die Entwicklung und das Management von Montagesystemen, welche als Assembly System 4.0 beschrieben werden. Die Anwendung der IoT-Technologie ist der Grundpfeiler des Modells, welches aus den sechs Hauptelementen Montageunterstützung (aided assembly), intelligentes Lagermanagement (intelligent storage management), selbstkonfigurierbares Arbeitsplatzlayout (self-configured workstation layout), Produkt- und Prozessverfolgbarkeit (product & process tracability), späte Produktanpassung (late customization) und Montagekontrollsystem (assembly control system) besteht.[509]

Unter dem ersten Hauptelement Montageunterstützung wird eine Hilfestellung für den Mitarbeiter verstanden, seine Arbeitsaufgabe ergonomischer, prozesssicherer und effizienter zu realisieren. Die Autoren erwähnen unter anderem Pick-by-Light-Systeme und Augmented Reality Glasses, welche das Aufnehmen von zu montierenden Bauteilen sowie die Fixierung von Montagebauteilen unterstützen. Neben klassischen Informationssystemen wird kollaborierende Robotik als montageunterstützende Technologie eingeführt.[510] Zusätzlich zur Montageunterstützung kann als zweites Hauptelement das intelligente Lagermanagement angeführt werden. Intelligentes Lagermanagement beschreibt eine eigenständige, echtzeitnahe Betrachtung des Lagerbestands an Montagearbeitsplätzen sowie automatische Bestellaufträge an das Hauptlager bei Bedarf. Das Lagermanagementsystem ist dabei unmittelbar mit dem Einkauf vernetzt.[511] Ein weiteres Element des Assembly System 4.0 ist ein sich selbst konfigurierendes Arbeitsplatzlayout. Die Selbstkonfiguration des Arbeitsplatzlayouts bezieht sich auf die Dimension des zu bearbeitenden Produktes sowie die Ergonomie der Montageposition. Durch die mit Sensorik und Aktorik ausgestatteten Arbeitsplätze werden Umgebungsinformationen zu Produkt, Prozess und Ressource aufgenommen und die Arbeitsplätze in Bezug auf vertikale und horizontale Position, Ausstattung und Layoutanordnung angepasst.[512] Das vierte Hauptelement wird mit der Begrifflichkeit Produkt- und Prozessverfolgbarkeit beschrieben. Mithilfe von Sensoren in allen Montageobjekten und der Überwachung der Arbeitsschritte der Mitarbeiter werden Echtzeitdaten generiert, um mögliche Unregelmäßigkeiten und Fehler frühzeitig feststellen zu können. Es erfolgt eine Speicherung der Daten, beispielsweise in einer Cloud. In direkter Anknüpfung folgt das fünfte Hauptelement späte Produktanpassung, welche die schnelle Reaktionsfähigkeit auf sich ändernde Kundenwünsche fokussiert. Nach dem Ansatz von BORTOLINI ET AL. sollte der Kunde in der Lage sein, den Montageprozess vollständig zu überwachen und weitere Prozessschritte einzusehen bzw. Anpassungswünsche vorzunehmen. Additive Fertigungstechnologien bieten dahingehend die notwendige Flexibilität. Die Gesamtheit der aufgenommenen und teilweise unstrukturierten Daten wird schließlich im letzten Hauptelement Montagekontrollsystem genutzt.[513] Ziel dieses Hauptelements ist die Erstellung von Echtzeitoptimierungsmodellen und Machine Learning-Algorithmen zur automatischen Montageplanung. Somit lässt sich in der Theorie eine Auslastung in Echtzeit sowie eine optimale Montagefrequenz und Aufgabenverteilung an die Mitarbeiter fest-

[509] Vgl. Bortolini et al. (Assembly System Design in the Industry 4.0 Era), 2017, S. 5702 f.
[510] Vgl. Bortolini et al. (Assembly System Design in the Industry 4.0 Era), 2017, S. 5703 f.
[511] Vgl. Bortolini et al. (Assembly System Design in the Industry 4.0 Era), 2017, S. 5703 f.
[512] Vgl. Bortolini et al. (Assembly System Design in the Industry 4.0 Era), 2017, S. 5704
[513] Vgl. Bortolini et al. (Assembly System Design in the Industry 4.0 Era), 2017, S. 5704

legen. Die Daten können zudem mithilfe des Montagekontrollsystems an andere Abteilungen weitergegeben werden, wodurch Entscheidungsprozesse im Unternehmen nachhaltig unterstützt werden können.[514]

Die Bewertung des Ansatzes nach BORTOLINI ET AL. anhand des definierten Anforderungssystems[515] wird in der Abbildung III-18 vorgenommen.

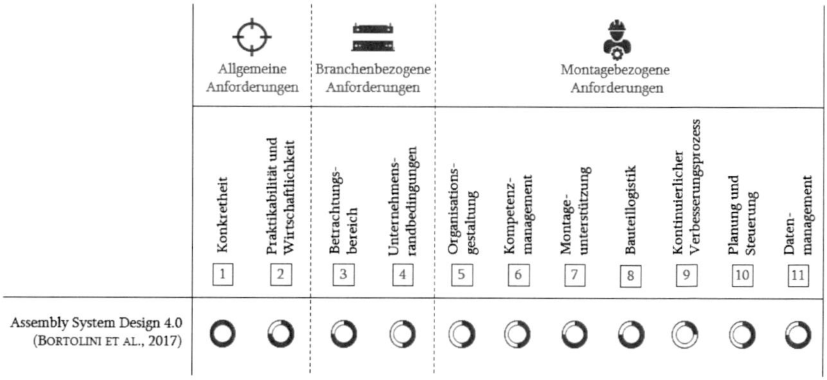

Abbildung III-18: Bewertung des Ansatzes nach BERTOLINI ET AL.[516]

Der Ansatz nach BORTOLINI ET AL. beschreibt die Entwicklung sowie die Konfiguration eines modernen Montagesystems durch die Anwendung von Industrie 4.0-Lösungen. Der Ansatz besitzt eine klare übergeordnete Struktur von Elementen, welche ausführlich beschrieben werden. Die Handhabbarkeit des Ansatzes ist vorhanden und das Aufwand-/Nutzen-Verhältnis auf einem guten Niveau. Der Anwendungsbereich ist die produzierende Industrie mit dem Fokus auf die Einzel- und Kleinserienfertigung. Weiterhin lässt sich durch den Ansatz eine Skalierbarkeit bezüglich der Unternehmensrandbedingungen erkennen. Die Anforderungen Montageunterstützung und Bauteillogisitik werden erfüllt, da die wesentlichen Aspekte digtal vernetzter Gestaltungsempfehlungen erfolgen. Ebenso wird die Anforderung Datenamanagement erfüllt, da auf die Teilaspekte Datenaufnahme, Datenspeicherung, Datenanalyse und Dateninterpretation als Basis für eine Vernetzung in der Montage eingegangen wird. Die Anforderung Organisationsgestaltung wird durch die Beschreibung eines selbstkonfigurierenden Arbeitsplatzlayouts diskutiert, eine Diskussion des Zusammenspiels von Aufbau- und Ablauforganisation bleibt jedoch aus. Die Anforderungen Kompetenzmanagement und Planung und Steuerung werden genannt, eine ausführliche Beschreibung und Ausgestaltung der Themen mithilfe digital vernetzter Hilfsmittel findet nur bedingt statt. Schwächen weist der Ansatz nur in Bezug auf die Anforderung kontinuierlicher Verbesserungsprozess auf.

[514] Vgl. Bortolini et al. (Assembly System Design in the Industry 4.0 Era), 2017, S. 5704
[515] Vgl. Kapitel III.2
[516] Eigene Darstellung

III.3.9 Smart Manufacturing Execution System nach MENEZES ET AL.

Insbesondere Einzel- und Kleinserienfertiger nutzen papierbasierte Operationen in der täglichen Auftragsabwicklung unter Verwendung von Manufacturing Execution Systems (MES). Eine rasante Entwicklung von Technologien eröffnet neue Möglichkeiten in der Umgestaltung der MES-Systeme, welche MENEZES ET AL. in ihrer wissenschaftlichen Veröffentlichung „Smart MES for Small and Medium-Sized Enterprises" adressieren. Die Autoren stellen ein RFID-fähiges Echtzeit-MES mit fünf Kernfunktionen vor. Ziele des neukonzipierten MES-Systems sind die Förderung der Kommunikation innerhalb des Unternehmens, die Verbesserung der Produktqualität, die Optimierung der Datenspeicherung und damit einhergehend die Reduzierung des Papierverbrauchs. Smart MES nennen MENEZES ET AL. das vorgestellte RFID-fähige Echtzeit-MES mit den fünf zentralen Funktionen Datenerhebung und -erfassung, Prozessmanagement, Ressourcenallokation und -status, Vorgangs- und Feinterminierung sowie Leistungsanalyse.[517]

In der Funktion Datenerhebung und -erfassung wird beschrieben, in welcher Form Daten der Fertigung automatisch und in Echtzeit von Maschinen und Mitarbeitern aufgenommen werden. Im Anschluss an die Erhebung und Erfassung ist die Aufgabe des Prozessmanagements die Verbesserung der Produktion, die entweder automatisch oder aber durch Unterstützung der generierten Informationen bei der Verwendung erfolgt. Die Funktion „Ressourcenallokation und -status" beschreibt das Vorgehen des Unternehmens, wie die genutzten Ressourcen, beispielsweise Mitarbeiter, Materialien, Maschinen und Anlagen, überwacht werden. Die letztgenannten werden darauffolgend mithilfe der Funktion „Vorgangs- und Feinterminierung" organisiert. Dabei werden die Arbeitsvorgänge entsprechend ihrer Bedeutung, ihrer Abhängigkeiten und der Auftragszugehörigkeit geplant. In der letzten Funktion Leistungsanalyse werden die Ergebnisse mit vergangenen Ergebnissen und zukünftigen Zielen verglichen.[518]

Neben den Funktionen beschreiben MENEZES ET AL. ebenfalls die Architektur, in welche ein Smart MES eingebunden werden muss. In der untersten, der physischen Ebene, existieren sogenannte Komponentenkategorien, welche Daten an die zweite Ebene senden können. Zunächst werden Geräte und Maschinen mit RFID-Technologie und Komponenten, Schneidwerkzeuge, Maschinensteuerung und Datenerfassungsgeräte mit Sensoren ausgestattet, sodass der Status in Echtzeit verfolgt werden kann. Weiterhin müssen alle grundlegenden Materialien und Ressourcen, welche für die Produktion des finalen Produkts notwendig sind, digital überwacht werden. Die zweite Ebene, der Manufacturing Shopfloor, beschreibt eine Anwendungsumgebung. Diese Ebene kann als Verbindung zwischen der physischen Ebenen Endbenutzer und dem cloudbasierten MES verstanden werden. Unter den Endnutzern werden im Allgemeinen Mitarbeiter und Werkstattleiter verstanden, welche das cloudbasierte MES in der täglichen Auftragsabwicklung benutzen. Die drei zentralen Services des cloudbasierten MES sind RFID Middleware, Planung und Terminierung sowie Echtzeit-Sichtbarkeit und -Verfolgbarkeit, welche folgenden Aufgaben in einem Smart MES nachgehen:[519]

[517] Vgl. Menezes et al. (Smart MES for Small and Medium-Sized Enterprises), 2018, S. 1009
[518] Vgl. Menezes et al. (Smart MES for Small and Medium-Sized Enterprises), 2018, S. 1009
[519] Vgl. Menezes et al. (Smart MES for Small and Medium-Sized Enterprises), 2018, S. 1010 f.

- *RFID-Middleware:* Verwaltung der Rohdaten sowie geräteübergreifende Kommunikation
- *Planung und Terminierung:* Optimierung der Prozesse und Arbeitsschritte
- *Echtzeit-Sichtbarkeit und -Verfolgbarkeit:* Verbesserung des Austausches der Informationen für die Entscheidungsfindung im Hinblick auf die Planung und Steuerung

In der Abbildung III-19 sind die beschriebenen Komponenten der Smart MES Architektur mitsamt den aufgezählten Funktionen aufgeführt.

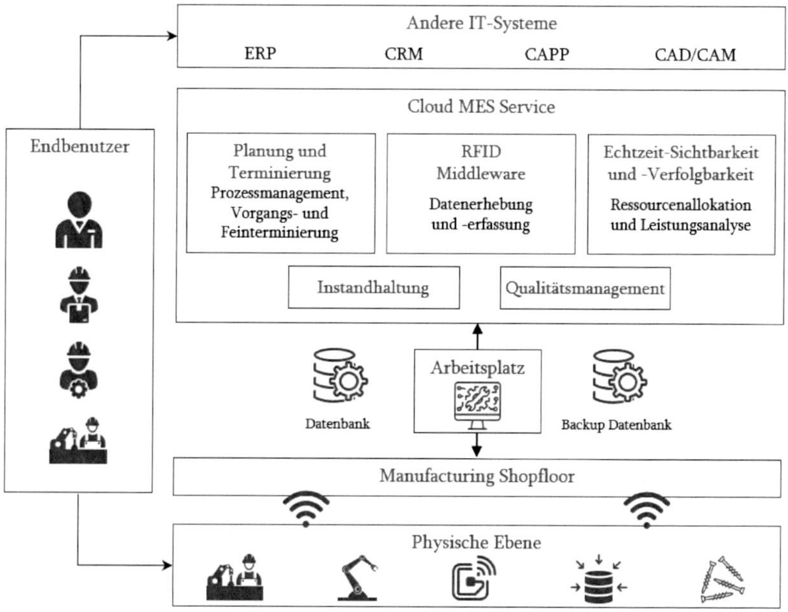

Abbildung III-19: Architektur des Smart MES nach MENEZES ET AL.[520]

Die Bewertung des Ansatzes nach MENEZES ET AL. anhand des definierten Anforderungssystems[521] wird in der Abbildung III-20 vorgenommen.

[520] I. A. a. Menezes et al. (Smart MES for Small and Medium-Sized Enterprises), 2018, S. 1010
[521] Vgl. Kapitel III.2

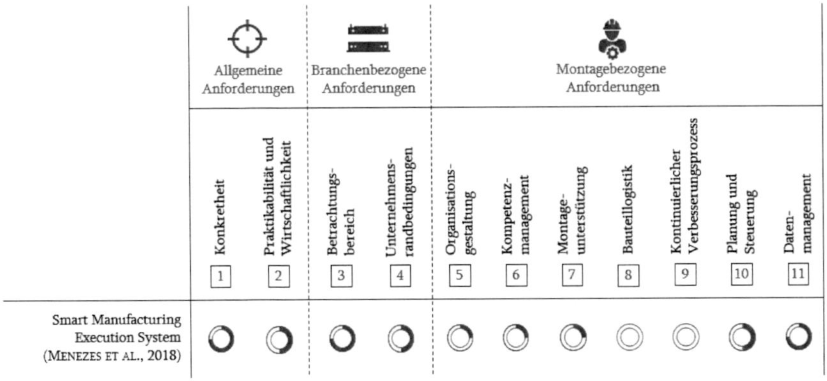

Abbildung III-20: Bewertung des Ansatzes nach MENEZES ET AL.[522]

Der Ansatz nach MENEZES ET AL. beschreibt den Aufbau und die Implementierung eines RFID-fähigen Echtzeit-MES mit fünf Kernfunktionen zur Optimierung der Kommunikation innerhalb des Unternehmens, die Verbesserung der Produktqualität, die Optimierung der Datenspeicherung und damit einhergehend die Reduzierung des Papierverbrauchs. Der Ansatz besitzt eine klare übergeordnete Struktur und stellt Elemente zur Umsetzung zur Verfügung, welche in der Einzel- und Kleinserienfertigung anwendbar sind. Die Handhabbarkeit des Ansatzes ist vorhanden und das Aufwand-/Nutzen-Verhältnis auf einem guten Niveau. Eine Skalierbarkeit in Bezug auf verschiedene Unternehmensrandbedingungen ist nur bedingt gegeben. Da dieser Ansatz die übergeordnete Architektur für ein echtzeitfähiges MES fokussiert, ist auch die Anforderung Datenmanagement erfüllt. Weiterhin werden wesentliche Teilaspekte der Planung und Steuerung, durch die Diskussion der Koordination von Bearbeitungsumfängen, Feinterminierung sowie Ressourcenallokation vor dem Hintergrund von Vernetzung und Adaptabilität, thematisiert. Des Weiteren werden Teilaspekte in Bezug auf die Anforderungen Organisationsgestaltung, und Kompetenzmanagement genannt. Eine inhaltliche Ausführung mit dem Fokus auf die Montage erfolgt im Rahmen dieses Ansatzes nicht. Die Anforderung Montageunterstützung wird nur geringfügig erfüllt. Zentraler Kritikpunkt vor dem Hintergrund dieser Arbeit ist die mangelnde Ausführung zu physischen und kognitiven Lösungen. Keine Berücksichtigung finden die Anforderungen Bauteillogistik und kontinierlicher Verbesserungsprozess.

III.4 Aggregation der Bewertung

Nachdem in Kapitel III.1 bereits die Bewertungssystematik erarbeitet, in Kapitel III.2 das Anforderungssystem mit den detaillierten Ausprägungsstufen der Bewertung hergeleitet sowie in Kapitel III.3 die bestehenden wissenschaftlichen Ansätze vorgestellt wurden, erfolgt nun die Bewertung dieser wissenschaftlichen Ansätze. Die Bewertung findet in den

[522] Eigene Darstellung

bereits aufgezeigten Kategorien branchenbezogene, montagebezogene und allgemeine Anforderungen statt. Die Bewertung ist in der Abbildung III-21 aggregiert.

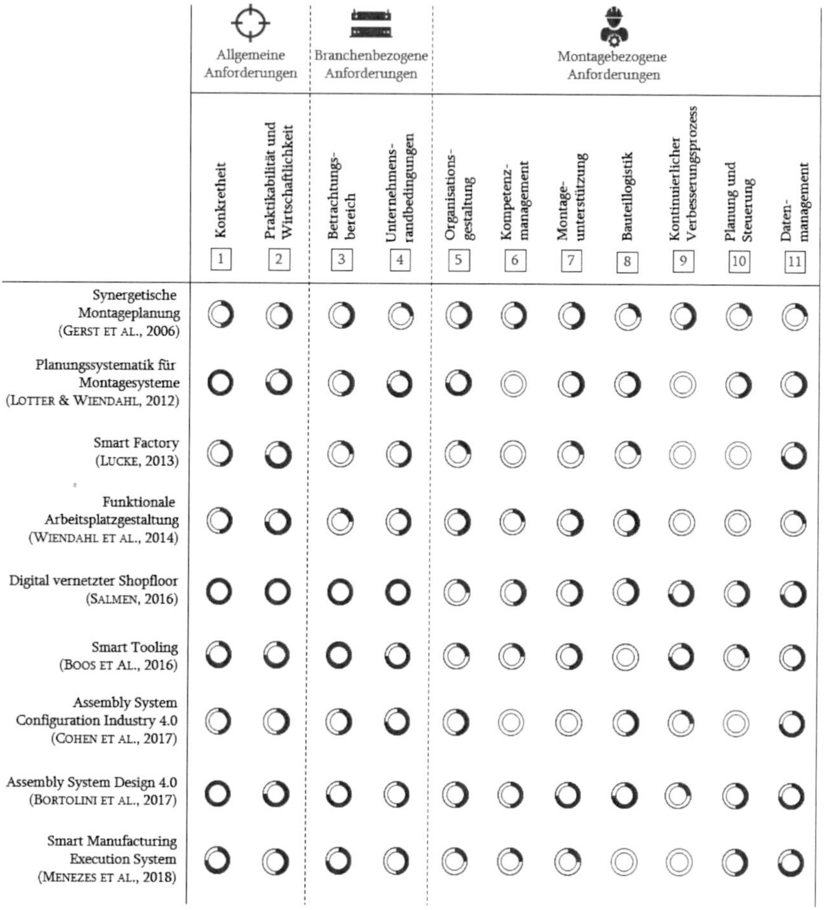

Abbildung III-21: Bewertung bestehender wissenschaftlicher Ansätze[523]

Abbildung III-21 zeigt, dass zahlreiche relevante wissenschaftliche Ansätze existieren, diese jedoch nicht die bestehenden Anforderungen an einen Lösungsansatz für eine vernetzte adaptive Montage im Werkzeugbau vollumfänglich erfüllen. In Bezug auf die Analyse der vorgestellten Ansätze können die folgenden systematischen Defizite festgestellt werden:

[523] Eigene Darstellung

- **Konkretheit und Praktikabilität** und **Wirtschaftlichkeit** werden von allen Ansätzen teilweise bis vollständig erfüllt und weisen damit eine allgemeine Eignung für die Gestaltung einer vernetzten adaptiven Montage im Werkzeugbau auf.
- Die Übertragbarkeit der Ansätze auf die in dieser Arbeit vorliegende Branche Werkzeugbau ist in wenigen Ansätzen gegeben. Nur in zwei Ansätzen, den Ansätzen nach BOOS und SALMEN, wird auf die Besonderheiten des **Betrachtungsbereichs** des Werkzeugbaus konkret eingegangen. In diesen Fällen wird die Montage als Teil des Shopfloors thematisiert, ansonsten findet eine fokussierte Betrachtung der Montage im Werkzeugbau nicht statt.
- Die **Organisationsgestaltung** wird in den Ansätzen thematisiert, allerdings ohne die Besonderheiten der Montage des Werkzeugbaus zu fokussieren oder entsprechende digital vernetzte Lösungen für den Betrachtungsbereich aufzuzeigen. Weiterhin werden durch den digitalen Wandel induzierte Potenziale mit den Auswirkungen auf die aufbau- und ablauftechnische Organisation nicht ausreichend dargestellt.
- Das **Kompetenzmanagement** wird in einigen Ansätzen sinnvoll und anwendbar beschrieben, allerdings losgelöst von der Auftragsabwicklung. Des Weiteren wird in keinem der vorgestellten Ansätze die Möglichkeit der Nutzung digital vernetzter Hilfsmittel ausreichend thematisiert. Zusätzlich fehlt es den vorgestellten Ansätzen an einer Betrachtung des Kompetenzmanagements mitsamt den montagespezifischen Gegebenheiten im Werkzeugbau.
- Die **Montageunterstützung** in einem stetig komplexer werdenden Umfeld wird in Form von Best-Practices teilweise thematisiert. Es mangelt allerdings an einer Konkretisierung und Ganzheitlichkeit der physischen und kognitiven Lösungen in einem systematischen Ansatz für die Montage des Werkzeugbaus.
- Die Etablierung eines Prozesses zur Realisierung der fortwährenden Weiterentwicklung des Systems Montage wird im Großteil der Ansätze außer Acht gelassen. Wenige Ansätze erklären die Wichtigkeit eines **kontinuierlichen Verbesserungsprozesses** und beschreiben Möglichkeiten zur analogen Umsetzung, allerdings wird kein vollumfängliches Konzept zur Implementierung eines digital unterstützten KVPs sowie einer kennzahlenbasierten Optimierung aufgeführt.
- Die **Bauteillogistik** ist eine zentrale Herausforderung in der Montage des Werkzeugbaus. Einige Ansätze berücksichtigen die Logistik als ein zentrales Handlungsfeld, wobei die Umsetzung einer intelligenten automatisierten Bauteillogistik vor dem Hintergrund der Adaptablität für den Anwendungsfall einer Einzel- und Kleinserienmontage nicht thematisiert wird.
- Die **Planung und Steuerung** der Montage wird in den meisten Ansätzen als Notwendigkeit aufgeführt. Es wird jedoch keine konkrete Lösung dargestellt, welche eine adaptive Umplanung und Umpriorisierung von Aufträgen unter Berücksichtigung einer Kompetenzentwicklung ermöglicht, wie diese für eine vernetzte adaptive Montage notwendig wäre.

- Grundlegende Anforderungen an ein ganzheitliches **Datenmanagement** sowie infrastrukturelle Voraussetzungen für die Realisierung einer vernetzten adaptiven Montage werden in den vorgestellten Ansätzen diskutiert. Teilweise werden diese detailliert, konkrete Umsetzungsempfehlungen für Unternehmen der Einzel- und Kleinserienfertigung erwähnt, aber nicht ausreichend und anforderungsgerecht für den dieser Arbeit zugrundeliegenden Betrachtungsbereich ausgeführt.

III.5 Handlungsbedarf aus der Theorie

Im Kapitel II.5 wurden die Herausforderungen der Montage im Werkzeugbau aufgeführt, welche durch die Möglichkeiten von Industrie 4.0 adressiert werden können. Die digitale Vernetzung der Montage im Auftragsabwicklungprozess des Werkzeugbaus sowie die Möglichkeit der eigenständigen adaptiven Anpassung der Montage an sich verändernde Rahmenbedingungen führt zu einer signifikanten Optimierung des Leistungserstellungsprozesses und einem fundamentalen Wandel für die Montage des Werkzeugbaus. Dies wurde als Handlungsbedarf aus der Praxis bereits in Kapitel II.2 aufgeführt. Aus diesem Handlungsbedarf wurden die allgemeinen, branchenbezogenen und montagebezogenen Anforderungen zur Optimierung der Leistungserstellung in Kapitel III.2 abgeleitet. Die Analyse und Bewertung bestehender Ansätze zeigt, dass keiner der vorgestellten Ansätze die Anforderungen vollumfänglich erfüllt. Weiterhin sind bezogen auf die dieser Arbeit zugrundeliegende Fragestellung systematische Defizite zu identifizieren.

Der Betrachtungsfokus der Montage im Werkzeugbau ist durch eine Vielschichtigkeit der Aufgaben sowie ein unplanbares Interaktionaufkommen charakterisiert, welche in den Ansätzen nicht ausreichend Betrachtung finden. Ebenfalls ist die Montage trotz der Schlüsselstellung im Auftragsabwicklungsprozess nicht ausreichend digital **vernetzt**. Damit kann auch die Forderung nach einer **adaptiven** Reaktion auf Veränderungen im Werkzeugbau und folglich der Montage des Werkzeugbaus nicht erfüllt werden. Dementsprechend wird auch der Mitarbeiter, welcher eine zentrale Bedeutung in der handwerklich geprägten Montage des Werkzeugbaus aufweist, operativ nicht anforderungsgerecht unterstützt. Keiner der in Kapitel III.3 aufgeführten Ansätze kann aktuell eine Lösung zur Umsetzung von Vernetzung und Adaptabilität für den Betrachtungsbereich Montage im Werkezeugbau liefern. Dies wurde in Kapitel III.4 detailliert eruiert.

Abschließend bleibt festzuhalten, dass neben dem Handlungsbedarf aus der Praxis[524] ebenfalls ein **Handlungsbedarf aus der Theorie** besteht.

---

[524] Vgl. Kapitel II.5

IV Konzeption des Gestaltungsmodells

Im Rahmen von Kapitel II wurde der Handlungsbedarf aus der Praxis abgeleitet und in Kapitel III im Zuge der Vorstellung bestehender wissenschaftlicher Ansätze in der Literatur aufgezeigt, dass existierende Ansätze die Anforderungen nicht ausreichend adressieren. Somit besteht neben dem Handlungsbedarf aus der Praxis auch ein Handlungsbedarf aus der Theorie. Zur Lösung des dargestellten Handlungsbedarfs soll daher in Kapitel IV ein Gestaltungsmodell für eine vernetzte adaptive Montage im Werkzeugbau hergeleitet werden, welches die Forschungsfrage beantwortet und damit die definierten Anforderungen erfüllt. Zunächst werden die Grundlagen wissenschaftstheoretischer Modellbildung eingeführt, welche die Basis für die Erarbeitung des Gestaltungsmodells bilden. Weiterhin sind die Gestaltungsfelder sowie die subordinierten Gestaltungselemente herzuleiten und in der Synthese zu einem Gestaltungsmodell zusammenzuführen. Schließlich erfolgt die kritische Reflektion des konzeptionierten Gestaltungsmodells für eine vernetzte adaptive Montage im Werkzeugbau inklusive einer kritischen Reflektion.

IV.1 Grundlagen wissenschaftstheoretischer Modellbildung

Zur Erläuterung der wissenschaftstheoretischen Modellbildung muss zunächst das Modellobjekt des Unternehmens definiert werden. Unternehmen werden in der Literatur häufig als Systeme beschrieben, welche wiederum in mehrere Subsysteme unterteilt werden können.[525] Das Verständnis eines Unternehmens als System impliziert eine interdisziplinäre Perspektive hinsichtlich der Untersuchung gestaltungs- und führungsspezifischer Aspekte.[526] Daraus resultiert, dass die Inhalte der Systemtheorie als Basis für die Gestaltung eines Modells für Unternehmen notwendig sind. Aufgrund dessen erfolgt eine Erklärung der Systemtheorie und des Systembegriffs sowie die Erläuterung verschiedener Modelltypen.

IV.1.1 Systemwissenschaft

Die Systemwissenschaft ist ein übergeordneter Begriff für die Auseinandersetzung mit zweckrationalem Handeln im Umfeld komplexer Sachverhalte. Die Systemwissenschaft kann wiederum in eine theoretische Betrachtungsweise (Systemtheorie) und eine praktische Anwendung (Systemtechnik) unterteilt werden.[527]

Die Wissenschaft von Systemen, Strukturen, Zusammenhängen und Verhalten wird nach BERTALANFFY, FUCHS und ULRICH als Systemtheorie beschrieben, deren Ziel die Entwicklung einer validen Theorie für alle Formen von biologischen, mechanischen und sozialen Systemen ist.[528] Nachfolgend soll für diese Arbeit die Systemdefinition nach PATZAK, BOSSEL und BRUNS gültig sein. Im Sinne der Systemtheorie ist ein System die Menge von Elementen,

[525] Vgl. Ulrich (Unternehmung als System), 1968, S. 42 ff.
[526] Vgl. Ulrich; Hill (Wissenschaftstheoretische Grundlagen), 1976, S. 308
[527] Vgl. Patzak (Systemtechnik - Planung komplexer innovativer Systeme), 1982, S. 10 ff.
[528] Vgl. Bertalanffy (General system theory), 1973, S. 32 f.

die „Eigenschaften besitzen und welche durch Relationen miteinander verknüpft sind“[529]. Die kleinste Einheit eines Systems stellt das Systemelement dar. Charakteristisch für ein System ist die definierte Systemgrenze, die das System von seiner Umgebung abgrenzt. Die Umwelt ist ebenfalls ein System, welches das innere System beeinflussen kann oder welches durch das System beeinflusst werden kann. Ein geschlossenes System liegt dann vor, wenn sich alle Verknüpfungen der Elemente innerhalb der Systemgrenzen befinden. Offen ist ein System, wenn Elemente nicht nur Beziehungen innerhalb eines Systems aufweisen, sondern auch nach außen verbunden sind. Nach BRUNS existieren folglich vier Merkmale, welche ein System charakterisieren[530]:

- *Merkmal 1:* Ein System besteht aus verschiedenen Elementen.
- *Merkmal 2:* Ein System weist beschreibbare Eigenschaften auf.
- *Merkmal 3:* Die Elemente des Systems sind miteinander verknüpft.
- *Merkmal 4:* Die Elemente bilden durch Relationen und Eigenschaften ein abgegrenztes System.

BOSSEL setzt auf der Definition von PATZAK und BRUNS auf und definiert ein **System** als einen Komplex mit drei Eigenschaften[531]:

- *Systemzweck:* Der Systemzweck stellt die Erreichung definierter Ziele und die Erfüllung der Grundfunktionen eines Systems sicher.
- *Systemstruktur:* Die Systemstruktur definiert die Funktionen eines Systems mitsamt den Relationen zwischen den Systemelementen.
- *Systemintegrität:* Die Systemintegrität beschreibt die Konsistenz eines Systems, insofern, dass das System nicht ohne Funktionsverlust teilbar ist.

Neben der Systemtheorie enthält die Systemtechnik Beschreibungsmodelle, Ansätze und Vorgehensweisen, mit denen komplexe Problemstellungen innerhalb von Systemen bearbeitet werden können. Hierunter werden ingenieurwissenschaftliche Methoden und Instrumente verstanden, die zur Untersuchung und Entwicklung von Systemen dienen. Die Systemtechnik baut auf den Grundlagen der Systemtheorie auf. Die im Kontext dieser Arbeit betrachtete Montage des Werkzeugbaus kann als System verstanden werden, da alle Elemente vorliegen, welche ein System charakterisieren. Demzufolge stellt die Montage im Werkzeugbau ein offenes System mit Systemelementen, Systemrelationen, Systemein- und Systemauswirkungen sowie Rückkopplungen dar.

Die Elemente eines Systems sowie deren Relation untereinander sind in der Abbildung IV-1 dargestellt.

[529] Patzak (Systemtechnik - Planung komplexer innovativer Systeme), 1982, S. 19
[530] Vgl. Bruns (Systemtechnik), 1991, S. 31
[531] Vgl. Bossel (Systeme, Dynamik, Simulation), 2004, S. 35

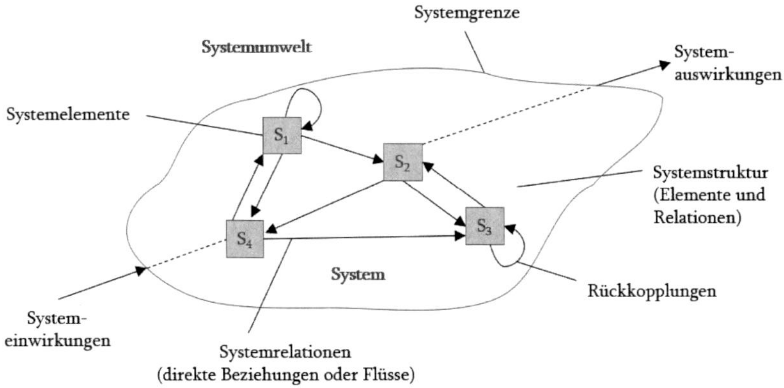

Abbildung IV-1: Schematische Darstellung eines Systems[532]

IV.1.2 Modellwissenschaft

Im vorherigen Kapitel wurde aufgezeigt, dass die Montage im Werkzeugbau als ein System verstanden werden kann. Um ein solch komplexes System beherrschbar zu machen, ist eine abstrahierte Form der Modellierung notwendig.[533] Modelle dienen der Abbildung oder Repräsentation der Attribute eines Originals.[534] Dazu werden einzelne Bestandteile des realen Systems und ihre Verbindung untereinander abstrahiert dargestellt. Durch bewusste Beschränkungen und Vereinfachungen kann die Komplexität des realen Systems beherrscht werden.[535] Ähnlich der Systemwissenschaft existiert bei der Modellwissenschaft die Unterteilung in die Bereiche Modelltheorie und Modelltechnik. Während die Modelltheorie die Lehre von Modellen und ihren Eigenschaften darstellt, beschäftigt sich die Modelltechnik mit konkreten, anwendungsbezogenen Instrumenten und Methoden zur Untersuchung und Gestaltung von Modellen.[536] STACHOWIAK beschreibt den Modellbegriff als Zusammensetzung aus drei Merkmalen[537]:

- *Abbildungsmerkmal:* Modelle geben stets einen Zustand, d. h. eine Menge von Attributen eines künstlichen oder natürlichen Originals, wieder.
- *Verkürzungsmerkmal:* Modelle erfassen nicht alle Attribute des repräsentierten Originals, sondern nur eine relevante Auswahl der notwendigen Attribute. Ein Modell kann allerdings auch Attribute aufweisen, die im Original nicht konkret vorliegen, die aber notwendig oder sogar gerade Gegenstand der Betrachtung sind. Solche Attribute werden abundant genannt.[538]

---

532 Vgl. Bossel (Systeme, Dynamik, Simulation), 2004, S. 36
533 Vgl. Komorek (Gestaltungsmodell für kollaborative Wertschöpfung), 2014, S. 93
534 Vgl. Patzak (Systemtechnik - Planung komplexer innovativer Systeme), 1982, S. 306
535 Vgl. Stachowiak (Allgemeine Modelltheorie), 1973, S. 129 ff.
536 Vgl. Patzak (Systemtechnik - Planung komplexer innovativer Systeme), 1982, S. 313
537 Vgl. Stachowiak (Allgemeine Modelltheorie), 1973, S. 131 ff.
538 Vgl. Stachowiak (Allgemeine Modelltheorie), 1973, S. 155 ff.

- *Pragmatisches Merkmal:* Modelle werden immer für einen bestimmten Zweck/Anwendungskontext erstellt. Sie erfüllen eine bestimmte Funktion in einem Zeitintervall unter bestimmten Einschränkungen. Modelle lassen sich daher nicht immer zweifelsfrei ihren Originalen zuordnen.

Anhand der beschriebenen Merkmale lässt sich zusammenfassen, dass die Modellierung ein Abstraktionsprozess ist, bei dem ein Original unter einem bestimmten Anwendungskontext, durch fehlende Berücksichtigung von nicht relevanten Details, in ein Modell transformiert wird. Dieser Sachverhalt der Modelltransformation ist in Abbildung IV-2 dargestellt.

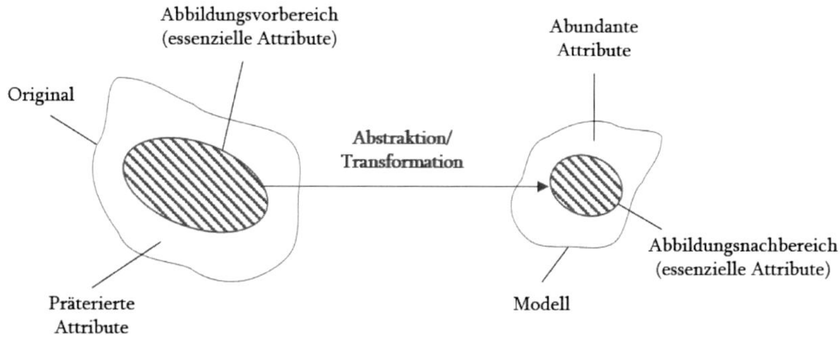

Abbildung IV-2: Modelltransformation[539]

IV.1.3 Modelltypen

Bei der Verwendung von Modellen kann in der Literatur zwischen einer Vielzahl von verschiedenen Modelltypen unterschieden werden.[540] Nach LEHNER ET AL. wird eine Klassifizierung nach fünf Modelltypen vorgenommen. Diese Modelltypen lauten Beschreibungsmodelle, Erklärungsmodelle, Gestaltungsmodelle, Meta-Modelle und sonstige Modelle. Diese werden nachfolgend erläutert:

- *Beschreibungsmodelle* verfolgen das Ziel, einen Sachverhalt oder ein Phänomen so realitätstreu und präzise wie möglich zu abstrahieren. Der Verwendungszweck für das Modell ist in der Regel nicht gegeben, da Aussagen über die Voraussetzungen für die Gültigkeit des Modells nicht erfolgen. Beschreibungsmodelle werden auch deskriptive Modelle, Monitormodelle oder Darstellungsmodelle genannt.[541, 542]
- *Erklärungsmodelle* bauen auf Beschreibungsmodellen auf und erlauben eine tiefgreifende Einsicht in die Hintergründe vorliegender Realphänomene. Dazu werden in logisch-induktiven Schritten qualitative oder quantitative Erklärungen für das Auftreten bestimmter Zustände in den betrachteten Realphänomenen ermittelt und Voraussetzungen für die Gültigkeit erklärter Zustände zur Verfügung gestellt.

[539] Vgl. Stachowiak (Allgemeine Modelltheorie), 1973, S. 157
[540] Vgl. Lehner et al. (Wirtschaftsinformatik), 2008, S. 29 f.
[541] Vgl. Lehner et al. (Wirtschaftsinformatik), 2008, S. 30 f.
[542] Vgl. Patzak (Systemtechnik - Planung komplexer innovativer Systeme), 1982, S. 313

Dieser Erläuterung folgend handelt es sich bei Erklärungsmodellen um eine auf der Beschreibung von Situationen aufbauende Hypothesenbildung.[543]

- *Gestaltungsmodelle* sind Modelle, die die Realität verändert darstellen. Die Veränderung der Realität bezieht sich meist auf eine Darstellung eines angestrebten Zustands eines Systems. Gestaltungsmodelle streben demnach die Umsetzung einer zukünftigen Wirklichkeit an.[544] Es existieren normative Modelle, die einen Handlungsrahmen bereitstellen und eine Leitbildfunktion beinhalten und präskriptive Modelle, die vorbildartige Musterfunktionen darstellen.[545]
- *Meta-Modelle* sind als eine Ordnung oder eine systematische Beschreibung von Modellen zu verstehen. Dies bedeutet, dass Meta-Modelle als Referenzmodelle dienen, womit die Bildung von anderen Modellen unterstützt wird. Ein Meta-Modell kann als „Modell des Modells" verstanden werden, da es nicht die Realität, sondern systematisch andere Modelle beschreibt.[546]
- *Sonstige Modelle* umfassen alle Modelle, welche nicht den genannten Modellen zugeordnet werden können.[547]

Die aufgeführten Modelltypen sind in der Abbildung IV-3 dargestellt.

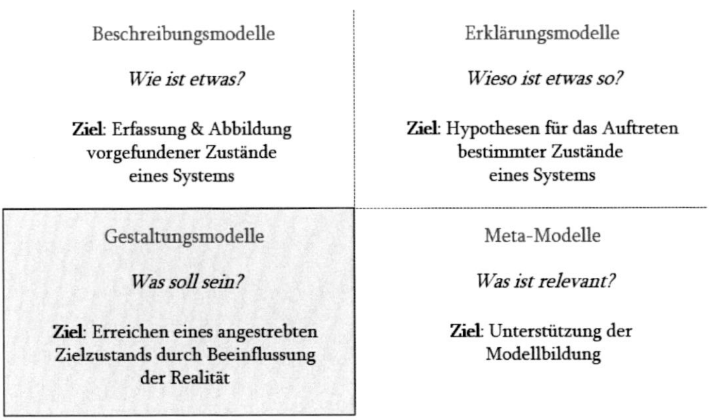

Abbildung IV-3: Modelltypen[548, 549]

[543] Vgl. Lehner et al. (Wirtschaftsinformatik), 2008, S. 31
[544] Vgl. Ulrich (Systemorientiertes Management), 2001, S. 66
[545] Vgl. Patzak (Systemtechnik - Planung komplexer innovativer Systeme), 1982, S. 314 f.
[546] Vgl. Lehner et al. (Wirtschaftsinformatik), 2008, S. 32
[547] Vgl. Lehner et al. (Wirtschaftsinformatik), 2008, S. 32
[548] Vgl. Lehner et al. (Wirtschaftsinformatik), 2008, S. 30
[549] I. A. a. Stachowiak (Allgemeine Modelltheorie), 1973, S. 130 ff.

Für die vorliegende Arbeit soll der Modelltyp **Gestaltungsmodell** gewählt werden, da die vernetzte adaptive Montage im Werkzeugbau einen angestrebten Zustand eines Systems und damit den Zustand einer zukünftigen Wirklichkeit darstellt. Das Gestaltungsmodell fungiert damit als Orientierung für die Umsetzung von Maßnahmen in der Montage des Werkzeugbaus.

IV.1.4 Merkmale des Gestaltungsmodells

Die vorliegende Arbeit hat die Entwicklung eines Gestaltungsmodells für eine vernetzte adaptive Montage im Werkzeugbau zum Ziel. Dabei sollen die Elemente aufgezeigt werden, welche zur Gestaltung einer vernetzten adaptiven Montage im Werkzeugbau adressiert werden müssen. Bei der Gestaltung sind die in Kapitel IV.1.2 vorgestellten Merkmale der Modellierung zu berücksichtigen. Hinsichtlich des Abbildungsmerkmals erfolgt eine Konzeptionierung mit anschließender Detaillierung eines zukünftigen Zustands in der Montage des Werkzeugbaus. Das Verkürzungsmerkmal wird durch die Berücksichtigung ausschließlich relevanter Attribute in diesem Modell adressiert. Es findet folglich eine Fokussierung auf die relevanten Systemelemente statt. Zur Erfüllung des pragmatischen Merkmals ist es erforderlich, dass die vier Merkmale reales System, Zielsetzung, Nutzer und Zeitraum der Nutzung definiert werden.[550] Diese Vorgehensweise ist analog zu der von STACHOWIAK[551], weshalb die nachfolgende Definition der Merkmale an dessen Verständnis angelehnt ist.

Das Gestaltungsmodell bezieht sich auf das **reale System** der in Kapitel II.3 und Kapitel II.4 vorgestellten Montage des Werkzeugbaus. Der Leistungserstellungsprozess eines Werkzeugs ist die Folge von aufeinander aufbauenden Prozessschritten des Vertriebs, des Engineerings/der Konstruktion, der Arbeitsvorbereitung, der mechanischen Fertigung, der Montage sowie des Try-out. Es wurde in Kapitel II.5 festgestellt, dass insbesondere die Montage aufgrund der Stellung im Leistungserstellungsprozess im Zusammenhang mit einem hohen notwendigen Wissensanteil einen kritischen Prozessschritt darstellt. Zudem obliegt der Montage die Verantwortung für die Gewährleistung der ordnungsgemäßen Funktionsfähigkeit des finalen Produktes, wodurch der Montage besondere Bedeutung zukommt.

Das Gestaltungsmodell verfolgt nach Definition in Kapitel IV.1.3 einen angestrebten Zustand einer vernetzten adaptiven Montage im Werkzeugbau. **Zielsetzung** ist es, alle aktuellen und zukünftig relevanten Einflussfaktoren zu berücksichtigen, um eine effiziente Montage zu realisieren. Grundlage der Ausgestaltung sollen die aktuellen Herausforderungen der Werkzeugmontage darstellen, welche durch die Möglichkeiten im Rahmen der vierten industriellen Revolution adressiert werden. Das Gestaltungsmodell soll im Zuge dessen Interdependenzen zwischen den einzelnen Gestaltungselementen aufgreifen und erläutern sowie alle relevanten Inhalte zur Gestaltung einer vernetzten adaptiven Montage im Werkzeugbau berücksichtigen.

Die **Nutzer** des Gestaltungsmodells sind alle Individuen und Gruppen, die eine vernetzte adaptive Montage im Werkzeugbau realisieren wollen und können. Im Folgenden muss innerhalb der Zielgruppe zwischen aktiven Nutzern und passiven Nutzern unterschieden

---

[550] Vgl. Stachowiak (Allgemeine Modelltheorie), 1973, S. 132 f.
[551] Vgl. Stachowiak (Allgemeine Modelltheorie), 1973

werden. Aktive Nutzer sind diejenigen, die das Gestaltungsmodell aktiv anwenden. Beispiele für aktive Nutzer sind Mitarbeiter eines Werkzeugbaubetriebes, welche bei der Neugestaltung der Montage mitwirken. Vor dem Hintergrund der vierten industriellen Revolution sind das die Mitarbeiter aus der Montage von Werkzeugen. Grundsätzlich umfasst das Konzept jedoch auch strategische und taktische Fragen sowie die operative Umsetzung des Geplanten, weshalb sich der aktive Nutzerkreis auch auf andere Bereiche eines Unternehmens ausweiten lässt. Insgesamt stellt das Konzept eine Hilfestellung für leitende Angestellte und Beschäftigte der IT dar. Passive Nutzer sind diejenigen, die nicht an einer Gestaltung einer vernetzten adaptiven Montage im Werkzeugbau beteiligt sind. Passive Nutzer verwenden das Gestaltungsmodell für ein besseres Verständnis der Zusammenhänge der Leistungserstellung in Zeiten der vierten industriellen Revolution.[552]

In Bezug auf den **Zeitraum der Nutzung** des Gestaltungsmodells kann zum jetzigen Zeitpunkt keine definitive Aussage getroffen werden. Zur Adressierung aktueller Herausforderungen des Werkzeugbaus und der Montage im Werkzeugbau sowie der Berücksichtigung des aktuellen Status quo der Wissenschaft und Technik[553] kann das Gestaltungsmodell gegenwärtig vollumfänglich eingesetzt werden. Im Kontext zunehmender Dynamik und Komplexität technologischer Entwicklungen muss jedoch stetig geprüft werden, ob das Gestaltungsmodell weiterhin in seiner Gänze angewendet werden kann. Sobald die Gültigkeit der Anwendbarkeit nicht mehr gewährleistet ist, ist der Zeitraum der Nutzung des Gestaltungsmodells ebenfalls beendet. Daher ist eine kontinuierliche Prüfung des Lösungsansatzes zur vernetzten adaptiven Montage des Werkzeugbaus erforderlich, um die Validität der Ergebnisse sicherzustellen.[554]

IV.2 Strukturierung des Gestaltungsmodells

Gemäß den charakteristischen Merkmalen eines Modells nach STACHOWIAK soll nachfolgend die Strukturierung des Gestaltungsmodells erfolgen. Gestaltungsmodelle verfolgen das Ziel, eine Veränderung der Realität hin zu einer zukünftigen Wirklichkeit herbeizuführen.[555] In dieser Arbeit wurde bereits der Betrachtungsbereich der Werkzeugmontage festgelegt, welchen es demnach auszulegen gilt. Im Kontext dieser Arbeit bezeichnet der Begriff Auslegen, dass etwas auf eine bestimmte Leistung hin angelegt, eingerichtet oder konstruiert wird.[556] Das Erreichen des Ziels kann mithilfe der gezielten Neugestaltung des sozio-technischen Systems sowie der unterschiedlichen befähigenden Faktoren[557] des Produktionssystems Montage gewährleistet werden.[558]

---

552 Vgl. Komorek (Gestaltungsmodell für kollaborative Wertschöpfung), 2014, S. 98
553 Vgl. Kapitel II.5, Kapitel III.5
554 Vgl. Salmen (Digital vernetzter Shopfloor), 2016, S. 126
555 Vgl. Ulrich (Systemorientiertes Management), 2001, S. 66
556 Vgl. Duden (Bedeutung „auslegen"), 2019, S. 3
557 Häufig auch: Komponenten, Produktionsfaktoren, produktive Faktoren, Befähiger oder Enabler.
558 Vgl. Komorek (Gestaltungsmodell für kollaborative Wertschöpfung), 2014, S. 105 ff.

IV.2.1 Montage als sozio-technisches System

In Kapitel IV.1 wurde die Montage bereits als offenes System charakterisiert. Über diese Charakterisierung hinaus kann die Montage des Werkzeugbaus als sozio-technisches System verstanden werden. EMERY hat das Konzept der sozio-technischen Systeme unter anderem für primäre Arbeitssysteme formuliert und somit eines der ersten generalisierten Modelle entworfen, welches soziale und technische Systeme miteinander verbindet.[559] Diese Arbeitssysteme können als identifizierbare und abgrenzbare Subsysteme einer Organisation verstanden werden.[560] Diese lassen sich im Allgemeinen in zwei Teilsysteme – technische und soziale Teilsysteme[561] – unterteilen.[562] Während das technische Teilsystem Betriebsmittel sowie technologische und räumliche Bedingungen umfasst, beschreibt das soziale Teilsystem die Organisationsmitglieder und deren individuelle sowie gruppenspezifische Bedürfnisse. Die beiden Teilsysteme sind notwendig, um Primäraufgaben, d. h. Aufgaben, zu deren Bewältigung das sozio-technische System geschaffen wurde, zu lösen.[563] Aufgaben, welche zur Systemerhaltung oder Regulation dienen, werden als Sekundäraufgaben beschrieben.[564] Unabhängig den Aufgaben besteht ein sozio-technisches System aus einem Grundgerüst, bestehend aus den Elementen Technologieeinsatz, Humanressourcen und Organisation.[565, 566]

IV.2.2 Montage als Produktionssystem und befähigende Faktoren

Nach EVERSHEIM sind Produktionssysteme als Zuweisung von Produktionsfaktoren zu technischen sowie organisatorischen Elementen des Herstellungsprozesses definiert.[567] Produktionssysteme werden weiterhin als Input-/Output-Systeme beschrieben, welche eine spezifische Innenstruktur aufweisen und bestimmten Umwelteinflüssen ausgesetzt sind. Die Montage ist eindeutig als Produktionssystem zu klassifizieren, weshalb die befähigenden Faktoren eines Produktionssystems im Kontext dieser Arbeit als die zentralen Faktoren der Montage aufgegriffen und interpretiert werden. In Bezug auf die befähigenden Faktoren des Produktionssystems stellt GUTENBERG fest, dass der produktive Effekt betrieblicher Betätigung nicht nur von der Beschaffenheit der Faktoren abhängt, sondern auch die Art und Weise der Kombination dieser Faktoren relevant ist.[568] Demnach ist die Assimilation der befähigenden Faktoren für das Produktionssystem von besonderer Bedeutung. Nachfolgend werden die zentralen befähigenden Faktoren von Produktionssystemen bzw. Montagesystemen aus der Literatur hergeleitet. Dazu werden die Ansätze aus der Literatur von PETERS & WATERMANN, WÖHE, HEINEN ET AL., WILLNECKER, WINGEN & WIRTH, LOTTER, WIENDAHL erläutert und schließlich die notwendigen befähigenden Faktoren synthetisiert.

---

[559] Vgl. Emery (Characteristics of Socio-Technical Systems), 1959
[560] Vgl. Ulich (Arbeitspsychologie), 2005, S. 194
[561] Vgl. Trist (The evolution of socio-technical systems), 1981, S. 11
[562] I. A. a. Ulich (Arbeitspsychologie), 2005, S. 195
[563] Vgl. Rice (Productivity and Social Organization), 1958, S. 33
[564] Vgl. Ulich (Arbeitspsychologie), 2005, S. 196
[565] Vgl. Günther; Tempelmeier (Produktion und Logistik), 2012, S. 6 f.
[566] Vgl. Schlick et al. (Flexible Produktionskapazität innovativ managen), 2014., S. 87 f.
[567] Vgl. Eversheim (Flexible Produktionssysteme), 1992, S. 2058 f.
[568] Vgl. Gutenberg (Grundlagen der Betriebswirtschaftslehre), 1971, S. 5

PETERS & WATERMANN nennen mit der Entwicklung des 7S-Modells sieben Kernvariablen, welche für die Gestaltung einer Produktion wesentlich sind. Innerhalb des Modells werden Struktur und Strategie als organisatorische Hardware und Stil, Systeme, Stammpersonal, Spezialkenntnisse sowie Selbstverständnis als organisatorische Software verstanden. Der Fokus des Modells liegt damit auf der Lösung von Organisationsproblemen und stellt den Menschen als wesentliche Ressource in den Mittelpunkt.[569]

WÖHE nennt in seinen Ausführungen zur allgemeinen Betriebswirtschaftslehre die Produktionsfaktoren menschliche Arbeit, Betriebsmittel, Werkstoffe und Betriebsführung.[570] Die Betriebsführung umfasst die Leitung, Planung, Organisation und Kontrolle.[571]

HEINEN ET AL. definieren als Faktoren eines Produktionssystems das Zusammenwirken von Organisation, Ressourcen, Menschen und Methoden. Die Prozesse werden dabei von technischen Ressourcen, wie Fertigungs- und Montageeinrichtungen und IT-Systemen, sowie menschlicher Arbeit erzeugt.[572]

Nach WILLNECKER sind die Produktionsfaktoren Technologie, Mitarbeiter und Produkt als interne Einflussfaktoren der Montage aufzuführen, welche durch den koordinierenden Faktor Organisation bestärkt werden. Zusätzlich bilden das politische, soziale und wirtschaftliche Umfeld die Rahmenbedingungen des Montagesystems.[573]

Einen ähnlichen Fokus legen WINGEN & WIRTH in ihrem MAMOS Montagemodell. Darin werden neben den Mitarbeiterkompetenzen ebenfalls Montagestrategie, Logistikprozesse, Technik und Produkte sowie Arbeitsorganisation als befähigende Faktoren der Montage definiert.[574]

WIENDAHL schließt an die bisher vorgestellten Einteilungen der befähigenden Faktoren an und setzt den Fokus auf die Strukturierung und Dimensionierung einer Fabrik unter dem Aspekt der Wandlungsfähigkeit. Er nennt Organisation, Technik und Mitarbeiter als zentrale Faktoren zur Durchführung der Teilprozesse der Auftragserfüllung.[575]

Gemäß den Ausführungen von LOTTER sind die befähigenden Faktoren eines Montagesystems durch die Faktoren Produktgestaltung, technische Montagesystemgestaltung, Montageorganisation und menschenorientierte Sicht zu adressieren, um Rationalisierungspotenziale in der Montage zu heben.[576]

Vergleicht man die zuvor beschriebenen Ansätze aus der Literatur, lassen sich Gemeinsamkeiten in Bezug auf die befähigenden Faktoren ableiten. Nahezu jeder der vorgestellten Ansätze fokussiert die Faktoren Technik, Mensch und Organisation als die drei zentralen befähigenden Faktoren eines Produktionssystems bzw. eines Montagesystems. In vereinzelten Ansätzen finden sich weitere Faktoren wie Strategie und Produkt wieder. Beide Faktoren sind übergeordnete Faktoren, welche implizit in jedem der drei zentralen Faktoren enthal-

569 I. A. a. Peters; Waterman (In Search of Excellence), 2006, S. 10
570 Vgl. Wöhe; Döring (Einführung in die allgemeine Betriebswirtschaftslehre), 2008, S. 57
571 Vgl. Wöhe; Döring (Einführung in die allgemeine Betriebswirtschaftslehre), 2008, S. 93
572 Vgl. Heinen et al. (Wandlungsfähigkeit als Ziel der Produktionssystemgestaltung), 2008, S. 20
573 Vgl. Willnecker (Leistungsorientierte manuelle Fließmontage), 2001, S. 9
574 Vgl. Wingen; Wirth (Das MAMOS-Modell für Montageexzellenz), 2004, S. 17
575 Vgl. Wiendahl et al. (Handbuch Fabrikplanung), 2014, S. 33
576 Vgl. Lotter (Montage in der industriellen Produktion), 2012, S. 4

ten sind. Ein übereinstimmendes Verständnis findet sich in den Ausführungen von WILLNECKER und WIENDAHL wieder. Eine Visualisierung der Herleitung der befähigenden Faktoren des Produktionssystems Montage ist in der Abbildung IV-4 vorgenommen.

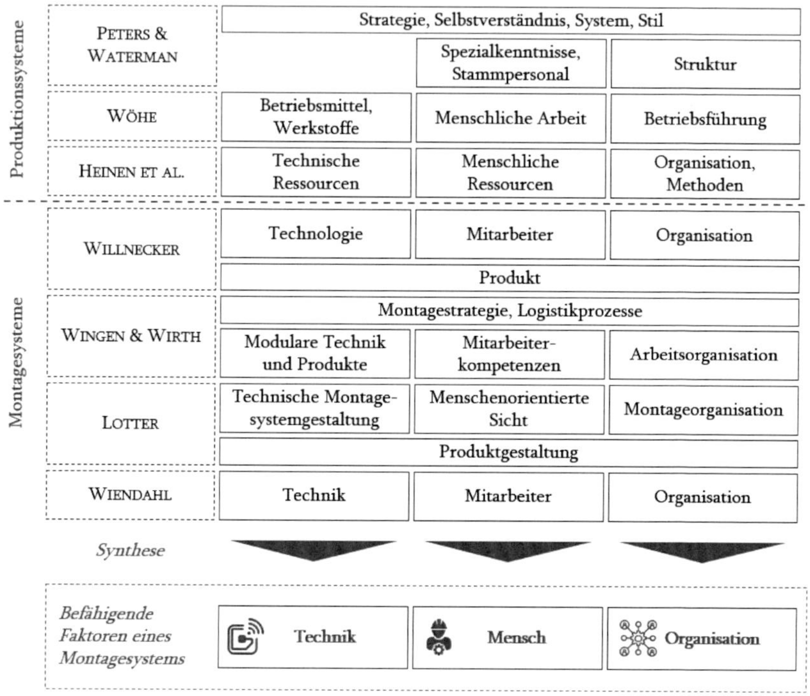

Abbildung IV-4: Herleitung befähigender Faktoren des Produktionssystems Montage[577]

Vergleicht man abschließend die identifizierten befähigenden Faktoren des Produktionssystems Montage mit den Dimensionen eines sozio-technischen Systems, ist erkennbar, dass diese in den Grundzügen übereinstimmen. Demnach kennzeichnen die Dimensionen des sozio-technischen Systems **Technik, Mensch** und **Organisation** gleichzeitig die befähigenden Faktoren eines Montagesystems. Diese werden im Folgenden auch die Grundstruktur des Gestaltungsmodells bilden.

IV.3 Detaillierung der Forschungsfrage

Nachdem in Kapitel II.5 ein Handlungsbedarf aus der Praxis sowie in Kapitel III.5 ein Handlungsbedarf aus der Theorie erarbeitet wurde, wurde der Forschungsbedarf für eine vernetzte adaptive Montage im Werkzeugbau aus Kapitel I ganzheitlich begründet. Aus dem Forschungsbedarf wurde die handlungsleitende Forschungsfrage abgeleitet, die die Ziel-

[577] Eigene Darstellung

setzung dieser Arbeit aufgreift und durch das folgende Gestaltungsmodell für eine vernetzte adaptive Montage im Werkzeugbau beantwortet werden soll.

Wie muss ein Gestaltungsmodell einer vernetzten adaptiven Montage im Werkzeugbau strukturiert und aufgebaut sein?

Eng verknüpft mit der übergeordneten Forschungsfrage lassen sich weitere untergeordnete Forschungsfragen ableiten, die die Forschungsfrage unterstützen[578]:

Welche Gestaltungsfelder und -elemente lassen sich in den Dimensionen Organisation, Technik, Mensch identifizieren?

Welche Gestaltungsfelder lassen sich in den Schnittstellen der Dimensionen Mensch-Technik, Organisation-Mensch, Technik-Organisation und Mensch-Technik-Organisation identifizieren?

Wie kann eine intensivere Vernetzung der Montage in den Auftragsabwicklungsprozess erreicht werden?

In welcher Form lässt sich die Eigenschaft Adaptabilität in der Montage des Werkzeugbaus realisieren?

Im Rahmen der Erarbeitung eines Gestaltungsmodells für eine vernetzte adaptive Montage im Werkzeugbau sind die Forschungs- und Teilforschungsfragen zu beantworten.

IV.4 Konzeption des Gestaltungsmodells

In Kapitel IV.1 wurden die Grundlagen zur Systemwissenschaft, zur Modellwissenschaft sowie zu den Modelltypen erläutert. Auf diesen Grundlagen aufbauend soll das Gestaltungsmodell entwickelt werden. Das Gestaltungsmodell besteht aus Gestaltungsfeldern sowie subordinierten Gestaltungselementen, welche sich in ihrer Gesamtheit zu einem Gestaltungsmodell aggregieren. In den vergangenen Kapiteln wurden befähigende Faktoren des Produktionssystems Montage[579] hergeleitet, der Handlungsbedarf aus der Praxis[580] erörtert sowie die Potenziale der Wertschöpfung durch Industrie 4.0[581] aufgezeigt. Diese Erkenntnisse sind die Inputfaktoren für die Konzeption des Gestaltungsmodells für eine vernetzte adaptive Montage im Werkzeugbau und werden in der Abbildung IV-5 dargestellt.

[578] Vgl. Kubicek (Heuristischer Bezugsrahmen empirischer Forschung), 1976, S. 17
[579] Vgl. Kapitel IV.2.2
[580] Vgl. Kapitel II.2
[581] Vgl. Kapitel II.2.4

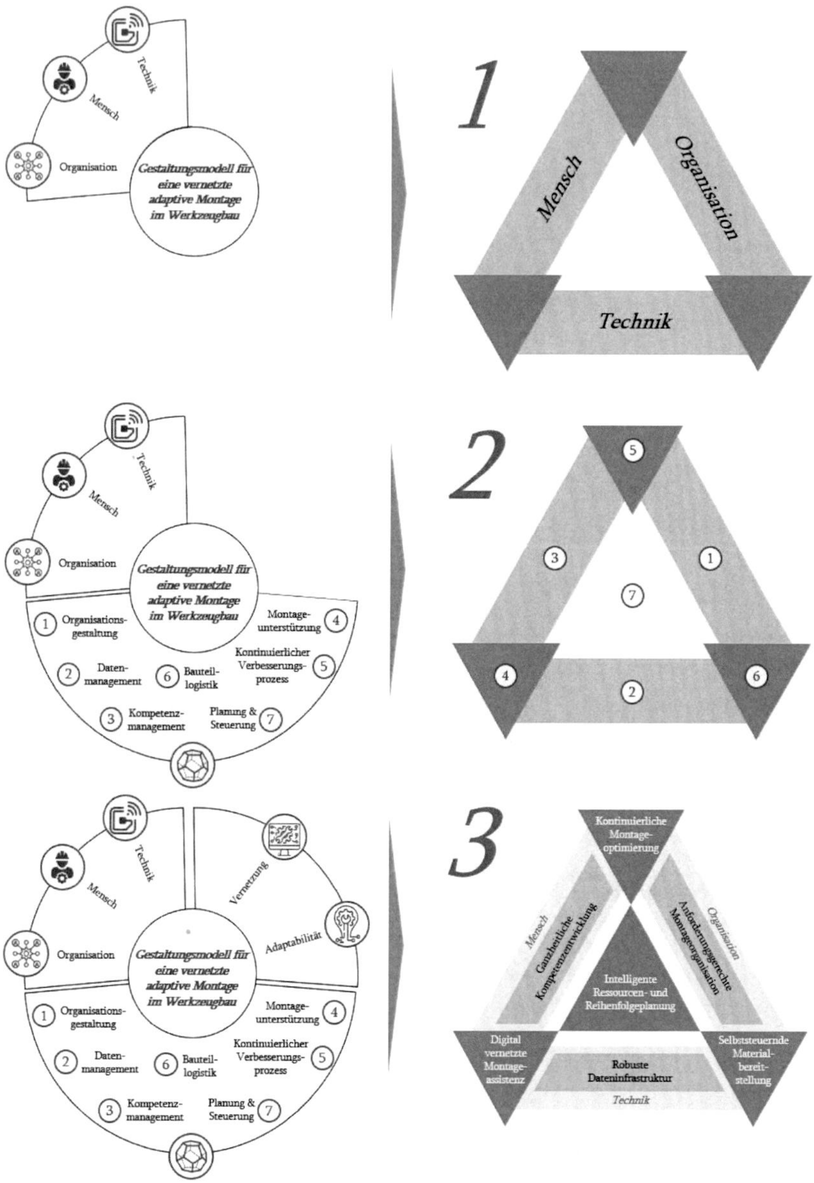

Abbildung IV-5: Herleitung des Gestaltungsmodells für eine vernetzte adaptive Montage im Werkzeugbau[582]

[582] Eigene Darstellung

IV.4.1 Gestaltungsdimension Organisation

Die Schlüsselstellung der Montage im Werkzeugbau wurde bereits in Kapitel II.4.6 erläutert. Mithilfe der Montageorganisation, der anforderungsgerechten Einbettung der Montage in die Auftragsabwicklung des Werkzeugbaus, kann die Montage ihrer Schlüsselstellung gerecht werden. Daher ist das Gestaltungsfeld **Anforderungsgerechte Montageorganisation** zu detaillieren. Definiert werden kann der Begriff Organisation gemäß BLOHM als „methodische Zuordnung von Menschen und Sachen, um deren bestmögliches Zusammenwirken im Sinne einer dauerhaften Erreichung gesetzter Ziele zu gewährleisten“[583]. Dieser Definition lassen sich drei wesentliche Punkte entnehmen. Die Organisation ist ein Instrument zur Erreichung von Zielen, zur Strukturierung rationaler Denkprozesse sowie zur Realisierung einer Kosten-/Nutzen-Optimierung von Informations- und Leistungsprozessen. Betrachtet man eine Organisation als wirtschaftliches Konstrukt, so wird häufig zwischen der Organisation des Betriebsaufbaus sowie der Organisation des Ablaufs von Arbeitsprogrammen unterschieden. Hieraus ergibt sich die Aufgliederung der Betriebsorganisation in die Aufbauorganisation und die Ablauforganisation.[584] Das Zusammenspiel von Aufbau- und Ablauforganisation ist in der Abbildung IV-6 dargestellt.

Abbildung IV-6: Aufbau- und Ablauforganisation[585]

In der Montage des Werkzeugbaus werden Werkzeuge montiert, welche hinsichtlich Werkzeuggröße, -gewicht, -art und Auftragsart[586] stark variieren können. Daran angeknüpft können auch Arbeitsorganisation und Layoutform, je nach Rahmenbedingung, grundlegend voneinander abweichen. Es zeigt sich, dass die verschiedenen Einflussfaktoren die Montageorganisation als Ganzes bestimmen, sodass eine optimale Montageorganisation immer unter den individuellen Rahmenbedingungen eines Werkzeugbaubetriebs auszulegen ist. In dem Gestaltungsfeld Anforderungsgerechte Montageorganisation werden eben diese verschiedenen Randbedingungen adressiert und in Form von Aufbau- und Ablauforganisation näher betrachtet. Ziel des ersten Gestaltungselements **Unternehmensspezifische Aufbauorganisation** ist es, eine geeignete Kombination aus Arbeitsorganisation und Layoutform zu finden, die sich in unterschiedlichen Werkzeugbaubetrieben für den spezifischen

583 Blohm (Organisation, Information und Überwachung), 1977, S. 18
584 Vgl. Hub (Aufbauorganisation, Ablauforganisation), 1994, S. 4 f.
585 I. A. a. Von der Oelsnitz (Organisationsgestaltung), 1999, S. 108 f.
586 Vgl. Kapitel III.3.2.3

Anwendungsfall eignet und zur optimalen Vernetzung der Montage in den Auftragsabwicklungsprozess beiträgt.

Neben der Aufbauorganisation ist die Ablauforganisation entscheidend.[587] Fokus im Gestaltungselement ist es, die Montage im Werkzeugbau mitsamt ihren zugrundeliegenden Interaktionen mit den weiteren Gewerken auszulegen.[588] Derzeit erfolgt die Durchführung vieler Montagetätigkeiten aufgrund der Handwerklichkeit der Montage zu großen Teilen individuell nach Ermessen des Mitarbeiters und ohne ausreichende Abstimmung und Vernetzung mit dem Gesamtsystem Werkzeugbau.[589] Hohe Interaktionsaufwände, insbesondere aufgrund der verschiedenen Auftragsarten sowie der Vielschichtigkeit der Montageaufgaben,[590] erfordern klare Rollenverteilungen, festgelegte Verantwortlichkeiten, definierte Informationsflüsse und einen daraus resultierenden effizienten Informationsaustausch. Dies ist für eine vernetzte adaptive Montage jedoch grundlegend und wird daher im Gestaltungselement **Informationszentrierte Ablauforganisation** thematisiert. Die hergeleiteten Gestaltungselemente des Gestaltungsfelds Anforderungsgerechte Montageorganisation sind in Abbildung IV-7 dargestellt.

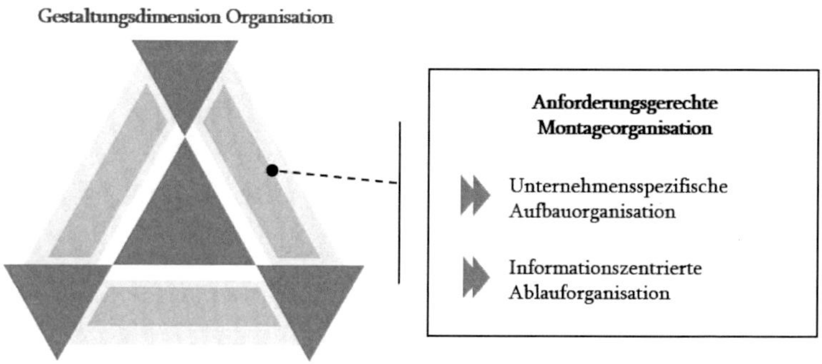

Abbildung IV-7: Gestaltungselemente – Anforderungsgerechte Montageorganisation[591]

IV.4.2 Gestaltungsdimension Technik

Die Ressource „Daten“ ist ein essenzieller Bestandteil für das Funktionieren einer vernetzten adaptiven Montage im Werkzeugbau. Zur Erfüllung dieser Forderung und der Nutzung der Potenziale datenbasierter Wertschöpfung muss eine Definition notwendiger Daten in der Montage und deren Abhängigkeiten erfolgen sowie eine Infrastruktur zum Datenmanagement geschaffen werden. Mithilfe der Infrastruktur soll eine Datenverarbeitung zwischen allen Bereichen der Wertschöpfungskette im Werkzeugbau sichergestellt werden.[592] Dabei ist die Anforderung „Robustheit“ notwendig. Definitorisch beschreibt

[587] I. A. a. Von der Oelsnitz (Organisationsgestaltung), 1999, S. 108 f.
[588] Vgl. Lotter; Wiendahl (Montage in der industriellen Produktion), 2006, S. 95
[589] Vgl. Kapitel II.5
[590] Vgl. Kapitel II.4.6
[591] Eigene Darstellung
[592] Vgl. Porter; Heppelmann (How Smart, Connected Products Are Transforming Competition), 2014, S. 4 f.

diese Anforderung einen widerstandsfähigen Zustand, der nicht empfindlich oder leicht irritierbar ist und daher einen unkomplizierten Gebrauch gewährleistet.[593] Auf den Anwendungsfall projiziert bedeutet diese Anforderung eine Immunität gegen Datenfehler und heterogene Daten ohne Probleme verarbeiten zu können.[594] Für eine vernetzte adaptive Montage im Werkzeugbau ist es notwendig, das Gestaltungsfeld **Robustes Datenmanagement** zu betrachten.

BRECHER ET AL. haben eine notwendige digitale Infrastruktur – die Internet of Production Infrastruktur[595] - als ganzheitliches Zielbild für die Infrastruktur produzierender Unternehmen erarbeitet. Grundidee der Internet of Production Infrastruktur ist es, Unternehmen zu befähigen, den Änderungsprozess eines Produktes (Change Request) effizienter abwickeln zu können.[596] Das Internet of Production ist in Abbildung IV-8 dargestellt.

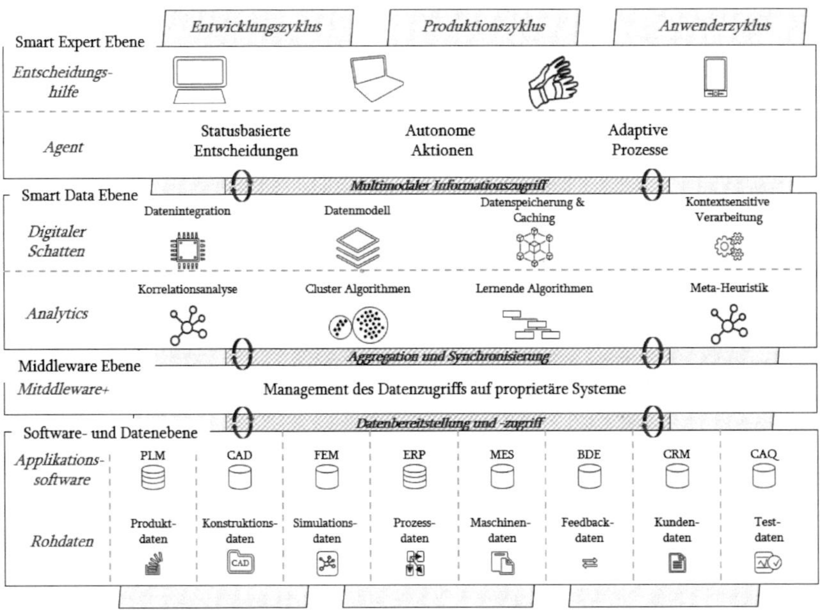

Abbildung IV-8: Internet of Production[597]

Das Modell ist in vier vertikale Ebenen gegliedert, die jeweils für die horizontalen Dimensionen Entwicklungszyklus, Produktionszyklus und Anwendungszyklus gelten. Die Ebenen werden weiterhin durch Operationen charakterisiert. Die unterste Ebene der Soft-

[593] Vgl. Duden (Bedeutung „Robustheit"), 2017
[594] Vgl. Xanthopoulos et al. (Robust Data Mining), 2013, S. IV
[595] Vgl. Brecher et al. (Internet of Production), 2017, S. 118 ff.
[596] Vgl. Brecher et al. (Internet of Production), 2017, S. 121
[597] Vgl. Brecher et al. (Internet of Production), 2017, S. 121

ware- und Datenebene besteht aus der Applikationssoftware und den proprietären Rohdaten. Diese aus der klassischen Arbeitsumgebung stammenden Daten, werden zumeist in der Applikationssoftware erzeugt und gepflegt. Im Rahmen des Gestaltungselements **Anforderungsgerechte Datenmodellierung** sind die aus der Montage stammenden Daten mithilfe einer Modellierungssprache zu strukturieren.

Eine vernetzte adaptive Montage im Werkzeugbau basiert auf einem effizienten Datenaustausch, indem Daten zum richtigen Zeitpunkt, im richtigen Format und am richtigen Ort bereitgestellt werden müssen.[598] Angelehnt an diese Struktur nach BRECHER ET AL. sowie den Schritten der Datenverarbeitung nach KLOCKE[599] werden die notwendigen Elemente einer für diesen Anwendungsfall relevanten Dateninfrastruktur hergeleitet. In der untersten Ebene der Dateninfrastruktur ist die in der Arbeitsumgebung genutzte Applikationssoftware mit den entsprechenden proprietären Rohdaten verortet. Die bestehende Software- und Hardwarelandschaft kann aufgrund des hohen Migrationsaufwandes nicht einfach ersetzt werden, sondern muss vielmehr „auch in der künftigen Infrastruktur Anwendung […] finden“[600]. Die im Werkzeugbau auf viele Moden aufgenommenen Daten müssen folglich über das Anwendungssystem hinaus abgespeichert werden. Dazu stoßen aktuelle Datenbanksysteme schnell an Grenzen, sodass Data Warehouse Systeme notwendig werden. Über die Nutzung von Middleware stellt das Data Warehouse mitsamt den zugrundeliegenden Möglichkeiten zur Datenanalyse und -auswertung eine gute Option dar. Dies wird im Gestaltungselement **Multimodale Datenaufnahme und Data Warehousing** thematisiert. Die beiden beschriebenen Gestaltungselemente des robusten Datenmanagements sind in der Abbildung IV-9 aufgeführt.

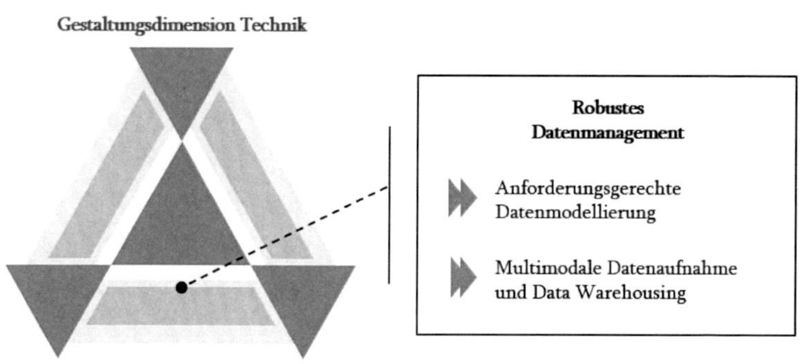

Abbildung IV-9: Gestaltungselemente – Robustes Datenmanagement[601]

[598] Vgl. Dornberg (Schlanke Informationslogistik), 2010
[599] Vgl. Klocke (Befähiger des Smart Manufacturing), 2016, S. 6
[600] Brecher et al. (Internet of Production), 2017, S. 120
[601] Eigene Darstellung

IV.4.3 Gestaltungsdimension Mensch

Die Leistungsfähigkeit der Montage des Werkzeugbaus wird in hohem Maße durch die Kompetenzen der Mitarbeiter bestimmt. Um den steigenden Anforderungen in Bezug auf neuartige Werkzeugkonzepte, Technologien und Entwicklungen im Zeitalter von Industrie 4.0 gerecht werden zu können, werden von den Mitarbeitern zukünftig erweiterte und neue Kompetenzen gefordert, die ganzheitlich entwickelt werden müssen. Daher ist das Gestaltungsfeld **Ganzheitliche Kompetenzentwicklung** notwendig.

Im aktuellen Sprachgebrauch werden die Begrifflichkeiten Kompetenzen, Qualifikationen und Wissen häufig als Synonym verwendet, sodass eine Definition der Begrifflichkeiten zunächst sinnvoll ist. Wissen bezeichnet gemäß der EUROPÄISCHEN KOMMISSION „die Kombination von Daten und Informationen unter Einbeziehung von Expertenmeinungen, Fähigkeiten und Erfahrungen mit dem Ergebnis einer verbesserten Entscheidungsfindung“[602]. Unterschieden werden kann in dieser Definition entsprechend zwischen den Wissensformen explizit und/oder implizit, individuell und/oder kollektiv sowie intern und/oder extern.[603] Der Begriff Qualifikation wird vorrangig im Zusammenhang mit betrieblichen Arbeitsprozessen sowie mit Fokus auf das Bildungssystem verwendet.[604] Qualifikationen sind handlungszentriert und bezeichnen klar zu umreißende Bereiche von Wissen, Fertigkeiten und Fähigkeiten, die Individuen zur anforderungsgerechten Ausübung beruflicher Tätigkeiten beherrschen müssen.[605] Allgemein bezeichnen Qualifikationen die Gesamtheit aller Fähigkeiten, Kenntnisse und Fertigkeiten, die an eine bestimmte Person gebunden und auf deren Arbeitshandeln bezogen sind.[606, 607] Der Kompetenzbegriff ist gegenüber Wissen und Qualifikation weiter gefasst, da er das Wissen und Können zur selbstorganisierten Problemlösung verbindet.[608] Während Qualifikationen den Erwerb von Wissen und Fertigkeiten bedeuten, fokussieren Kompetenzen das selbstorganisierte Handeln in komplexen Situationen.[609] Als ordnende Elemente des selbstorganisierten Handelns vervollständigen selbstverantwortete Regeln, Werte und Normen die Kompetenzen eines Individuums zu Handlungsbefähigern.[610] Die nachfolgende Abbildung IV-10 stellt die aufgeführten Begrifflichkeiten visuell in Beziehung zueinander.

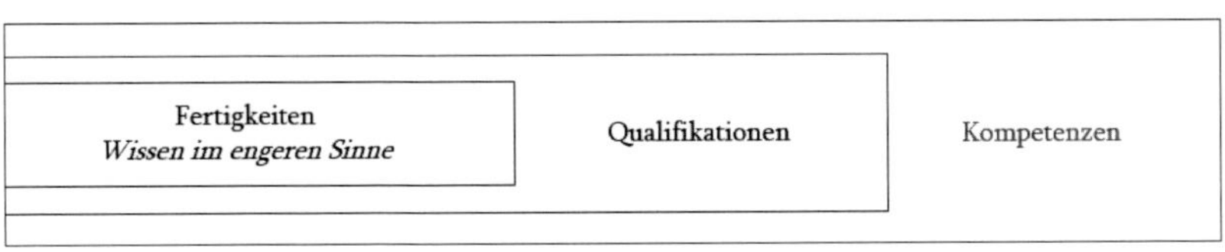

Abbildung IV-10: Beziehung von Wissen, Qualifikationen und Kompetenzen[611]

---

602 Europäische Kommission (Towards a European qualifications framework), 2005
603 Vgl. Nonaka; Takeuchi (Die Organisation des Wissens), 1997, S. 71 f.
604 Vgl. Schlick et al. (Arbeitswissenschaft), 2010, S. 109 f.
605 Vgl. Erpenbeck; Sauter (So werden wir lernen!), 2013, S. 32
606 Vgl. Zabeck (Schlüsselqualifikationen), 1991, S. 47 ff.
607 Vgl. Schlick et al. (Arbeitswissenschaft), 2010, S. 110
608 Vgl. Wilhelm; Nickolaus (Was grenzt das Kompetenzkonzept ab?), 2013, S. 23 ff.
609 Vgl. Rosenstiel et al. (Strategisches Kompetenzmanagement), 2004, S. 94 ff.
610 Vgl. Hertle (Shopfloor Management Systeme zur Kompetenzentwicklung), 2018, S. 31
611 Vgl. Erpenbeck; Sauter (So werden wir lernen!), 2013, S. 28

Nach Abgrenzung der Begrifflichkeiten müssen nachfolgend die Gestaltungselemente innerhalb des Gestaltungsfeldes Ganzheitliche Kompetenzentwicklung definiert werden. Im Zuge des Gestaltungselements **Individuelle Kompetenzanalyse** ist eine Analyse der individuellen Mitarbeiterkompetenzen durchzuführen, um einen Status quo über die Kompetenzen zu erhalten. Weiterhin ist die Identifikation der Innovationen der Werkzeugtechnik mit dem Fokus auf die Montage sowie innovative Technologien und Trends im Werkzeugbau und der Montage stetig zu eruieren, um darauf aufbauend neuartige Kompetenzanforderungen an die Mitarbeiter ableiten zu können.

Die ermittelte Diskrepanz stellt die Basis zur Ausarbeitung konkreter didaktischer Maßnahmen der Kompetenzentwicklung in der Montage des Werkzeugbaus dar. Hinsichtlich eines schnellen technologischen Wandels, der permanenten Ausbildung neuartiger Trends, einer zunehmend dynamischeren Umwelt sowie sich stetig ändernden Anforderungen an die Mitarbeiter ist es notwendig, die Kompetenzentwicklung möglichst mitarbeiterzentriert und adaptiv zu gestalten. Aus diesem Grund wird das Gestaltungselement **Mitarbeiterzentrierter Kompetenzaufbau** eingeführt. Die hergeleiteten Gestaltungselemente der ganzheitlichen Kompetenzentwicklung werden in Abbildung IV-11 dargestellt.

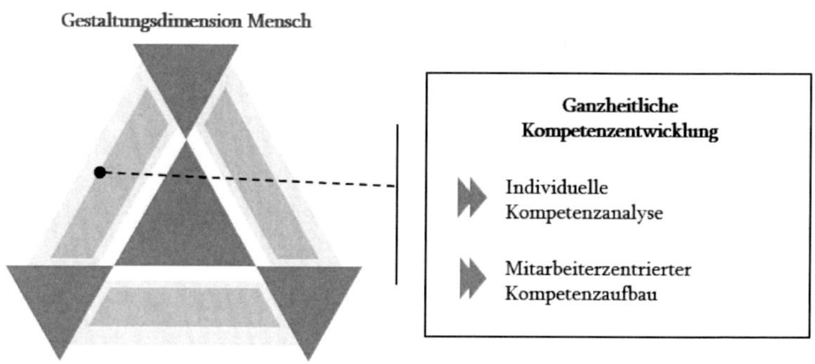

Abbildung IV-11: Gestaltungselemente – Ganzheitliche Kompetenzentwicklung[612]

IV.4.4 Gestaltungsdimension Mensch-Technik

In der Werkzeugmontage geben durchschnittlich 46,9 % der Mitarbeiter an, nicht ausreichend Informationen zur effizienten Montage zur Verfügung zu haben.[613] Konventionelle Montagearbeitsplätze im Werkzeugbau scheinen daher heute bereits in vielen Punkten nicht mehr anforderungsgerecht in Bezug auf die Informationsbereitstellung. Potenziale in der Gestaltung der Montagearbeitsplätze ergeben sich insbesondere durch die technologische Entwicklung in Zeiten von Industrie 4.0. Das Gestaltungsfeld **Digital vernetzte Montageassistenz** betrachtet Assistenzsysteme am Arbeitsplatz der Montage im Werkzeugbau, um die Herausforderungen des demografischen Wandels, der Ergonomie sowie der

[612] Eigene Darstellung
[613] Vgl. Boos et al. (Montage 4.0), 2017, S. 27 ff.

steigenden Belastung in Form der Aufgabenvielfalt und -komplexität zu adressieren. Im Zuge dessen sind in der Gestaltungsdimension Mensch-Technik Assistenzsysteme, z. B. in Form cyber-physischer-Systeme, als Möglichkeit zu verstehen, welche die Mitarbeiter bei der Ausführung der Montage unterstützen, Mitarbeiter vernetzen und damit die körperliche und geistige Leistungsfähigkeit der Mitarbeiter erhalten und weiterentwickeln.[614]

Charakteristisch für Assistenzsysteme ist, dass diese die Informations-, Entscheidungs- und Ausführungsebene adressieren können. Dabei werden in der Literatur Wahrnehmungs- und Entscheidungsassistenzsysteme als kognitive Unterstützung und Ausführungsassistenzsysteme als physische Unterstützung verstanden.[615] Assistenzsysteme der Wahrnehmungsebene haben die Aufgabe, Mitarbeiter über auszuführende Tätigkeiten zu informieren. In einfachen Fällen kann die Stückliste als derartiges Assistenzsystem verstanden werden, weil diese den Mitarbeiter über zu montierende Werkstücke und Montageabfolgen informiert.[616] Sogenannte elaborierte Wahrnehmungsassistenzsysteme sind beispielsweise Werkerinformationssysteme[617], welche den Mitarbeitern aktuell benötigte Informationen passend zur ausgeführten Tätigkeit in der richtigen Form darlegen.[618] Auf der Entscheidungsebene sollen Assistenzsysteme den Mitarbeiter unterstützen, Entscheidungen über seine Arbeitsaufgabe zu treffen (z. B. Montageanleitungen). Assistenzsysteme auf Ausführungsebene stellen eine Unterstützung des Mitarbeiters bei seiner physischen Arbeitsaufgabe dar. Derartige Assistenz kann in einfachen Fällen beispielsweise durch einen Handgabelhubwagen bereitgestellt werden. Hoch entwickelte Systeme können durch Mensch-Roboter-Kooperationen realisiert werden.[619] Die Assistenzsysteme sind nachfolgend in Abbildung IV-12 vorgestellt.

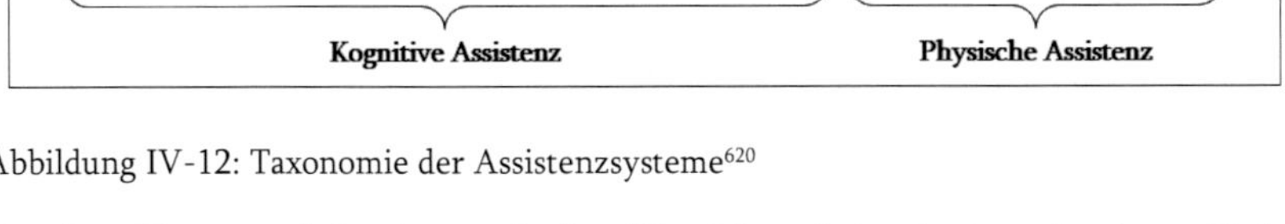

Abbildung IV-12: Taxonomie der Assistenzsysteme[620]

Vor dem Hintergrund des demografischen Wandels und des damit verbundenen Fachkräftemangels, welche in besonderem Maße den Beruf des Werkzeugmachers betreffen, ist die Gestaltung attraktiver und anforderungsgerechter Ausführungsassistenzsysteme umso

[614] Vgl. Becker (Arbeit in der Industrie 4.0), 2015, S. 25
[615] Vgl. Plasch et al. (Indutrial Assembly), 2020, S. 263 f.
[616] Vgl. Reinhart et al. (Der Mensch in der Produktion von Morgen), 2017, S. 57
[617] Vgl. Kapitel V.4.1
[618] Vgl. Dombrowski et al. (Werkerinformationssystem), 2010, S. 282
[619] Vgl. Reinhart et al. (Der Mensch in der Produktion von Morgen), 2017, S. 58
[620] I. A. a. Reinhart et al. (Der Mensch in der Produktion von Morgen), 2017, S. 57

bedeutender. Weiterhin bietet die Wertschöpfungsgestaltung durch digital vernetzte Hilfsmittel neue Möglichkeiten der Montageassistenz. Diese kann in Form **kognitiver Montageassistenz** und **physischer Montageassistenz** erfolgen. Die hergeleiteten Gestaltungselemente der digital vernetzten Montageassistenz sind in Abbildung IV-13 dargestellt.

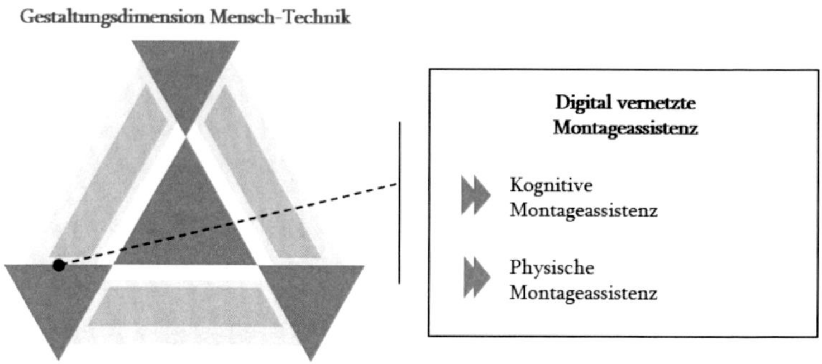

Abbildung IV-13: Gestaltungselemente – Digital vernetzte Montageassistenz[621]

IV.4.5 Gestaltungsdimension Organisation-Mensch

Zur nachhaltigen Verbesserung setzen Unternehmen das Konzept des kontinuierlichen Verbesserungsprozesses ein. Hierbei handelt es sich um ein der Lean Production entnommenes (Management-)Konzept, das als Zielsetzung die kontinuierliche Optimierung der Qualität von Produkten sowie technischen und organisatorischen Prozessen hat. Inkrementelle Verbesserungen sollen auf diese Weise langfristig zu Wettbewerbsvorteilen entwickelt werden.[622] Im Allgemeinen folgt der KVP einem PDCA-Zyklus, welcher exemplarisch in der folgenden Abbildung IV-14 dargestellt ist.

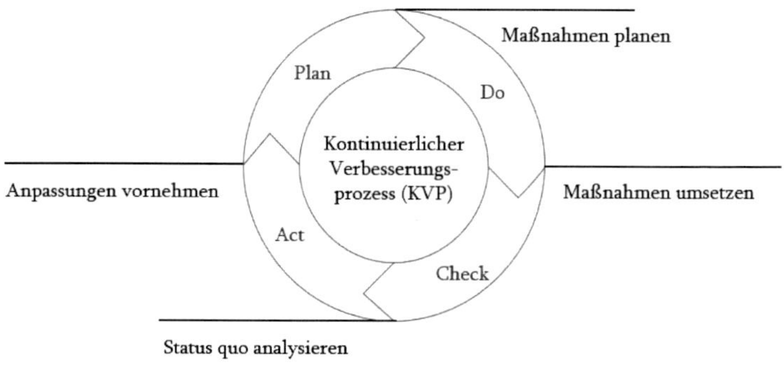

Abbildung IV-14: PDCA-Zyklus[623]

[621] Eigene Darstellung
[622] Vgl. Brunner (Japanische Erfolgskonzepte), 2017, S. 39 f.
[623] I. A. a. Deming (Out of the Crisis), 2000

In der Montage des Werkzeugbaus erfolgt eine solche Optimierung punktuell und situativ, aber nicht systematisch und kontinuierlich.[624] Daher adressiert das Gestaltungsfeld **Kontinuierliche Montageoptimierung** in der Gestaltungsdimension Organisation-Mensch die systematische organisationale Verbesserung durch die Mitarbeiter in der Montage.

Ein geringer Industrialisierungsgrad der Montage im Werkzeugbau wurde in Kapitel II.5 bereits ausführlich erläutert. Eine Auswertung der gemeinsamen Datenbank des WZL/IPT[625] zeigt, dass die Montage im Werkzeugbau eine geringe Daten- und Kennzahlenbasis aufweist, die eine kontinuierliche Evaluierung der Leistungsfähigkeit kaum zulassen. Daher ist es essenziell, durch die Möglichkeiten von automatisierter Datenaufnahme, -verarbeitung, -speicherung eine echtzeitnahe Kennzahlenbasis in der Montage des Werkzeugbaus zu realisieren. Daran anschließend müssen die Kennzahlen als Führungsinstrument etabliert und durch konkrete Maßnahmen ergänzt werden. Dies erfolgt im Gestaltungselement **Kennzahlenbasierte Mitarbeiterführung**.

Durch die Arbeitsteilung im Werkzeugbau in Gewerke und die damit verbundene Tatsache, dass Fertigungsungenauigkeiten in der Auftragsabwicklung entstehen und in Form von Fehlern häufig erst in der Montage – also in der Feinabstimmung der Werkzeugkomponenten – entdeckt werden können[626], ist eine Wissensrückführung von Informationen in die jeweiligen Gewerke notwendig. Allerdings sind es nicht nur Fehler, sondern Ideen zur Optimierung von Produkt, Prozess, Ressource oder Organisation. Aus dieser Anforderung heraus ergibt sich das Gestaltungselement **Gewerksübergreifende Wissensrückführung**. Das Gestaltungselement fokussiert einen vernetzten Wissensaustausch aus der Montage heraus mit am Werkzeugerstellungsprozess beteiligten Gewerken, um eine kontinuierliche Optimierung der Werkzeugerstellung herbeizuführen und diese an die Rahmenbedingungen des Unternehmens anzupassen.[627] Die hergeleiteten Gestaltungselemente des Gestaltungsfeldes Kontinuierliche Montageoptimierung sind in Abbildung IV-15 dargestellt.

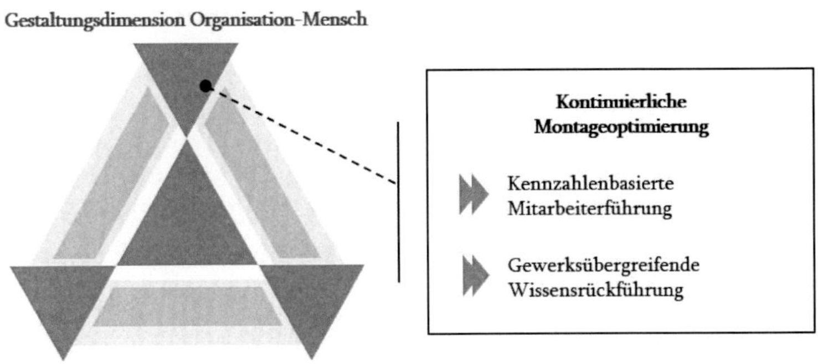

Abbildung IV-15: Gestaltungselemente – Kontinuierliche Montageoptimierung[628]

[624] Vgl. Boos et al. (Montage 4.0), 2017, S. 27 ff.
[625] Vgl. WZL/IPT (Datenbank Werkzeugbau), 2020
[626] Vgl. WZL/IPT (Datenbank Werkzeugbau), 2020
[627] I. A. a. Bhuiyan; Baghel (Continuous Improvement), 2005, S. 761 ff.
[628] Eigene Darstellung

IV.4.6 Gestaltungsdimension Technik-Organisation

Ein Werkzeug besteht aus einer Vielzahl von Werkzeugkomponenten[629], welche in der Montage präzise und mit geringen Fertigungstoleranzen zu Baugrupppen und final zu einem Werkzeug zusammengefügt werden müssen. 65 % der Werkzeuge bestehen aus mehr als 100 Werkzeugkomponenten. Die Anzahl der Werkzeugkomponenten je Werkzeug ist in Abbildung IV-16 dargestellt.

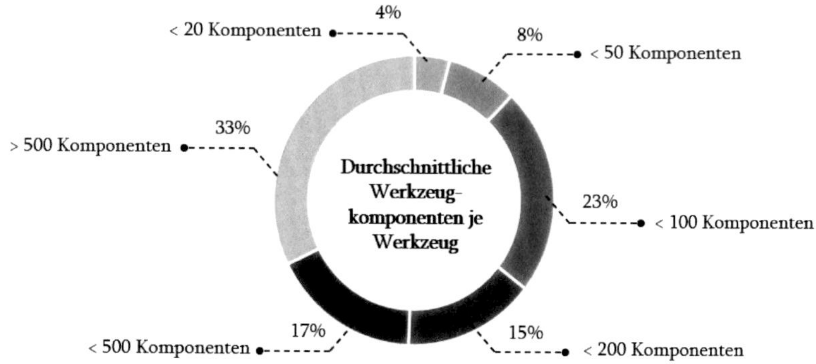

Abbildung IV-16: Durchschnittliche Anzahl an Werkzeugkomponenten je Werkzeug[630]

Die große Anzahl von Werkzeugkomponenten müssen zur Montage der Werkzeuge bedarfsgerecht und termintreu bereitgestellt werden. Dies betrifft sowohl intern als auch extern gefertigte Bauteile. Nach LOTTER & WIENDAHL werden diese Vorgänge als Materialbereitstellung bezeichnet.[631] Dies stellt im Werkzeugbau teilweise eine ähnliche Herausforderung dar wie der Montageablauf des Werkzeugs selbst. Eine Möglichkeit, diese Komplexität ressourceneffizient zu adressieren, kann mithilfe digitaler Technologien erfolgen. Das Gestaltungsfeld **Selbststeuernde Materialbereitstellung** ist in der Gestaltungsdimension Technik-Organisation als eine effiziente Möglichkeit zu verstehen, den Bauteiltransport in der Montage zu organisieren und mit den Umsetzungsmöglichkeiten von Industrie 4.0 zu realisieren.

Ziel dieses Gestaltungsfelds ist der Aufbau eines Systems, das die richtigen Werkzeugkomponenten zum richtigen Zeitpunkt am richtigen Ort für die Mitarbeiter zur Montage bereitstellt. Dies ist nur dann möglich, wenn die Bauteilverfügbarkeit echtzeitnah erfasst und dokumentiert wird. Im Gestaltungselement **Digitale Bauteilverwaltung** wird aufgezeigt, in welcher Form die zahlreichen Werkzeugkomponenten hinsichtlich des Bauteilstatus überwacht und dem Mitarbeiter visualisiert werden können.

Des Weiteren soll auf Basis der digitalen Bauteilverwaltung eine Möglichkeit zum Transport von Werkzeugbaugruppen und einzelnen Werkzeugkomponenten innerhalb der

[629] Werkzeugkomponenten und Bauteile werden synonym verwendet
[630] Vgl. WZL/IPT (Datenbank Werkzeugbau), 2020
[631] Vgl. Lotter; Wiendahl (Montage in der industriellen Produktion), 2006, S. 328

Montage sowie zwischen verschiedenen Prozessschritten unter minimalem Mitarbeitereinsatz erfolgen. Dazu eignet sich im Rahmen einer vernetzten adaptiven Montage insbesondere ein **fahrerloser Bauteiltransport**, welcher im gleichnamigen Gestaltungselement thematisiert wird. Die hergeleiteten Gestaltungselemente der selbststeuernden Materialbereitstellung werden in Abbildung IV-17 dargestellt.

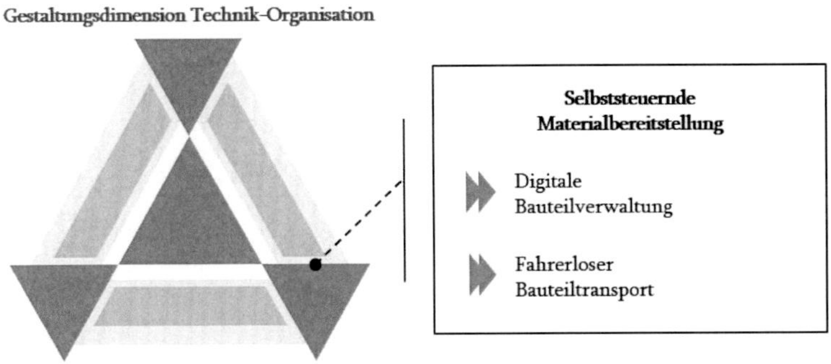

Abbildung IV-17: Gestaltungselemente – Selbststeuernde Materialbereitstellung[632]

IV.4.7 Gestaltungsdimension Mensch-Technik-Organisation

Die Vielzahl durchzuführender Montageaufgaben sowie die notwendige Reaktionsschnelligkeit bei Eilaufträgen[633] bei gleichzeitiger Einhaltung der Termintreue aller Montageaufträge verdeutlichen die Komplexität der Planung und Steuerung der Montage im Werkzeugbau. Erschwerend kommt die niedrige Informationstransparenz durch eine hohe Handwerklichkeit der Montage hinzu.[634] Eine Schlüsselrolle nimmt dabei der Meister/der Vorarbeiter ein, welcher mit seinem umfangreichen Erfahrungswissen die Abläufe der Montage manuell koordiniert und steuert.[635] Diese manuell und häufig nach Ermessen des Meisters durchgeführte Planung und Steuerung von Ressourcen und Auftragsreihenfolgen kann zukünftig durch digitale Technologien hochauflösend und in Echtzeit realisiert werden. Im Zuge der digitalen Vernetzung von Fertigungsressourcen sowie der zielgerichteten Weitergabe relevanter Informationen kann die Planung und Steuerung der Montage transparent dargestellt und damit die Komplexität reduziert werden. Gleichermaßen steigen die Anforderungen an die Mitarbeiter der Montage. Um diesen gerecht werden zu können, werden von den Mitarbeitern zukünftig neue Kompetenzen gefordert.[636]

Aus der Gestaltungsdimension Mensch-Technik-Organisation resultiert das Gestaltungsfeld **Intelligente Ressourcen- und Reihenfolgeplanung**, in der der Mitarbeiter durch die Analyse von planungs- und kompetenzbasierten Daten zu Montageaufgaben zugeteilt wird, die für seine individuelle Kompetenzentwicklung notwendig ist. Diese Form der Planung

---

[632] Eigene Darstellung

[633] In der Regel Reparatur-, teilweise Änderungs- und Instandhaltungsaufträge.

[634] Vgl. Boos (Erfolgreich Digital Vernetzen), 2016, S. 18

[635] Vgl. Boos et al. (Erfolgreich Planen im Werkzeugbau), 2015, S. 6

[636] Vgl. Kapitel IV.4.6

und Steuerung tangiert alle Dimensionen des Gestaltungsmodells für eine vernetzte adaptive Montage im Werkzeugbau und steht daher auch im Zentrum des Gestaltungsmodells.[637]

Nach BRANKAMP ist die Planung iterativ zu durchlaufen und basiert auf sich immer wieder verändernden Daten, die durch Störgrößen hervorgerufen werden. Auf Basis der Plandaten wird in einem Steuerungssystem die Ablaufplanung, also eine zeitliche und organisatorische Zuordnung von durchzuführenden Vorgängen zu entsprechenden Ressourcen, durchgeführt und in einem Ablaufplan festgehalten.[638] Abbildung IV-18 zeigt die grundsätzliche Struktur einer Produktionssteuerung mittels Ablaufplanung.

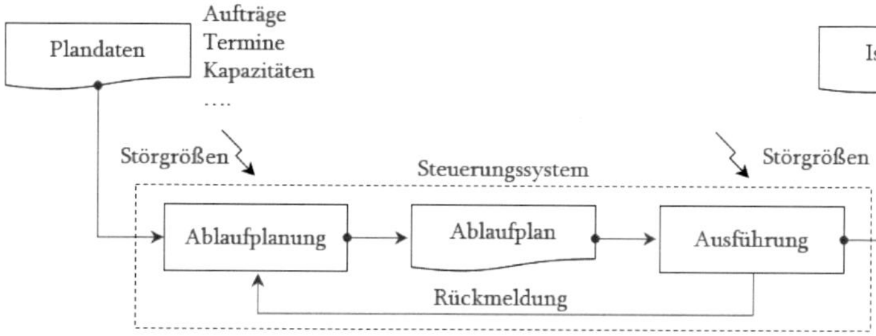

Abbildung IV-18: Struktur einer Produktionssteuerung mittels Ablaufplanung[639]

Grundvoraussetzung für die Umsetzung einer intelligenten Ressourcen- und Reihenfolgeplanung ist die **digitale Aufnahme planungsrelevanter Informationen**. Vor allem in der durch manuelle Tätigkeiten geprägten Montage sind Fortschritts- und Zustandsinformationen bezüglich der zu montierenden Werkzeuge aktuell nicht oder nur rudimentär vorhanden.[640] Insbesondere Mitarbeiterkapazitäten, Mitarbeiterkompetenzen und Montagebearbeitungsstände sind echtzeitnah notwendig und als Inputfaktoren für die intelligente Ressourcen- und Reihenfolgeplanung zu berücksichtigen.

Aufbauend auf den notwendigen planungsrelevanten Informationen müssen die Informationen in einer Planungslogik für eine intelligente Ressourcen- und Reihenfolgeplanung zusammengeführt werden. Einer Planungslogik folgend müssen Mitarbeiter unter Berücksichtigung von auftrags-, kapazitäts- und kompetenzspezifischen Rahmenbedingungen zu Montageaufgaben allokiert werden. Dies ist Inhalt des zweiten Gestaltungselements **Automatisierte Mitarbeiterallokation zu Montageaufgaben**. Die hergeleiteten Gestaltungselemente der intelligenten Ressourcen- und Reihenfolgeplanung sind in Abbildung IV-19 dargestellt.

[637] Vgl. Kapitel IV.4.7
[638] Vgl. Brankamp (Terminplanungssystem), 1973, S. 11
[639] I. A. a. Brankamp (Terminplanungssystem), 1973, S. 11
[640] Vgl. WZL/IPT (Datenbank Werkzeugbau), 2020

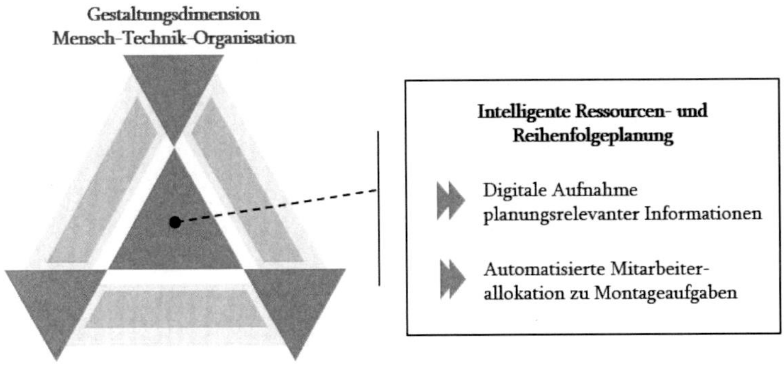

Abbildung IV-19: Gestaltungselemente – Intelligente Ressourcen- und Reihenfolge-planung[641]

IV.5 Synthese und kritische Reflektion des Gestaltungsmodells

Die Konzeption des Gestaltungsmodells einer vernetzten adaptiven Montage im Werkzeugbau mitsamt der Ableitung der Gestaltungsfelder sowie den Gestaltungselementen erfolgte vor dem Hintergrund der zu beantwortenden Forschungsfrage aus Kapitel IV.3:

Wie muss ein Gestaltungsmodell einer vernetzten adaptiven Montage im Werkzeugbau strukturiert und aufgebaut sein?

Das Gestaltungsmodell zur Beantwortung der Forschungsfrage wurde in Kapitel IV.3 aus den befähigenden Faktoren des Produktionssystems Montage[642] strukturiert. In den Kapiteln IV.1 bis IV.4.7 wurden die Gestaltungsfelder in den Gestaltungsdimensionen Organisation, Technik, Mensch, Mensch-Technik, Organisation-Mensch, Technik-Organisation und Mensch-Technik-Organisation hergeleitet und mit den Herausforderungen aus der Praxis zu einem Gestaltungsmodell für eine vernetzte adaptive Montage im Werkzeugbau aggregiert. Das Gestaltungsmodell ist in Abbildung IV-20 dargestellt.

[641] Eigene Darstellung
[642] Vgl. Kapitel IV.2

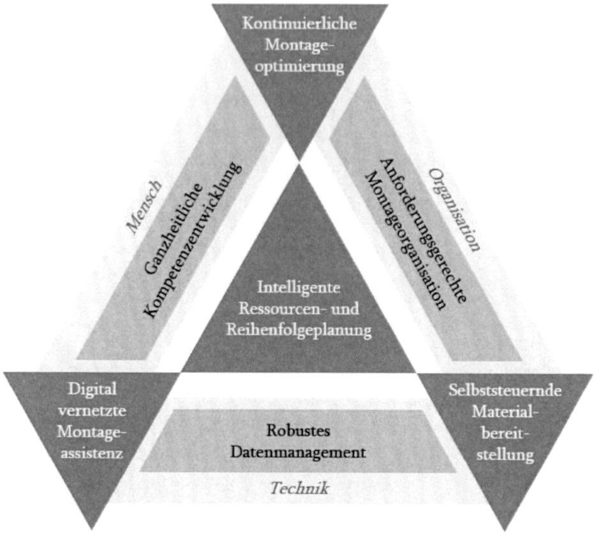

Abbildung IV-20: Gestaltungsmodell für eine vernetzte adaptive Montage im Werkzeugbau[643]

Nachfolgend muss überprüft werden, inwiefern die Anforderungskategorien mitsamt den Anforderungen aus Kapitel III.2 von dem Gestaltungsmodell einer vernetzten adaptiven Montage im Werkzeugbau erfüllt wurden.

Die **allgemeinen Anforderungen** werden durch die Anforderung Konkretheit und Praktikabilität und Wirtschaftlichkeit beschrieben. Das Gestaltungsmodell wurde aus den Dimensionen eines sozio-technischen Systems und eines Montagesystems hergeleitet sowie die Gestaltungsfelder daran ausgerichtet. Durch den logisch nachvollziehbaren Aufbau sowie die Abstimmung der Gestaltungsfelder und -elemente kann das Gestaltungsmodell als praktikabel und konkret bezeichnet werden. Weiterhin wurden alle Gestaltungselemente vor dem Hintergrund einer Aufwand-/Nutzenbewertung eruiert und können somit auch als wirtschaftlich bezeichnet werden. Die **branchenbezogenen Anforderungen** unterteilen sich in die Anforderungen Betrachtungsbereich sowie Unternehmensrandbedingungen. Das Gestaltungsmodell wurde für die Branche Werkzeugbau mit dem Fokus auf die Montage von Unikaten und Kleinserien entwickelt. Jedes Gestaltungsfeld fokussiert auf die Optimierung der Montage des Werkzeugs, sodass das Gestaltungsmodell einen sehr fokussierten Betrachtungsbereich aufweist. Darüber hinaus ist das Gestaltungsmodell durch die modulare Gestaltung an die Rahmenbedingungen der Unternehmen anpassbar und skalierbar. Neben der Erfüllung der Anforderung Betrachtungsbereich ist damit ebenfalls die Anforderung Unternehmensrandbedingungen erfüllt. Hinsichtlich der **montagebezogenen Anforderungen** ist ebenfalls eine vollständige Anforderungserfüllung gegeben. Das Gestaltungsfeld Anforderungsgerechte Montageorganisation definiert die Aufbau- und Ablauforganisation in der Montage und thematisiert die optimale Integration der Montage in den

[643] Eigene Darstellung

Auftragsabwicklungsprozess. Damit wird Bezug auf die Anforderung Organisationsgestaltung genommen. Das Gestaltungsfeld Robustes Datenmanagement ist die Ausgestaltung der Anforderung Datenmanagement mitsamt einer für die Montage notwendigen Datenmodellierung sowie einer Dateninfrastruktur. Diese dient zur Realisierung der Datenaufnahme, -speicherung, -analyse und -interpretation für Anwendungsfälle in der Montage. Ebenfalls wird die Anforderung Kompetenzmanagement durch das Gestaltungsfeld Ganzheitliche Kompetenzentwicklung und die Betrachtung der mitarbeiterindividuellen Kompetenzanalyse sowie des mitarbeiterzentrierten Kompetenzaufbaus aufgegriffen. Neben der ganzheitlichen Kompetenzentwicklung wurde die Anforderung Montageunterstützung an das Gestaltungsmodell gestellt. Dem trägt das Gestaltungsmodell durch kognitive und physische Assistenzsysteme im Gestaltungsfeld Digital vernetzte Montageassistenz Rechnung. Die Anforderung kontinuierliche Verbesserung und Wissensrückführung aus der Montage in andere Gewerke des Werkzeugbaus wird durch das Gestaltungsfeld Kontinuierliche Montageoptimierung beantwortet. Neben der kontinuierlichen Montageoptimierung fokussiert das Gestaltungsfeld Selbststeuernde Materialbereitstellung die Anforderung Bauteillogistik als einen weiteren essenziellen Bestandteil der vernetzten adaptiven Montage im Werkzeugbau. Das Gestaltungsfeld Intelligente Ressourcen- und Reihenfolgeplanung nimmt Bezug auf die Anforderung Planung und Steuerung mit einer integrierten Kompetenzentwicklung. Die Anforderungserfüllung durch das Gestaltungsmodell ist in der folgenden Abbildung IV-21 dargestellt.

Abbildung IV-21: Erfüllung des Anforderungssystems durch das Gestaltungsmodell[644]

[644] Eigene Darstellung

Das konzeptionierte Gestaltungsmodell für eine vernetzte adaptive Montage im Werkzeugbau erfüllt mithin alle zuvor definierten Anforderungen. Weiterhin lassen sich die Teilforschungsfragen beantworten:

Welche Gestaltungsfelder und -elemente lassen sich in den Dimensionen Organisation, Technik, Mensch identifizieren?

Welche Gestaltungsfelder lassen sich in den Schnittstellen der Dimensionen Mensch-Technik, Organisation-Mensch, Technik-Organisation und Mensch-Technik-Organisation identifizieren?

Abbildung IV-22 zeigt die Gestaltungsfelder mit den jeweiligen Gestaltungselementen des Gestaltungsmodells für eine vernetzte adaptive Montage im Werkzeugbau.

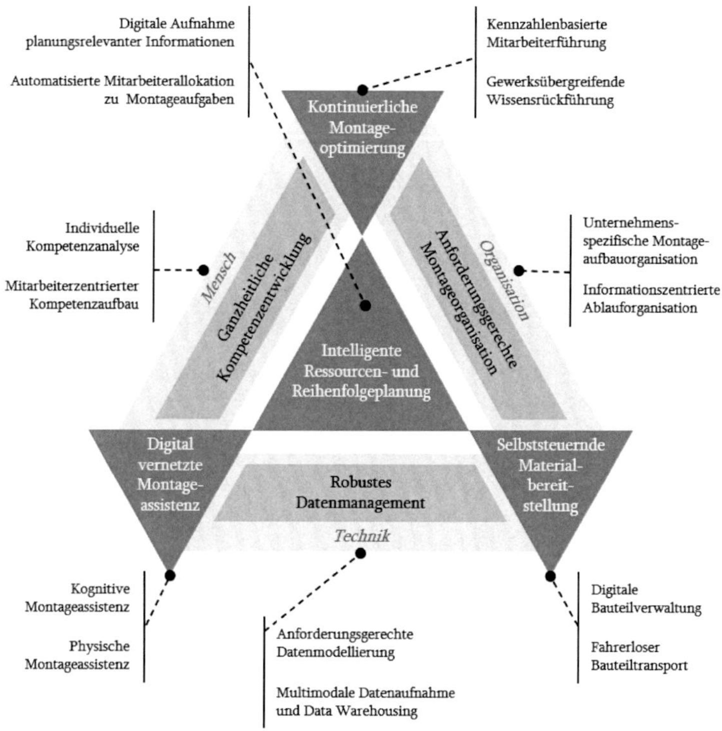

Abbildung IV-22: Übersicht der Gestaltungsfelder und -elemente einer vernetzten adaptiven Montage im Werkzeugbau[645]

[645] Eigene Darstellung

Nach Beantwortung der ersten Teilforschungsfragen müssen zwei weitere Teilforschungsfragen beantwortet werden:

Wie kann eine intensivere Vernetzung der Montage in den Auftragsabwicklungsprozess erreicht werden?

Eine intensivere Integration der Montage in den Auftragsabwicklungsprozess erfolgt durch die digitale Vernetzung. Auf Basis eines robusten Datenmanagements, der optimalen organisatorischen Eingliederung der Montage in den Auftragsabwicklungsprozess sowie des ganzheitlichen Kompetenzmanagements wird die Grundlage hierfür geschaffen. Mensch, Technik und Organisation werden in optimaler Art und Weise zur Sicherstellung der Vernetzung detailliert. Weiterhin wird durch digital vernetzte Montageassistenz in Abstimmung zur selbststeuernden Materialbereitstellung der Montageprozess unterstützt. Es erfolgt die Bereitstellung kontextbezogener und echtzeitnaher Informationen, welche die gemeinsame, gewerksübergreifende Problemlösung in Form kontinuierlicher Optimierung des Gewerks Montage forciert sowie die ganzheitliche Kompetenzentwicklung sowie die intelligente Ressourcen- und Reihenfolgeplanung, als zentrales Element einer vernetzten adaptiven Montage im Werkzeugbau, ermöglicht.

In welcher Form lässt sich die Eigenschaft der Adaptabilität in der Montage des Werkzeugbaus realisieren?

Den Kern des Gestaltungsmodells für eine vernetzte adaptive Montage im Werkzeugbau stellt die intelligente Ressourcen- und Reihenfolgeplanung dar. Diese verknüpft die weiteren Gestaltungselemente zur Realisierung der Adaptabilität in der Montage. Grundvoraussetzung für die Umsetzung einer intelligenten Ressourcen- und Reihenfolgeplanung ist eine ganzheitliche Kompetenzentwicklung basierend auf der Anwendung digital vernetzter cyber-physischer Systeme sowie einem robusten Datenmanagement für alle Gestaltungsfelder. Weiterhin wird durch selbststeuernde Materialbereitstellung die Bauteillogistik organisiert und entsprechend der intelligenten Ressourcen- und Reihenfolgeplanung realisiert. Erst durch die Verknüpfung der Gestaltungselemente besitzt die Montage die Eigenschaft der Adaptabilität.

V Detaillierung des Gestaltungsmodells

Im Rahmen des Kapitels IV wurde das Gestaltungsmodell für eine vernetzte adaptive Montage im Werkzeugbau hergeleitet. Im Kapitel V erfolgt die Detaillierung der zuvor definierten Gestaltungsfelder und -elemente in den Kapiteln V.1 bis V.7. Diese Detaillierung ist in Abbildung V-1 dargestellt.

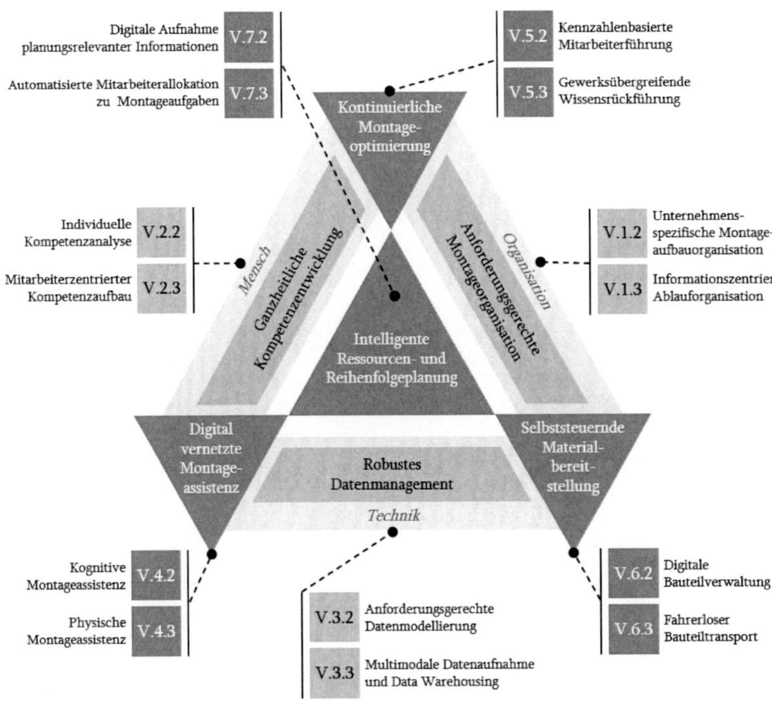

Abbildung V-1: Detaillierung der Gestaltungsfelder und -elemente einer vernetzten adaptiven Montage im Werkzeugbau[646]

Die Kapitel V.1 bis V.7 beginnen mit der Erläuterung thematisch zugehöriger wissenschaftlicher Grundlagen in Kapitel V.1.1-V.7.1 und werden entsprechend den in Kapitel III definierten Anforderungen an eine vernetzte adaptive Montage im Werkzeugbau detailliert. Am Ende des Kapitels erfolgt eine Beschreibung der Wechselwirkungen der Gestaltungsfelder.

[646] Eigene Darstellung

V.1 Anforderungsgerechte Montageorganisation

Das Gestaltungsfeld Anforderungsgerechte Montageorganisation wird durch die beiden Gestaltungselemente **Unternehmensspezifische Montageaufbauorganisation** sowie **Informationszentrierte Ablauforganisation** detailliert. Im Gestaltungselement Unternehmensspezifische Montageaufbauorganisation wird die optimale Kombination aus Arbeitsorganisation und Layoutform zur Realisierung einer vernetzten adaptiven Montage im Werkzeugbau evaluiert. Im Gestaltungselement Informationszentrierte Ablauforganisation wird die Montage informationstechnisch in die Auftragsabwicklung des Werkzeugbaus integriert sowie die zugrundeliegenden Informationsflüsse mit angrenzenden Gewerken definiert. Die Ziele der Gestaltungselemente sind in der Abbildung V-2 dargestellt.

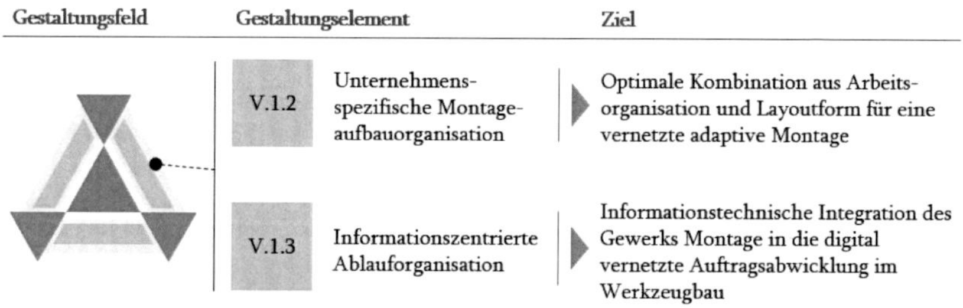

Abbildung V-2: Ziele der Gestaltungselemente – Anforderungsgerechte Montageorganisation[647]

V.1.1 Grundlagen Montageorganisation

Die Aufbauorganisation bezieht sich auf die Bildung von Aufgaben sowie deren Verteilung an Aufgabenträger. Aufgaben beschreiben die Verrichtung einer Tätigkeit an einem Objekt zur Erreichung eines definierten Ziels.[648] Zudem werden die Beziehungen zwischen den einzelnen Aufgabenträgern geregelt und damit das strukturelle Konstrukt zur Aufgabenerledigung definiert.[649] Voraussetzung der Definition einer Aufbauorganisation ist die Aufgabenanalyse.[650] Innerhalb der Aufgabenanalyse werden Tätigkeiten eines Unternehmens oder der Organisationseinheit gedanklich in verschiedene Teilaufgaben untergliedert, wobei Teilaufgaben anschließend erneut unterteilt werden können.[651] Erfolgt diese Gliederung nach sachlichen und technischen Gegebenheiten, so wird gewöhnlich unterschieden zwischen der Gliederung nach Verrichtungen, Objekten und örtlichen sowie räumlichen Gesichtspunkten.[652] Wendet man dies auf die Montage im Werkzeugbau an, wird die Aufbauorganisation durch die Organisationsform und die Layoutform festgelegt. Eine optimale

[647] Eigene Darstellung
[648] Vgl. Hub (Aufbauorganisation, Ablauforganisation), 1994, S. 11
[649] Vgl. Hub (Aufbauorganisation, Ablauforganisation), 1994, S. 5
[650] Vgl. Schmidt (Darstellungstechniken der Aufbau- und Ablauforganisation), 1982, S. 3
[651] Vgl. Hub (Aufbauorganisation, Ablauforganisation), 1994, S. 13
[652] Vgl. Blohm (Organisation, Information und Überwachung), 1977, S. 51

Kombination von Layoutform und Organisationsform kann allerdings immer nur unter Berücksichtigung der Rahmenbedingungen (bspw. Werkzeugtyp, Auftragsarten, Zielgrößen) eines Werkzeugbaubetriebs erfolgen.

Im Allgemeinen lassen sich die Layoutformen U-Layout, Insellayout, Flex-Layout und Linien-layout unterscheiden. Die Layoutformen sind in der Abbildung V-3 dargestellt.

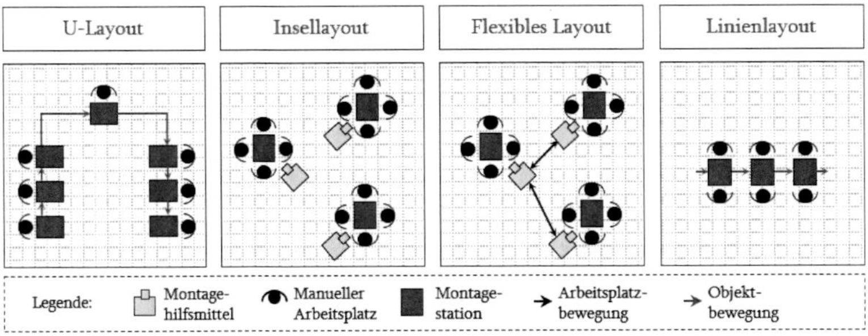

Abbildung V-3: Allgemeine Layoutformen in der Montage[653]

In einem U-Layout werden die Montagearbeitsplätze inklusive möglicher Montagemaschinen gemäß ihrer Reihenfolge der Montageoperationen angeordnet.[654] Der Anfang und das Ende der U-Form sind räumlich auf einer Höhe, um im Sinne des Pull-Prinzips erst nach Fertigstellung einer Einheit eine neue Einheit zu beginnen.[655] Die Anzahl der Arbeitsplätze kann beliebig gewählt werden. Das Prinzip der U-Form stellt dazu den ständigen Sichtkontakt der Mitarbeiter sicher, um im Störfall gegenseitige Unterstützung für die Fehler- und Ursachenbehebung anzufordern.[656]

Ein Insellayout basiert auf der Idee der Gruppenmontage, in der weitestgehend autonome Montageeinheiten nebeneinander existieren. Solche Montageeinheiten werden auch als Montageinseln bezeichnet und sind hinsichtlich maschineller und personeller Besetzung sowie in der Verkettung frei gestaltbar.[657] Diese Layoutform eignet sich für die Montage bei einer hohen Anzahl an Produktvarianten.[658]

In einem Flex-Layout (Flexibles Layout) können Bauteile und Baugruppen in verschiedenen Varianten zusammengebaut werden. Für flexible Montagekonzepte werden leicht transportierbare, nicht-ortsgebundene Montageanlagen sowie unter Umständen transportier- und programmierbare Roboter eingesetzt.[659] Diese Anlagen werden in ein bestehendes Layout zwischengeschaltet, um eine Steigerung der Flexibilität des ursprünglichen Layouts zu erreichen. Ziel dieser Layoutform ist eine schnellere Reaktion auf Stückzahländerungen und Auftragsschwankungen.[660]

---

[653] Eigene Darstellung
[654] Vgl. Konold; Reger (Praxis der Montagetechnik), 2003, S. 39 f.
[655] Vgl. Dombrowski; Mielke (Ganzheitliche Produktionssysteme), 2015, S. 111
[656] Vgl. Gienke et al. (Handbuch Produktion), 2007, S. 80
[657] Vgl. WZL/IPT (Datenbank Werkzeugbau), 2020
[658] Vgl. Westkämper (Montageplanung), 2001, S. 101
[659] Vgl. Pawellek (Ganzheitliche Fabrikplanung), 2014, S. 250 und S. 310
[660] Vgl. Feldmann et al. (Montage strategisch ausrichten), 2004, S. 6

In einem Linienlayout sind die Montagestationen in einer linearen Anordnung aneinandergereiht. Die Montagestationen sind in der Regel direkt miteinander verbunden und werden über manuelle oder automatische Materialflusssysteme mit Material versorgt. Nach Durchlaufen aller Montagestationen werden die Bauteile oder -gruppen aus dem Materialflusssystem entnommen und zum Abtransport bereitgestellt. In Abhängigkeit der Baugruppe und -teile kann die Linienmontage um Abzweigungen, Alternativ- und Parallelplätze sowie Zusammenführungen erweitert werden.[661]

Neben den Layoutformen sind die Organisationsformen für die Aufbauorganisation entscheidend. Stellgrößen sind sowohl die Beweglichkeit der Montageobjekte als auch die Beweglichkeit der Arbeitsplätze. Im Allgemeinen lassen sich Organisationsformen nach dem Verrichtungs- und dem Fließprinzip unterscheiden. Eine Übersicht der Organisationsformen ist in Abbildung V-4 dargestellt.

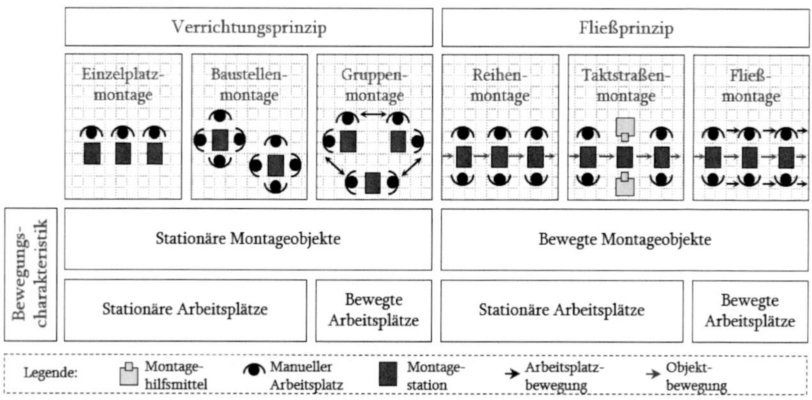

Abbildung V-4: Allgemeine Organisationsformen in der Montage[662]

In der Einzelplatzmontage erfolgt die vollständige Montage eines Erzeugnisses an einem ortsgebundenen Montageplatz mit stationären Montageobjekten.[663] Die Baustellenmontage stellt eine Sonderform der Einzelplatzmontage dar. Wesentliches Merkmal der Baustellenmontage ist, dass der Ort der Montage durch das stationäre Montageobjekt bestimmt wird, während bei der Einzelplatzmontage die stationären Potenzialfaktoren (bspw. Arbeitskräfte und Betriebsmittel) den Montageort vorgeben.[664] Bei der Gruppenmontage arbeiten sich bewegende Mitarbeiter an stationären Montageobjekten. Dabei kann ein Wechsel der Arbeitsplätze entweder per festgelegter Taktzeit oder aber aperiodisch erfolgen.[665]

Die Reihenmontage ist gekennzeichnet durch bewegte Montageobjekte, während die Arbeitsplätze ortsfest sind. Dabei erfolgt die Bewegung der Montageobjekte nicht unter Takt-

[661] Vgl. Lotter; Wiendahl (Montage in der industriellen Produktion), 2006, S. 102 f.
[662] Vgl. Eversheim (Organisation in der Produktionstechnik), 1989, S. 168 und S. 176
[663] Vgl. Warnecke (Der Produktionsbetrieb 2), 1995, S. 44
[664] Vgl. Petersen (Organisationsformen der Montage), 2005, S. 125
[665] Vgl. Eversheim (Organisation in der Produktionstechnik), 1989, S. 175

zwang, wodurch einzelne Montagearbeitsplätze bei Bedarf übersprungen werden können.[666] Die Taktstraßenmontage erfolgt im Vergleich zur Reihenmontage unter fest definierten Taktzeiten, wobei häufig mechanisierte Montageeinrichtungen zum Einsatz kommen.[667] Die Fließmontage kennzeichnet sowohl die Bewegung von Montageobjekten als auch von Arbeitsplätzen. Es bewegen sich Mitarbeiter und Betriebsmittel innerhalb einer räumlich begrenzten Teilstrecke intervallartig für die Dauer eines Montagevorgangs synchron zum Materialfluss und anschließend wieder zurück zum Ausgangspunkt.[668]

V.1.2 Unternehmensspezifische Montageaufbauorganisation

Das Ziel der unternehmensspezifischen Montageaufbauorganisation im Werkzeugbau ist es, die für die Montage geeignete Kombination aus Arbeitsorganisation und Layoutform zu bestimmen und damit eine optimale Aufbauorganisation vor dem Hintergrund der vernetzten adaptiven Montage im Werkzeugbau zu definieren. Neben den Auftragsarten sind es die Charakteristika der Werkzeuge bzw. die Werkzeugindividualität, bestehend aus Werkzeuggröße, -gewicht, -art und -komplexität, welche die Layout- und Organisationsform, und damit die Aufbauorganisation, in der Montage beeinflussen. In der Literatur existieren, wie im vorherigen Kapitel V.1.1 vorgestellt, die Layoutformen U-Layout, Insellayout, flexibles Layout und Linenlayout sowie die Organisationsformen Einzelplatz-, Baustellen-, Gruppen-, Reihen-, Taktstraßen- und Fließmontage. Welche Kombination aus Layout- und Organisationsform sich optimal eignet, ist vor dem Hintergrund unternehmensspezifischer Randbedingungen zu evaluieren. Es existieren jedoch Kriterien, welche für die Montage der Branche Werkzeugbau gelten.

Werkzeuge werden in der Regel in einer Einzel- oder Kleinserie hergestellt. Aus dieser Tatsache abgeleitet werden bereits Organisationsformen, welche dem Fließprinzip folgen, für die Werkzeugmontage größtenteils ausgeschlossen. Fehlende wiederholende Montagetätigkeiten sind der Grund für eine aufwendige und nicht zielführende Arbeitsteilung im Sinne der Fließmontage. Daraus ergibt sich weiterhin, dass sich ein Layout in Form der Inselmontage und in Form eines flexiblen Layouts, welche Flexibilität in Bezug auf die Werkzeugindividualität gewährleisten, eignen. Weiterhin sollten die Werkzeuge aus Gründen der Ergonomie und der Effizienz gut zugänglich sein. Dies ist sowohl im Insellayout als auch im flexiblen Layout unter effizienter Platzausnutzung gegeben. Eine Vielzahl von gleichzeitig zu montierenden und demontierenden Werkzeugen ist in einem flexiblen Layout, in dem die Montagestationen frequent bewegt werden müssen, mit einem unübersichtlichen und hohen Logistikaufwand verbunden. Daher ist für eine vernetzte adaptive Montage im Werkzeugbau das Insellayout in Verbindung mit dem Verrichtungsprinzip folgenden Montageorganisationsformen gut geeignet. Abbildung V-5 zeigt eine Matrix hinsichtlich der optimalen Kombination von Layout- und Organisationsform.

[666] Vgl. Eversheim (Organisation in der Produktionstechnik), 1989, S. 176
[667] Vgl. Eversheim (Organisation in der Produktionstechnik), 1989, S. 176
[668] Vgl. Petersen (Organisationsformen der Montage), 2005, S. 122 f.

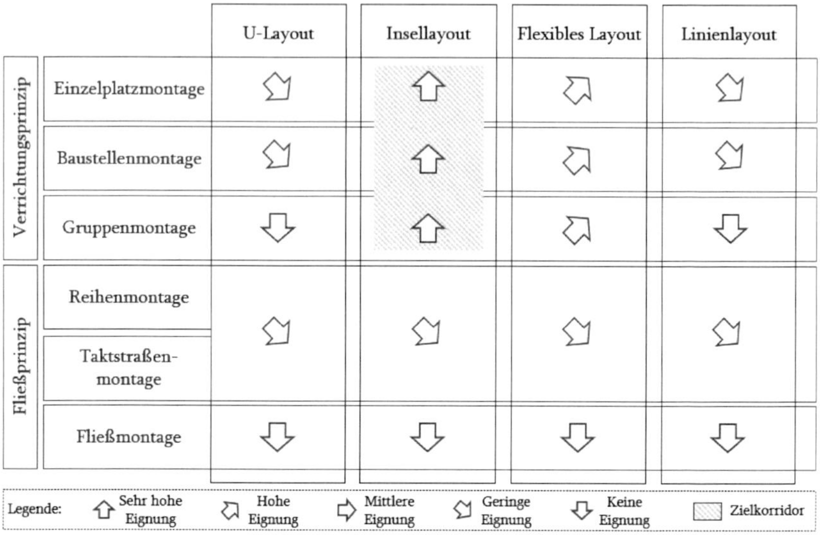

Abbildung V-5: Exemplarische Auswahl der Organisations- und Layoutform für eine vernetzte adaptive Montage[669]

Welche dem Verrichtungsprinzip folgende Layoutform[670] die beste Eignung aufweist, kann nicht pauschal beantwortet werden, da Werkzeugart und -komplexität einen signifikanten Einfluss darauf haben und die Organisationsform festlegen. Dennoch lässt sich durch eine Segmentierung von Montagebereichen eine optimierte und anforderungsgerechte Ausrichtung der Organisations- und Layoutform für die Verschiedenartigkeit von Werkzeugart und -komplexität schaffen. Eine Segmentierung kann sowohl virtuell als auch physisch erfolgen. Im Falle einer virtuellen Segmentierung findet keine räumliche Teilung von Ressourcen oder Segmenten statt. Eine physische Segmentierung hingegen erzielt eine Unterteilung der Montage in verschiedene Segmente, sodass „jedes Segment über eigene Fertigungs- und Personalressourcen verfügt“[671]. Dabei werden die Segmente teilweise oder vollständig eigenständig betrachtet und optimiert. Kriterien zur Segmentierung können einerseits die Auftragsarten (planbar – unplanbar) oder andererseits die Werkzeugindividualität (gering – hoch) sein. In Abbildung V-6 werden diese anhand von Reglern dargestellt. Die aufgeführten Regler sollen verdeutlichen, dass je nach Ausprägung das Layout in der vernetzten adaptiven Montage im Werkzeugbau anforderungsgerecht angepasst werden kann.

---

[669] Eigene Darstellung
[670] Vgl. Zielkorridor in Abbildung V-5
[671] Boos et al. (Erfolgreich Fokussieren und Segmentieren), 2019, S. 18

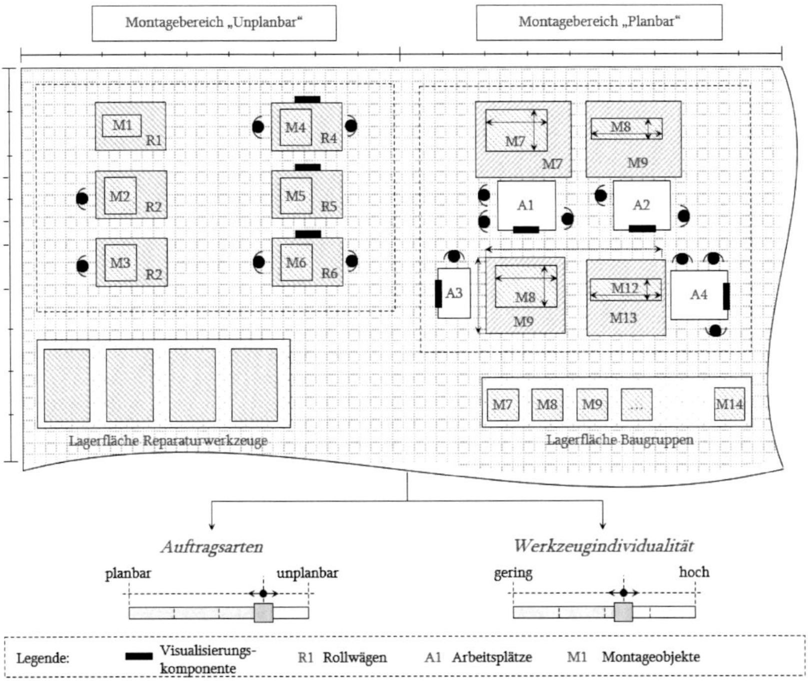

Abbildung V-6: Exemplarisch segmentierte Montageaufbauorganisation in einer vernetzten adaptiven Montage[672]

In der exemplarischen Darstellung findet die Unterteilung der Montagebreiche „Unplanbar" und „Planbar" statt. Für das unplanbare Segment, in welchem kurzfristige Reparatur-, Änderungs- oder Instandhaltungsaufträge bearbeitet werden, sollte die Ablauforganisation flexibel ausgelegt werden. Weil Reparatur-, Änderungs- oder Instandhaltungsaufträge meist in höherer Anzahl im Vergleich zu Neuwerkzeugaufträgen in der Montage stattfinden,[673] muss dies in der Aufbauorganisation berücksichtigt werden. Bei den genannten Aufträgen kommt es teilweise zu Werkzeugsäuberungen, Oberflächenbearbeitungen, Bauteilkorrekturen, Bauteilerneuerungen oder gar der Demontage des gesamten Werkzeugs. Für Bearbeitungen hinsichtlich der Werkzeugsäuberung, der Oberflächenbearbeitung oder leichter Bauteilkorrekturen müssen Montagestationen meist nicht beweglich sein. Bei Montageaufgaben hinsichtlich komplexerer Bauteilkorrekturen, -erneuerungen oder kompletten Demontagen sollten die Werkzeuge von der Montagefläche bewegt werden, um die Montagefläche für weitere Montagevorgänge verfügbar zu machen.[674] In diesen Fällen werden Bauteile in der mechanischen Fertigung hergestellt und erst nach Fertigstellung wieder montiert. In dieser Zeit kann der Monteur bereits eine neue Montageaufgabe realisieren.

---

672 Eigene Darstellung
673 Vgl. Kapitel II.4.6
674 Eine Beweglichkeit der Montageobjekte entsprechend einem Fließprinzip ist damit nicht gemeint.

Das planbare Segment beinhaltet hauptsächlich Neuwerkzeugaufträge, welche einen größeren Planungsvorlauf aufweisen und daher die flexiblen und schnellen Änderungen nur sehr selten notwendig machen. Vielmehr ist die Neuwerkzeugmontage systematisch realisierbar. Die Montage von Neuwerkzeugaufträgen kann je nach Bedarf in eine Vormontage und eine Endmontage unterteilt werden. In die Vormontage fallen in der Regel Montagearbeiten zum Werkzeuggrundgerüst bzw. dem Werkzeugaufbau. Die Vormontage ist insbesondere dann sinnvoll, wenn die Bauteile zum Werkzeugaufbau extern beschafft und montiert werden können. In der Endmontage erfolgt die Montage intern gefertigter Bauteile mit dem Werkzeugaufbau. Intern gefertigte Bauteile aus der mechanischen Fertigung oder von externen Lieferanten sollten bereits in Baugruppen sortiert und im Lager aufbewahrt werden. Durch die Verwendung von Montageampeln[675] kann der Mitarbeiter in der Montage die Verfügbarkeit der entsprechenden Baugruppen einsehen. Eine entsprechende digitale Vernetzung der Gewerke mit der Montage ist dahingehend essenziell.

Die Durchlaufzeit von Neuwerkzeugen ist in der Montage in der Regel merklich länger als die der Reparatur-, Änderungs- oder Instandhaltungsaufträge.[676] Eine Montage sollte erst gestartet werden, wenn entscheidende Baugruppen mitsamt aller Bauteile verfügbar sind. Hier sollte an feststehenden Montageinseln vom Montageteam gearbeitet werden. Grundsätzlich sind Montageaufgaben unabhängig des Auftragstyps allein oder im Team realisierbar. Im Sinne der Mitarbeiterqualifizierung kann eine entsprechende Teamzusammenstellung sinnvoll sein.[677] Über Visualisierungskomponenten, bestehend aus CAD-Viewern und dem digitalen Montageboard[678], lassen sich alle notwendigen Informationen abrufen, die wiederum für den eigentlichen Montagevorgang notwendig sind.

V.1.3 Informationszentrierte Ablauforganisation

In einer vernetzten adaptiven Montage im Werkzeugbau ist der reine Montagevorgang durch eine intelligente Ressourcen- und Reihenfolgeplanung[679] vorgegeben. Eine detaillierte Ablaufplanung der Montage des Werkzeugs liegt zu großen Teilen im Ermessen des Montagemitarbeiters und erfolgt meist unter Zuhilfenahme von CAD-Modellen. Eine weitere Detaillierung ist bezogen auf die Nutzen-/Aufwandbetrachtung nicht abbildbar. Neben dem Montageprozess und der Trennung unterschiedlicher Segmente ist aufgrund der Stellung der Montage im Auftragsabwicklungsprozess insbesondere die gewerkübergreifende Interaktion zu modellieren und zielgerichteter auszulegen. Die Modellierung von Prozessen dient der Darstellung von Ist-Prozessen und bereitet auf die Neu- bzw. Umgestaltung in Form eines Soll-Prozesses vor. Gestaltungsunterstützende Modellierungen differenzieren sich von einfachen Modellierungen durch die Einbeziehung lediglich solcher Prozesse, die für die anschließende Gestaltung relevant sind.[680] Aixperanto, als relevante Modellierungssprache, wurde am Werkzeugmaschinenlabor WZL der RWTH Aachen entwickelt. Zur Prozessmodellierung mit der Modellierungssprache Aixperanto greift man auf einen Prozessplan, unterteilt in Swimlanes (dt. Schwimmbahnen), zurück.

---

[675] Vgl. Kapitel V.6.2
[676] Vgl. WZL/IPT (Datenbank Werkzeugbau), 2020
[677] Vgl. Kapitel V.7
[678] Vgl. Kapitel V.3
[679] Vgl. Kapitel V.7
[680] Vgl. Kuhlmann (Gestaltung von Geschäftsprozessen), 2013, S. 114

Die Swimlanes repräsentieren alle am Prozess beteiligte Gewerke – intern wie extern.[681] Prozesskarten, als weiteres Element, stellen Teilschritte zur Erfüllung der Auftragsabwicklung dar. In der Modellierung enthalten Prozesskarten Informationen zur Organisation, zur Systemunterstützung, zur Tätigkeit und zu verwendeten Dokumenten des Prozessschritts. Dies ist insbesondere für eine vernetzte adaptive Montage im Werkzeugbau relevant, da dies die Grundstuktur von Kommunikation und Montageprozessen vorgibt. Nachfolgend sind die Informationsströme mit den übrigen Gewerken in einer exemplarischen Soll-Darstellung in Abbildung V-7 dargestellt.

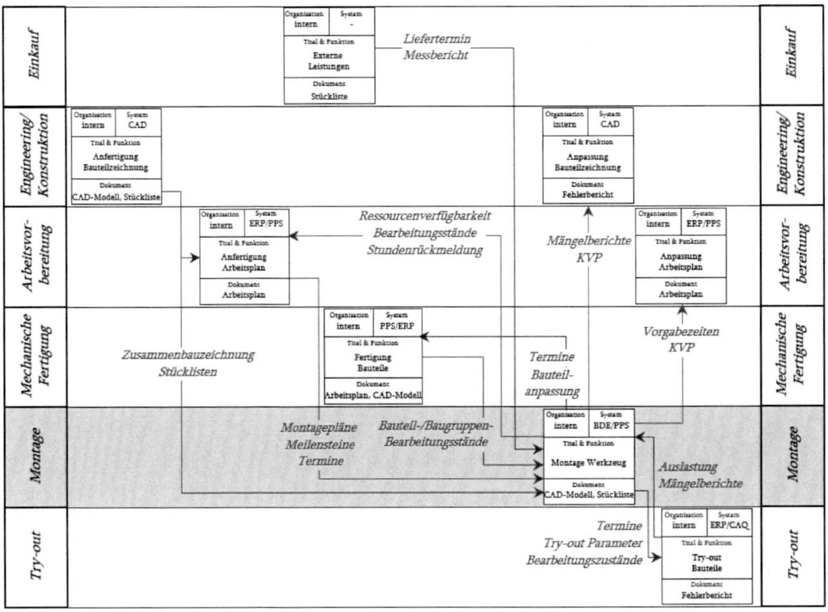

Abbildung V-7: Exemplarische Soll-Modellierung der Informationsströme in einer vernetzten adaptiven Montage[682]

Die durchschnittliche Wertschöpfungstiefe[683] eines deutschsprachigen Werkzeugbaubetriebs liegt bei 72,4 %.[684] Dies zeigt, dass ein signifikanter Anteil an Werkzeugkomponenten extern beschafft wird, welcher in der Montage mit den intern gefertigten Bauteilen aggregiert werden muss. Dazu sind Liefertermine und Messberichte (falls keine Norm- oder C-Teile) durch externe Lieferanten dem **Einkauf** oder direkt der Montage im Werkzeugbau bereitzustellen.

---

[681] Vgl. Schuh (Lean Innovation), 2013, S. 150 f.

[682] Eigene Darstellung

[683] Wertschöpfungstiefe = (Werkzeugkosten-Materialkosten-Fremdleistungskosten) / Werkzeugkosten.

[684] Vgl. WZL/IPT (Datenbank Werkzeugbau), 2020

In einer vernetzten adaptiven Montage im Werkzeugbau werden von der Konstruktion montagerelevante Informationen in Form der Zusammenbauzeichnung digital übergeben. In Verbindung mit der Zusammenbauzeichnung muss die Übermittlung einer Stückliste erfolgen, auf Grundlage derer die Mitarbeiter die Vollständigkeit der zu verbauenden Werkzeugkomponenten sicherstellen können. Weiterhin müssen bauteilspezifische Besonderheiten (z. B. Toleranzen, Oberflächengüten) der Montage zugänglich gemacht werden. Eventuelle Fehler- und Optimierungspotenziale, welche sich aus der Montage der Bauteile ergeben, müssen darüber hinaus durch die Montage an das **Engineering/Konstruktion** im Sinne eines kontinuierlichen Verbesserungsprozesses (KVP)[685], z. B. zur montagegerechten Konstruktion, zurückgeführt werden.

In einer vernetzten adaptiven Montage müssen Informationen in Echtzeit ausgetauscht werden. Die zentrale Stellung der Montage im Leistungserstellungsprozess, aber auch die Forderung nach der Vernetzung aller Bereiche im Werkzeugbau im Sinne von Industrie 4.0, erfordert eine Übermittlung von Terminen, Meilensteinen und Montageplänen.[686] Aus der Montage müssen der **Arbeitsvorbereitung** Informationen zu Ressourcenverfügbarkeiten, Bearbeitungsständen und Rückmeldungen zugänglich gemacht werden. Äquivalent dem Engineering/der Konstruktion sind Mängelberichte im Sinne eines KVP zurückzumelden.

Für die Montage des Werkzeugbaus sind die Informationen aus der Fertigung von großer Bedeutung. Insbesondere Bearbeitungszustände von Bauteil- und Baugruppen sind die Informationen, die eine Planung der Montage in Echtzeit ermöglichen. Umgekehrt muss auch die Montage relevante Informationen an die **mechanische Fertigung** übergeben. Bei auftretenden bauteil- oder baugruppenspezifischen Fehlern, die entweder die Montage behindern oder Werkzeugfunktionen einschränken und auf die mechanische Fertigung zurückzuführen sind, ist eine Rückführung von Bauteilneuanfertigungen mitsamt aller relevanten Informationen zu Terminen an die Fertigung unerlässlich.

In der Interaktion zwischen der Montage und dem **Try-out** sollen in erster Linie Informationen zu Werkzeugfehlfunktionen oder Bauteilabweichungen ausgetauscht werden. Diese werden aktuell häufig durch analoge Fehler- und Mängelberichte dokumentiert. Häufig findet die Informationsweitergabe auch lediglich verbal statt. In einer vernetzten adaptiven Montage des Werkzeugbaus sollten diese digital kategorisiert werden, sodass eine nachfolgende Auswertung mit nachgelagerter nachhaltiger Fehlervermeidung ermöglicht wird. Weitere wichtige Informationen sind die Bearbeitungsstände und Fertigstellungstermine der Montage sowie die Informationen zu Einstellparametern, um den Try-out durchführen zu können. Aus dem Try-out heraus sollen Auslastung und Mängelberichte an die Montage gegeben werden.

V.2 Robustes Datenmanagement

Das Gestaltungsfeld Robustes Datenmanagement wird durch die beiden Gestaltungselemente **Anforderungsgerechte Datenmodellierung** sowie **Multimodale Datenaufnahme**

[685] Vgl. Kapitel V.5.3
[686] Vgl. Kapitel II.4.6

und Data Warehousing detailliert. Im Gestaltungselement Anforderungsgerechte Datenmodellierung wird ein Datenmodell mithilfe einer Modellierungssprache erstellt, welche Grundlage für das Funktionieren des gesamten Gestaltungsmodells ist. Im Gestaltungselement Multimodale Datenaufnahme und Data Warehousing werden die Möglichkeiten der Aufnahme und Speicherung von Daten in der Montage diskutiert und infrastrukturell eingebunden. Die Ziele der Gestaltungselemente sind in der Abbildung V-8 dargestellt.

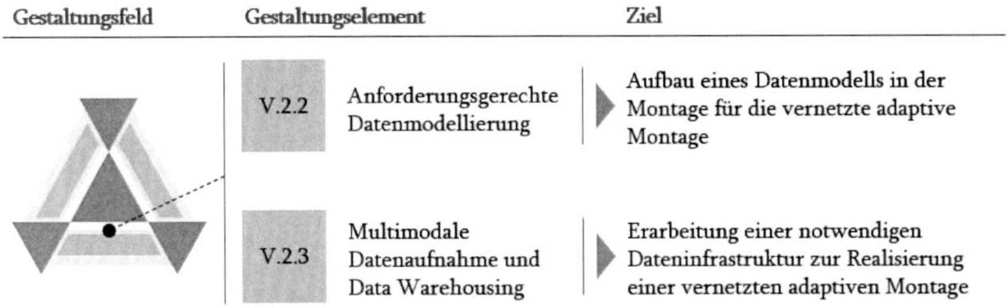

Abbildung V-8: Ziele der Gestaltungselemente – Robustes Datenmanagements[687]

V.2.1 Grundlagen Datenmanagement

Daten sind in ihrer Grundform Zeichen, Symbole und Buchstaben, welche erst durch einen Kontext Bedeutung bekommen. Durch die Verknüpfung der Daten mit zusätzlichem Kontext kann bereits von einer Information gesprochen werden. Weiterhin lassen sich verschiedene Informationen zu Wissen aggregieren.[688] Der Zusammenhang zwischen Daten, Informationen und Wissen ist in der Abbildung V-9 dargestellt.

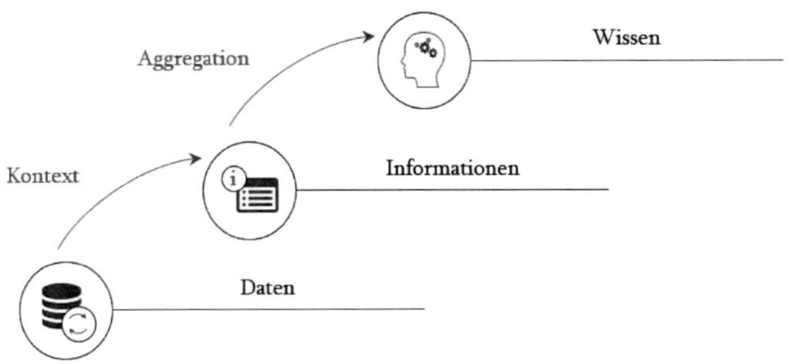

Abbildung V-9: Zusammenhang von Daten, Informationen und Wissen[689]

687 Eigene Darstellung
688 Vgl. Rehäuser; Krcmar (Wissensmanagement in Unternehmen), 1996, S. 3
689 Vgl. Müller; Lenz (Business Intelligence), 2013, S. 78

Daten können in verschiedenen Formaten vorliegen. Solche Formattypen sind Textdokumente, Zeitreihen, Graphen oder Ähnliches.[690] Abbildung V-10 gibt eine Übersicht über gebräuchliche Formattypen.

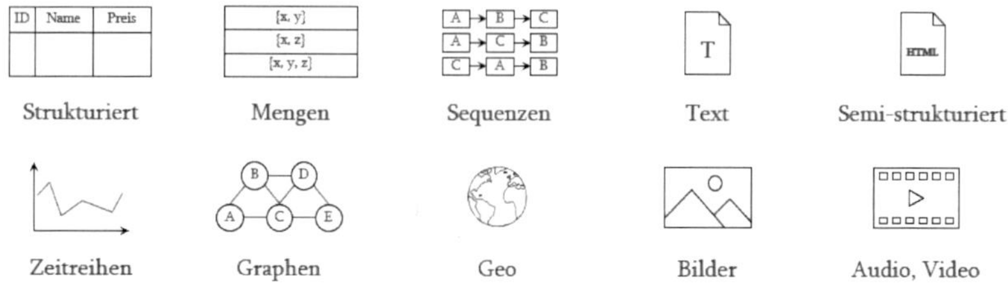

Abbildung V-10: Formattypen von Daten[691]

Grundsätzlich dienen Daten im Kontext der Produktion der Beschreibung von Aktivitäten, welche mithilfe von physikalischen Größen angegeben werden.[692] Diese können sowohl analog als auch digital vorliegen.[693] Reale Signale der Mess-, Steuer- und Regelungstechnik, und somit auch Signale aus der Produktion, sind zunächst immer analog und müssen zur informationstechnischen Verarbeitung in eine digitale Größe umgewandelt werden.[694] Zuerst wird eine physikalische Messgröße durch einen Sensor erfasst, der ein elektrisches Messsignal erzeugt und weitergibt. Dieses stellt die Zeitfunktion einer physikalischen Größe und ihren Wertverlauf durch einen sogenannten Informationsparameter dar.[695] Die resultierende Amplitudenänderung des Signals ist entscheidend für Rückschlüsse auf die aufgenommene physikalische Größe.[696] Das Signal wird im nächsten Schritt konditioniert, also verstärkt und an technische Vorgaben angepasst.[697] Als letzter Schritt erfolgt die Umwandlung des analogen Signals in ein digitales Signal. Dies wird meist durch einen A/D-Wandler realisiert.[698] Somit liegt am Ende der Aktivitätenerfassung ein digitaler Wert der gemessenen physikalischen Größe vor, der zur weiteren Datenverarbeitung verwendet werden kann.[699] Nach der Datenaufnahme folgt die Datenspeicherung. Das Speichern von Daten erfolgt im Unternehmenskontext mit Hilfe von Datenbanksystemen, welche in verschiedenen Formen vorliegen und je nach Anwendungsfall ausgewählt werden müssen.[700] Je nach Zugriffsart, -geschwindigkeit sowie Datenablage existieren verschiedene Datenbankmodelle und -konzepte.[701] Traditionelle Datenbanksysteme sind meist derart konzipiert, dass diese den täglichen Betrieb eines Unternehmens unterstützen, indem sie einen

690 Vgl. Müller; Lenz (Business Intelligence), 2013, S. 78
691 Vgl. Müller; Lenz (Business Intelligence), 2013, S. 78
692 Vgl. Parthier (Messtechnik), 2016, S. 2
693 Vgl. Meyer (Signalverarbeitung), 2009, S. 14 f.
694 Vgl. Karrenberg (Signale - Prozesse - Systeme), 2017, S. 277 ff.
695 Vgl. Beucher (Signale und Systeme: Theorie, Simulation, Anwendung), 2015, S. 16
696 Vgl. Fricke (Digitaltechnik), 2014., S. 1 f.
697 Vgl. Parthier (Messtechnik), 2016, S. 160
698 Vgl. Karrenberg (Signale - Prozesse - Systeme), 2017, S. 279
699 Vgl. Plaßmann (Handbuch Elektrotechnik), 2009, S. 441
700 Vgl. Ottmann; Widmayer (Algorithmen und Datenstrukturen), 2012, S. 24
701 Vgl. Steiner (Grundkurs Relationale Datenbanken), 2006, S. 10

schnellen Zugriff auf Daten gewährleisten.[702] Unter Anwendung von komplexen Datenanalysevorgängen sind traditionelle Datenbanksysteme nicht anforderungsgerecht. In den letzten Jahren haben sich insbesondere Warehouse Systeme auf dem Markt etablieren können. Man unterscheidet zwischen einem Data Warehouse und einem Data Warehouse System. Das Data Warehouse bezeichnet die Datenbank selbst und stellt eine Komponente des Data Warehouse Systems dar. Letztere sind als große Repositorien zu verstehen, die, als multidimensionale Datenspeicher ausgelegt, Daten aus verschiedenen Quellen konsolidieren und offline aktualisieren. Data Warehouse Systeme sind als gesamte technische Dateninfrastrukturen zu verstehen, welche zur Aufnahme, Speicherung und der Auswertung der Daten dienlich sind.[703] Über sogenannte Extraktions-, Transformations- und Ladewerkzeuge (ETL) erfolgt die Datenaufbereitung zur Abspeicherung in Data Warehouse Systemen.[704]

V.2.2 Anforderungsgerechte Datenmodellierung

Eine vernetzte adaptive Montage im Werkzeugbau bedarf einer Konkretisierung der Informationsströme um eine Datenmodellierung. Die Datenmodellierung hat zur Kernaufgabe die Benennung, die Auswahl und die Klassifizierung von Daten zur Nutzung und Weiterverarbeitung.[705] Unterschieden werden Datenmodelle hinsichtlich verschiedener Arten: konzeptuelles Datenmodell, logisches Datenmodell und physisches Datenmodell. Für den hier vorliegenden Anwendungsfall in der Montage des Werkzeugbaus mit dem Ziel der Identifikation des relevanten Informationsbedarfs, der Bestimmung der Beziehungskardinalität sowie der Beschreibung der Entitäts- und Beziehungstypen sind konzeptuelle Datenmodelle passend.[706] Jede Modellierung beginnt mit der Benennung der Elemente, die eine Entität, einen Zustand oder eine Beziehung darstellen können. Hierbei wird jedem Element der Realität ein eindeutiger Name zugeordnet. Eine Form der konzeptuellen Datenmodelle stellt das Entity-Relationship-Modell (ERM) dar.[707] Auf Basis der definierten Informationsflüsse in der Auftragsabwicklung des Werkzeugbaus kann mithilfe des ERM visualisiert werden, welche Daten in der Montage benötigt und welche Daten von der Montage bereitgestellt werden müssen. Die Visualisierung der Daten in einem Modell stellt einen Schaltplan für das Kommunikationsnetzwerk dar, welches bedarfsgerecht um neue Daten erweiterbar ist. Die Verwendung eines Datenmodells gewährleistet die Übertragbarkeit in eine Datenbank/ein Data Warehouse System.[708]

Die nachfolgende Abbildung V-11 zeigt eine Übersicht eines Datenmodells für die vernetzte adaptive Montage im Werkzeugbau unter Verwendung der ERM Modellierungssprache.

---

[702] Vgl. Ottmann; Widmayer (Algorithmen und Datenstrukturen), 2012, S. 24
[703] Vgl. Farkisch (Data Warehouse Systeme kompakt), 2011, S. 7 f.
[704] Vgl. Stonebraker (Too Much Middleware), 2002, S 98 ff.
[705] Vgl. Thalheim (Entity-Relationship Modeling), 2000, S. 2
[706] Vgl. Silverston (The Data Model Resource Book), 2011, S. 2f.
[707] Vgl. Vinek et al. (Datenmodellierung), 1982, S. 27
[708] Vgl. Kapitel V.2.1

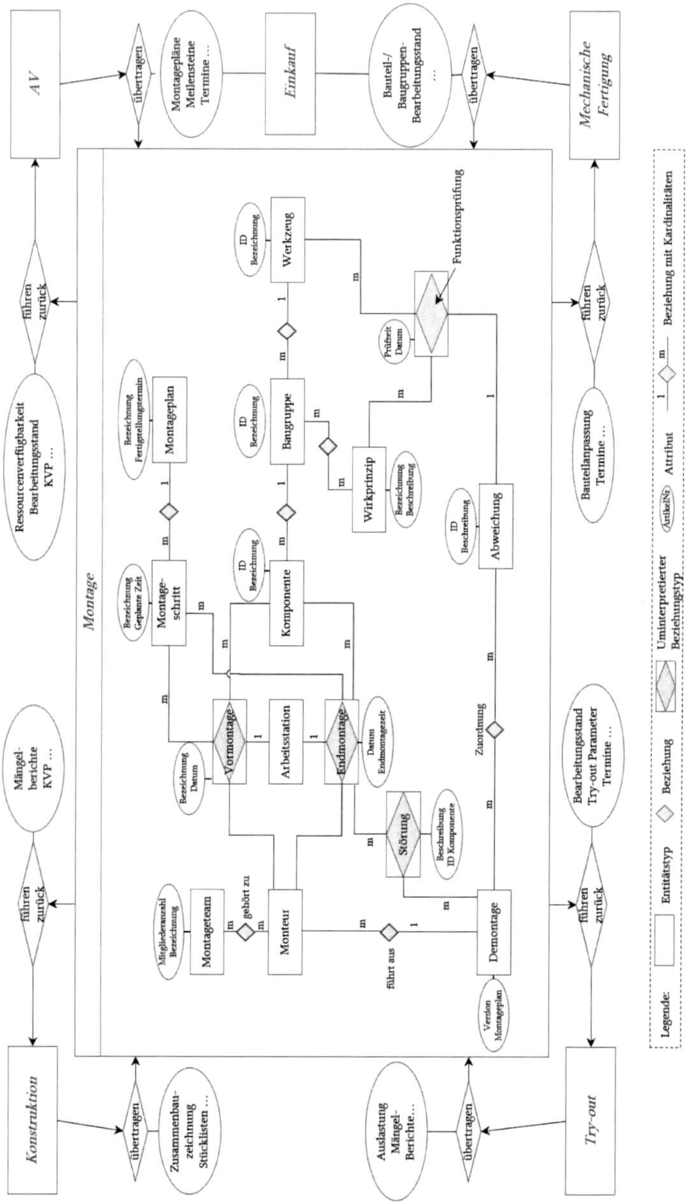

Abbildung V-11: Datenmodellierung mit ERM für eine vernetzte adaptive Montage[709]

[709] Eigene Darstellung

Neben der Datenmodellierung ist die Frage nach der Granulierung die zugrundeliegenden Daten für eine vernetzte adaptive Montage im Werkzeugbau zu klären. Für eine Datenübertagung in Echtzeitnähe müssen optimale Übertragungsgeschwindigkeiten realisiert werden. Die Granulierung der Daten stellt somit einen Trade-off zwischen Informationsgehalt und Übertragungsgeschwindigkeit dar. In Anlehnung an das Modell nach FLEISCH ET AL.[710] kann ein Datengranularitätsmodell in der vernetzten adaptiven Montage des Werkzeugbaus in den Dimensionen Datenreichhaltigkeit, zeitliche Granularität und Objektgranularität aufgebaut werden.[711] Die erste Dimension ist die zeitliche Granularität. Diese kennzeichnet das Intervall, in dem Daten aufgenommen werden. Die Dimension der Datenreichhaltigkeit beschreibt die Quantität der Daten. Hier wird unerschieden zwischen Teilzuständen, allgemeinen Objektzuständen und Objektzuständen in Verbindung mit ihrer Umwelt. Die dritte Dimension stellt die Objektabdeckung, also die Verfügbarkeit der Daten zur Beschreibung des jeweiligen Objekts, dar. Eine exemplarische Datengranulierung im Kontext dieser Arbeit ist in Abbildung V-12 dargestellt.

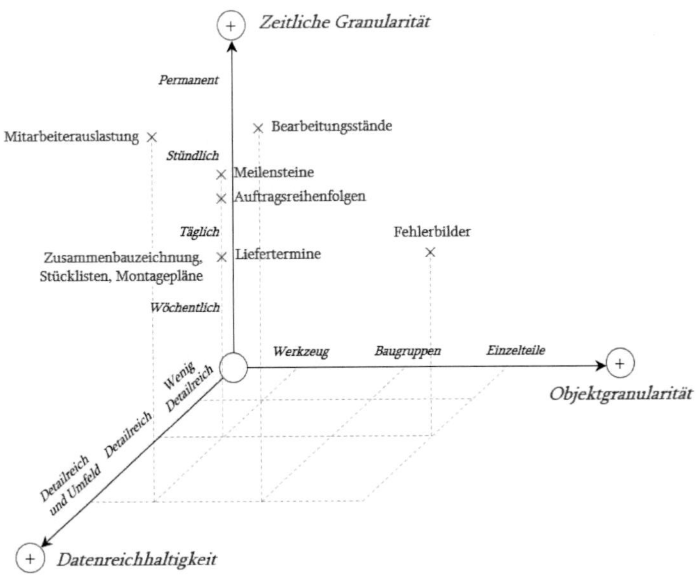

Abbildung V-12: Exemplarische Datengranularität in der vernetzten adaptiven Montage[712]

[710] Vgl. Fleisch et al. (Die betriebswirtschaftliche Vision des Internets), 2005, S. 30 f.
[711] I. A. a. Fleisch et al. (Die betriebswirtschaftliche Vision des Internets), 2005, S. 30 ff.
[712] Eigene Darstellung

Auftragsreihenfolgen werden in einer vernetzten adaptiven Montage im Werkzeugbau kontinuierlich und flexibel angepasst. Daher müssen relevante Daten der Auftragsreihenfolge permanent weitergegeben und der Objektzustand detailreich beschrieben werden.

Die Auftragsreihenfolge betrifft teilweise nur das Werkzeug als Ganzes, je nach Detailtreue der Planung und Steuerung aber ebenfalls Baugruppen. **Mitarbeiterauslastungen** jeglicher Form müssen an die Planung und Steuerung übergeben werden. Die Forderung nach einer echtzeitnahen Anpassung der Planung und Steuerung erfordert die permanente Übertragung der Daten der Montage und anderer Gewerke. Hierbei sollten nicht nur bauteilspezifische, sondern auch Umweltdaten detailreich weitergegeben werden. Äquivalent sind **Bauteil- und Baugruppenbearbeitungsstände** permanent zu übertragen, um die Aktualität der Datenbasis sicherzustellen und eine Intelligente Ressourcen- und Reihenfolgeplanung[713] in Echtzeitnähe gewährleisten zu können. **Liefertermine** und **Meilensteine** hingegen bedürfen keiner permanenten Übertragung. Eine Übertragung auf Stunden- oder Tagesebene ist ausreichend. **Meilensteine** stellen im Gegensatz zu Mitarbeiterauslastungen, Bearbeitungsständen und Ressourcenverfügbarkeiten keine Ist-Werte dar, sondern markieren einen bestimmten Planungszeitpunkt, wie bspw. die Fertigstellung eines Werkzeugs. Eine Übertragung auf Stunden- oder Tagesebene ist ebenfalls ausreichend. **Fehlerbilder** aus Mängelberichten werden aus dem Try-out an die Montage zurückgeführt oder von der Montage in andere Gewerke weitergegeben und stellen ein wichtiges Hilfsmittel zur Fehlerbehebung dar. Die Daten zur Fehlerkorrektur müssen detailreich auf Bauteilebene übertragen werden. Eine stündliche Übertragung ist in der Regel ausreichend. **Zusammenbauzeichnungen**, **Montagepläne** und **Stücklisten** müssen auf Baugruppen- bzw. auf Werkzeugebene detailreich übertragen werden. Eine permanente Übertragung zur Sicherstellung des aktuellen Versionsstandes ist essenziell.

V.2.3 Multimodale Datenaufnahme und Data Warehousing

Datenaufnahme und Datenspeicherung bilden die infrastrukturelle Basis für eine vernetzte adaptive Montage im Werkzeugbau. Die Datenaufnahme kann sowohl händisch als auch unter Verwendung von Sensorik erfolgen. Bei der händischen Datenaufnahme werden die Daten von Mitarbeitern in Dokumente oder ein System aufgenommen.[714] Eine monomodale Datenaufnahme beschreibt die Verwendung eines einzelnen Sensors zur Erfassung von Daten. Werden mehrere Sensoren zur Erfassung der Umwelt verwendet, so spricht man von einer multisensorischen Datenaufnahme. Diese lässt sich von der multimodalen Datenaufnahme abgrenzen, welche eine Verwendung verschiedener Sensortechnologien mit einer entsprechenden Datenverifizierung voraussetzt.[715] Zur erfolgreichen Verarbeitung von aufgenommenen Daten in einer vernetzten adaptiven Montage des Werkzeugbaus ist es notwendig, eine möglichst umfängliche Erfassung der Umwelt mit einer geringen Messunsicherheit, das heißt eine hohe Genauigkeit von Daten, zu erreichen. Aus diesem Anspruch motiviert sich die Implementierung einer multimodalen Datenaufnahme.

[713] Vgl. Kapitel V.7
[714] Vgl. Böge (Handbuch Maschinenbau), 2013, S. T18
[715] Vgl. Schuh et al. (Organisation und IT), 2017, S. 149 f.

Die Vorteile der multimodalen Datenaufnahme werden von LUO & KAY in vier Kategorien eingeteilt[716]:

- *Redundanz (Redundancy):* Simultane und widerspruchsfreie Erfassung der Umwelt mit verschiedenen Sensoren
- *Komplementarität (Complementarity):* Steigerung der Messgenauigkeit durch Validierung mit verschiedenen Messverfahren
- *Termintreue (Timeliness):* Sicherstellung einer höheren Messgeschwindigkeit, z. B. durch parallele Nutzung von Sensoren
- *Informationskosten (Cost of the Information):* Nutzung von Synergieeffekten durch Nutzung mehrfacher Sensoren

Nach erfolgreicher Datenaufnahme müssen die Daten gespeichert werden, sodass ein eindeutiger Zugriff durch weitere Applikationen möglich wird. In Kapitel V.2.1 wurde bereits auf die Grundlagen zu verschiedenen Arten der Datenspeicherung eingegangen. Bei den Daten, welche für die vernetzte adaptive Montage im Werkzeugbau über die gesamte generische Prozesskette notwendig sind, handelt es sich um große Datenmengen, welche insbesondere in Data Warehouse Systemen gespeichert werden sollten.[717] Data Warehouse Systeme aggregieren mehrere heterogene Datenquellen. Innerhalb des Data Warehouses ist es sinnvoll, Daten in gegliederten Data Marts zu organisieren. Abbildung V-13 zeigt die notwendige Dateninfrastruktur in Form eines **Logical Data Warehouses** für die vernetzte adaptive Montage im Werkzeugbau.

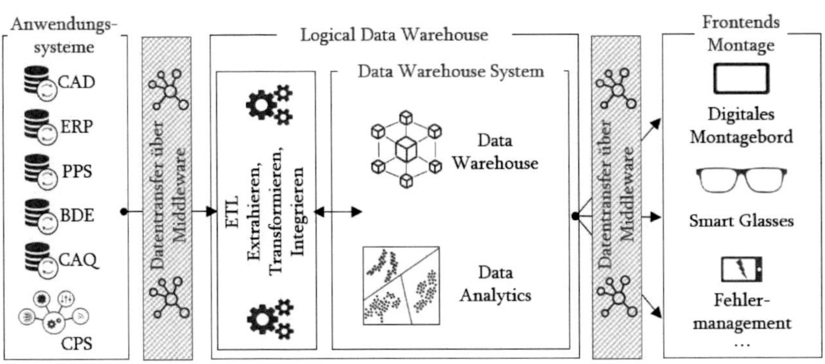

Abbildung V-13: Logical Data Warehouse für eine vernetzte adaptive Montage[718]

Während Data Warehouses zentralisiert sind und eine Organisation ganzheitlich umfassen, bilden Data Marts ein auf bestimmte Funktions- oder Abteilungsbereiche (z. B. Montage) spezialisiertes Data Warehouse ab. Zur Modellierung eines Data Warehouses muss eine

[716] Vgl. Luo; Kay (Multisensor integration and fusion in intelligent systems), 1989, S. 901
[717] Vgl. Kapitel V.2.1
[718] Eigene Darstellung

Verbindung zwischen dem Data Warehouse und den Data Marts definiert und ein sogenanntes Metadaten-Repositorium aufgebaut werden. Dieses Repositorium ist eine separate Datenbank, welche die Zusammenhänge zwischen den im Data Warehouse abgespeicherten Daten definiert und Informationen über das Data Warehouse und seine Inhalte speichert.[719] Data Warehouses beziehen ihre Daten aus verschiedenen Anwendungssystemen. Für die vernetzte adaptive Montage im Werkzeugbau sind es die Anwendungssysteme PPS, ERP, CAD, CAQ und BDE. Die Integration über heterogene Anwendungssysteme können Data Warehouse Systeme leisten. Aus diesem Grund liegt zwischen Datenmanagementsystemen und Applikationen bzw. dem Betriebssystem eine Softwareschicht, die als **Middleware** bezeichnet wird. Middleware stellt den Applikationen Dienste in verteilten Systemen mit standardisierten Schnittstellen, sogenannten Anwenderprogrammierschnittstellen (engl. Application Programming Interface (kurz: API)) und Protokollen zur Verfügung. Die API spezifiziert Struktur und Aufruf der Operationen eines Dienstes, während die Protokolle Regeln für die Kommunikation bestimmen. Diese Regeln beinhalten Formate, Inhalte und Bedeutung der auszutauschenden Daten. Middleware reduziert die Komplexität heterogener Systeme (Betriebssysteme, Datenbankmanagementsysteme, Netzwerkprotokolle usw.) und erlaubt so verteilten Applikationen, in heterogenen Umgebungen zu kommunizieren und zusammenzuwirken.[720] Über sogenannte **Extraktions-, Transformations- und Ladewerkzeuge (ETL)** erfolgt die Datenaufbereitung zur Abspeicherung in Data Warehouse Systemen.[721] Um Interoperabilitätsprobleme zu lösen, werden die Daten nach Möglichkeit über **APIs** extrahiert. Die Transformation formatiert die Daten vom Quellformat in das Lagerformat im Data Warehouse System. Weiterhin werden Inkonsistenzen und Fehler in den Daten herausgefiltert und anschließend in entsprechender Granularität aggregiert und integriert. Das Integrieren der Daten meint das Überspielen der transformierten Daten in das Data Warehouse sowie die kontinuierliche Aktualisierung und Weitergabe von Veränderungen.[722] Die mulitmodale Datenaufnahme und das Data Warehousing mitsamt einem Verteilerdienst in Form einer Middleware sind Grundlage für die Realisierung einer datenbasierten Entscheidungsfindung für eine vernetzte adaptive Montage im Werkzeugbau.

Zur datenbasierten Entscheidungsfindung in der vernetzten adaptiven Montage des Werkzeugbaus werden Datenanalyemethoden (**Data Analytics**) angewendet, welche je nach Anwendungsfall ausgewählt werden müssen.[723] Die Methode **Klassifikation** (Binäre und Multiklassen-Klassifikation) ermittelt Muster, die es erlauben, noch nicht bekannte Aussagen über Objekte zu treffen. Dieses Modell erlaubt dem Anwender die Vorhersage der Klassenzugehörigkeit von neuen Objekten. Grundsätzlich lässt sich zwischen einer binären und einer Multi-Klassen Klassifikation unterscheiden.[724] Eine automatische Einordnung von Ereignissen in Klassen ist auch für die vernetzte adaptive Montage von Nutzen, beispielsweise bei der Identifikation von Fehlerbildern bereits durchgeführter Werkzeugmontagen. Sollten Fehler bei verschiedenen Mitarbeitern und Werkzeugen bereits aufgetreten sowie eine

[719] Vgl. Farkisch (Data Warehouse Systeme kompakt), 2011, S. 7 f.
[720] I. A. a. Bernstein (Middleware: A Model for Distributed System Services), 1996, S. 86 ff.
[721] Vgl. Stonebraker (Too Much Middleware), 2002, S 98 ff.
[722] Interoperabilität bezeichnet die Fähigkeit unterschiedlicher Systeme, nahtlos zusammenzuarbeiten.
[723] Vgl. Ester; Sander (Knowledge Discovery in Databases), 2000, S. 4 f.
[724] Vgl. Roiger; Geatz (Data mining), 2003, S. 34 f.

Fehlerbehebung erarbeitet worden sein, kann dies durch die Klassifikation erkannt und dem Mitarbeiter für das aktuelle Werkzeug zugänglich gemacht werden.

Die **Regression** ist eines der am häufigsten eingesetzten und flexibelsten statistischen Analyseverfahren und dient der Analyse von Beziehungen zwischen einer abhängigen und einer oder mehreren unabhängigen Variablen.[725] Sie wird eingesetzt, um Zusammenhänge quantitativ zu beschreiben und diese zu erklären sowie numerische Werte zu schätzen und zu prognostizieren. Im Gegensatz zur Klassifikation, deren Output kategorisch ist, ist die Regression in der Lage, einen numerischen Output zu erzeugen, also einen konkreten Wert vorherzusagen.[726] Da die Regression die Vorhersage von Werten, Zuständen und Ereignissen ermöglicht, besitzt diese eine hohe Relevanz für die vernetzte adaptive Montage im Werkzeugbau. Ein entscheidender Faktor zur Optimierung der intelligenten Ressourcen- und Reihenfolgeplanung ist die Nutzung von Vorgabezeiten aus Vergangenheitswerten. Mithilfe der zusätzlichen Verarbeitung von echtzeitnahen Daten aus der Fertigung kann beispielsweise ein optimaler Montagebeginn unter Berücksichtigung des Endtermins ermittelt werden.[727]

Die **Clusteranalyse** berücksichtigt alle Merkmale der Objektmenge und generiert auf der Basis von Distanzen möglichst homogene Gruppen (Cluster).[728] Im Gegensatz zur Klassifikation müssen dazu a-priori keine Klassen bestimmt sein. Häufig findet bei Cluster-Algorithmen die euklidische Distanz Anwendung, mit der die Distanz zwischen den Datenpunkten und den Clustermittelpunkten bestimmt und so die Cluster angeglichen werden können. Diese homogenen Cluster helfen anwendungsspezifisch, Strukturen und Trends zu erkennen und können vielfältig genutzt werden. Ein konkretes Anwendungsbeispiel für die Montage ist die Clusterung von Mitarbeitern hinsichtlich ihrer Kompetenzen. Die spezifischen Kompetenzen können und müssen zur ganzheitlichen datenbasierten Kompetenzentwicklung analysiert werden. Mitarbeiterkompetenzen können z. B. nach der Kompetenzdefinition nach ERPENBECK in personale, sozial-kommunikative, fachlich methodische oder aktivitäts- und handlungsbezogene Kompetenzen gegliedert werden.[729] Verschiedene Kombinationen dieser Kompetenzen können Cluster darstellen. Durch die Zuweisung von Mitarbeitern zu diesen Kompetenzclustern können Montageaufträge derart vergeben werden, dass die Mitarbeiter solche Aufträge bearbeiten, für die diese am besten (vor dem Hintergrund der Kompetenzentwicklung) geeignet sind.[730] Durch die kompetenzbasierte Vergabe können sowohl die Montagezeit als auch die Qualität der Montage optimiert werden.

Die **Anomaly Detection** nutzt eine Abweichungsanalyse zur Identifizierung von Anomalien. Die Abweichungsanalyse beschäftigt sich mit Objekten, die sich keinem Muster eindeutig zuordnen lassen. Bei diesen Ausreißern (engl.: outlier) kann es sich um fehlerfreie, relevante Merkmalsausprägungen handeln oder aber um fehlerhafte Daten, die keine realen Sachverhalte beschreiben. Die Zielsetzung der Abweichungsanalyse besteht darin,

[725] Vgl. Thrane (Regression Analysis), 2020, S. 6 f.
[726] Vgl. Backhaus et al. (Multivariate Analysemethoden), 2018, S. 58
[727] Vgl. Kapitel V.6 und V.7
[728] Vgl. Roiger; Geatz (Data mining), 2003, S. 39
[729] Vgl. Erpenbeck (So werden wir lernen!), 2013, S. 34
[730] Vgl. Kapitel V.3.2 und V.3.3

die Ursachen für die untypischen Merkmalsausprägungen des Ausreißers aufzudecken.[731] Ein Anwendungsfall der Anomaly Detection ist bspw. die Evaluation der erfolgten Optimierungen in der Montage. Montageaktivitäten werden durch die Multimodale Datenaufnahme in das vorgestellte Data Warehouse aufgenommen und als Rohdaten abgelegt. Die Anomaly Detection evaluiert jeden erzeugten Datenpunkt hinsichtlich ihrer Ähnlichkeit zu den bisherigen Datenpunkten. Dabei wird eine Vielzahl von Kriterien, wie beispielsweise der Abstand zu den bestehenden Datenpunkten, oder eine Abweichung von Charakteristika mit in die Bewertung einbezogen. Sollten die vorgestellten Methoden keine Optimierung erzielen, kann dies durch die Anomaly Detection festgestellt werden. Durch die Anomaly Detection besteht weiterhin die Möglichkeit, die Einflussfaktoren zu erklären, die dazu geführt haben, dass keine Verbesserung durch die genutzte Methode erzielt werden konnte. Es können Handlungsempfehlungen in Form von vorrausschauender Instandhaltung abgeleitet werden.[732]

Insgesamt lässt sich konstatieren, dass die Analysemethoden hohe Potenziale für Prozessverbesserungen und Effizienzsteigerung für die vernetzte adaptive Montage im Werkzeugbau aufweisen. Durch die Klassifikation, die Regression oder die Anomaly Detection ist es möglich, zukünftige Ereignisse kategorisch beziehungsweise numerisch vorauszusagen. Diese Vorhersagen können sowohl für die Optimierung der Planung als auch für Zeit- und Qualitätsverbesserungen verwendet werden. Allerdings sind fortschrittliche Analysetools nur in sehr geringem Maße in der Lage, Entscheidungen aus den Ergebnissen abzuleiten. Die menschliche Komponente soll zum jetzigen Zeitpunkt insbesondere in einer durch große Handwerklichkeit geprägten Montage die Entscheidungsgewalt nicht abgeben.[733] Nach einer abgeschlossenen Datenanalyse geben die Ergebnisse oft Regelmäßigkeiten oder Muster aus, die keine direkten Implikationen besitzen. Viele dieser Regelmäßigkeiten sind nicht signifikant, trivial, bereits bekannt oder unverständlich.[734] Dahingehend bedarf es nach wie vor der Expertise des Montagemitarbeiters, welcher die Analyseergebnisse interpretiert und in eine Aktion umsetzt. Dafür empfiehlt sich die Einbindung interdisziplinärer Teams mit analytisch-methodischen und fachlichen Kompetenzen.[735]

[731] Vgl. Alpar; Niedereichholz (Data Mining im praktischen Einsatz), 2000, S. 9 f.
[732] I. A. a. Boos et al. (Intelligente Werkzeuge) 2019, S. 4 ff.
[733] Vgl. Franks (Taming the Big Data Tidal Wave), 2012, S. 191 ff.
[734] Vgl. Knobloch (Der Data Mining-Ansatz zur Analyse betriebswirtschaftlicher Daten), 2000, S. 39
[735] Vgl. Berry; Linoff (Data mining techniques), 1997, S. 72

V.3 Ganzheitliche Kompetenzentwicklung

Das Gestaltungsfeld Ganzheitliche Kompetenzentwicklung wird durch die beiden Gestaltungselemente **Individuelle Kompetenzanalyse** sowie **Mitarbeiterzentrierter Kompetenzaufbau** detailliert. Im Gestaltungselement Individuelle Kompetenzanalyse werden aktuell verfügbare und zukünftig zu entwicklende Kompetenzen der Mitarbeiter der Werkzeugmontage individuell digital erfasst sowie als Basis für eine ganzheitliche Kompetenzentwicklung herangezogen. Im Gestaltungselement Mitarbeiterzentrierter Kompetenzaufbaus werden die Möglichkeiten der Kompetenzentwicklung in der Montage detailliert. Die Ziele der Gestaltungselemente sind in der Abbildung V-14 dargestellt.

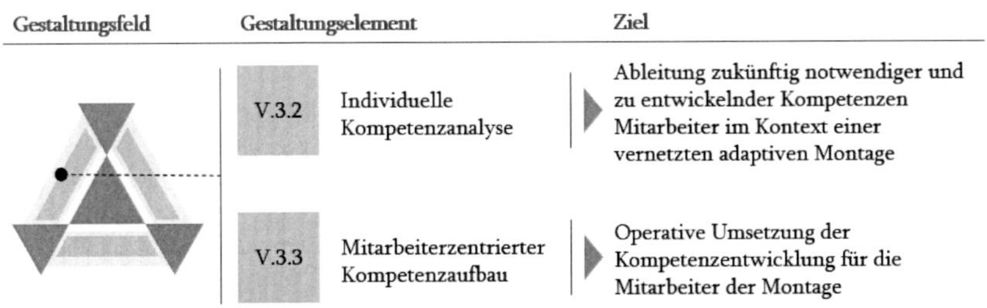

Abbildung V-14: Ziele der Gestaltungselemente – Ganzheitliche Kompetenzentwicklung[736]

V.3.1 Grundlagen Kompetenzentwicklung

Die Grundlage für die Ausgestaltung des Gestaltungselements Ganzheitliche Kompetenzanalyse erfolgt in der Praxis vorwiegend über sogenannte Kompetenzmodelle. Es sind unternehmensindividuelle Kompetenzmodelle erforderlich, die aus der entsprechenden Unternehmensstrategie und den Unternehmenswerten abgeleitet werden. Ein Kompetenzmodell stellt eine gesamtheitliche Sammlung aller im Unternehmen geforderten und vorhandenen Kompetenzen dar. Aus dem Kompetenzmodell werden mitarbeiterspezifische und aufgabenspezifische Soll-Kompetenzprofile abgeleitet.[737] Das Kompetenzmodell dient demnach als Anforderungskatalog an die Mitarbeiter, in welchem Kompetenzen messbar und dokumentiert vorliegen.[738] Ausgehend vom unternehmensspezifischen Kompetenzmodell ist die Auswahl einer festgelegten Anzahl entsprechend benötigter Kompetenzen notwendig. Die Auswahl der entsprechenden Kompetenzen basiert auf den gestellten Anforderungen an definierte Rollen der Mitarbeiter und resultiert in Soll-Kompetenzprofilen. Die Ableitung der Soll-Kompetenzprofile wird durch ein Team von Fach- und Führungskräften evaluiert und erfolgt unter Berücksichtigung verschiedener Leitfragen in Bezug auf

[736] Eigene Darstellung
[737] Vgl. Sauter; Staudt (Kompetenzmessung in der Praxis), 2016, S. 4 f.
[738] Vgl. Sauter; Staudt (Strategisches Kompetenzmanagement 2.0), 2016, S. 9

die Verfolgung strategischer Ziele, Ausprägungen der Kompetenzen sowie Empfehlungen zur Entwicklung der Kompetenzen.[739]

In der aktuellen betrieblichen Praxis findet die Mitarbeiterentwicklung in der Regel über seminarbasierte Wissensvermittlung statt.[740] Da Kompetenzen zwar auf Wissen beruhen, nicht aber wie Wissen weitergegeben werden können, muss ein Umdenken in Bezug auf die betriebliche Weiterentwicklung geschehen.[741] Eine Entwicklung von Kompetenzen erfordert zwingenderweise die Internalisierung von Werten.[742] Dies kann nur über Wertungsprozesse in realen Entscheidungssituationen erfolgen. Unternehmen müssen daher zunehmend die Kollaboration zwischen Mitarbeitern verschiedener Kompetenzniveaus fokussieren. Die gemeinsame Bewältigung realer Herausforderungen am Arbeitsplatz sowie der entsprechende Austausch von Erfahrungswissen und -werten fördert die Entwicklung von Kompetenzen.[743] Wesentliche Voraussetzung zum Aufbau von Kompetenzen ist jedoch die Aneignung von formellem Wissen und Qualifikationen. Die Mitarbeiterentwicklung muss daher so konzipiert werden, dass einerseits die Aneignung von Wissen und Qualifikationen und andererseits der Aufbau von Kompetenzen durch Praxiserfahrungen und die Internalisierung von Werten erfolgen kann. In der Literatur existiert daher die sogenannte 70/20/10-Regel, welche als eine Art Orientierungsrahmen zur Gewichtung von betrieblichen Lernkonzepten dienen soll.[744] Workplace Learning, Social Learning und Formal Learning stellen die verschiedenen Arten des betrieblichen Lernens dar. Lernaktivitäten in Unternehmen sollten sich in diesem Zusammenhang zu 70 % aus Erfahrungslernen in der Praxis und Lernen durch Unterstützung am Arbeitsplatz (Workplace Learning), zu 20 % aus Lernaktivitäten mittels sozialem Lernen durch Lernpartner in Form von Führungskräften, Coaches und Mentoren (Social Learning) sowie zu 10 % aus Lernaktivitäten mithilfe von formellem Lernen in Seminaren, Präsenzunterricht oder E-Learning-Modulen (Formal Learning) zusammensetzen.[745] Für die Konzeption von betrieblichen Lernkonzepten, unabhängig der optimalen Verteilung im Unternehmen, können nach ERPENBECK & SAUTER gewisse Charakteristika identifiziert werden, die Unternehmen zu einer anforderungsgerechten und zukunftsfähigen Mitarbeiterentwicklung, insbesondere im digitalen Zeitalter, befähigen.

Grundvoraussetzung zur Erarbeitung betrieblicher Lernkonzepte zur Kompetenzentwicklung stellt die Definition individueller Kompetenzziele dar. Diese wiederum orientieren sich an einem Kompetenzmodell, also an strategischen Erfordernissen und einem gemeinsamen Werterahmen. Weiterhin ist eine Kultur des selbstorganisierenden Lernens im Unternehmen zu etablieren. Dies beinhaltet die Initiierung von Prozessen zur Veränderung der Lernkultur und der Implementierung innovativer Lerninstrumente. Auf Basis regelmäßiger Abstimmungen zwischen Mitarbeitern und Führungskräften soll zudem eine eigenverantwortliche Gestaltung von Lernprozessen realisiert werden. Unterstützt werden kann dies durch den Einsatz von Planungs- und Steuerungsinstrumenten.

---

739 Vgl. Sauter; Staudt (Strategisches Kompetenzmanagement 2.0), 2016, S. 23 f.
740 Vgl. Erpenbeck; Sauter (Kompetenzentwicklung), 2015, S. 15
741 Vgl. Erpenbeck; Sauter (Handbuch Kompetenzentwicklung im Netz), 2017, S. 41 ff.
742 Vgl. Nonaka; Takeuchi (Die Organisation des Wissens), 1997, S. 71 f.
743 Vgl. Erpenbeck; Sauter (Kompetenzentwicklung), 2015, S. 16 f.
744 Vgl. Arets et al. (70:20:10 into Action), 2016, S. 3 f.
745 Vgl. Arets et al. (70:20:10 into Action), 2016, S. 3

Weiterhin ist formelles Lernen mit dem Ziel von selbstorganisiertem Wissensaufbau und Qualifizierung mithilfe von E-Learning und Blended Learning erfolgen. Bei Bedarf kann dies autonom durch die Lernenden durchgeführt werden. Gleichermaßen muss die Kompetenzentwicklung in den Prozess der Arbeit integriert werden, da die Leistungserstellung und damit die Effizienz gewährleistet werden muss. An dieser Stelle müssen Plattformen des Austausches von Erfahrungswissen zwischen Mitarbeitern und Führungskräften geschaffen werden. Unterstützt werden soll dies in Form der Lernbegleitung durch Co-Coaching und Coaches. Lernpartnerschaften, Bearbeitung von Arbeitsaufgaben in Teams und kollegiale Beratung oder Coachings durch Führungskräfte sollen den Kompetenzaufbau im täglichen Arbeitsablauf erleichtern. Neben der Integration der Kompetenzentwicklung in den Prozess der Arbeit ist ein weiteres Charakteristikum innovativer und zukunftsfähiger Lernkonzepte die Kompetenzentwicklung im Netz. Durch diese soll das kollaborative Arbeiten und Lernen in Form von Social Software zur wert- und bedeutungsbezogenen Kommunikation innerhalb der Belegschaft gesteigert werden. Dies gewährleistet gleichermaßen die Reflektion und Dokumentation der Lernprozesse und dient als Basis für ein kompetenzorientiertes Wissensmanagement.[746] Die Charakteristika innovativer und zukunftsfähiger Lernkonzepte sind in der Abbildung V-15 aufgeführt.

Abbildung V-15: Charakteristika innovativer und zukunftsfähiger Lernkonzepte[747]

[746] Vgl. Erpenbeck; Sauter (Kompetenzentwicklung), 2015, S. 28
[747] Vgl. Erpenbeck; Sauter (Kompetenzentwicklung), 2015, S. 28

V.3.2 Individuelle Kompetenzanalyse

Trotz der wachsenden Notwendigkeit, neuartige Kompetenzen aufbauen zu müssen, müssen auch konventionelle Kompetenzen weiterhin beherrscht und durch die Unternehmen entsprechend gefördert werden. Dazu müssen die vorhandenen Kompetenzen zunächst mithilfe eines unternehmensspezifischen Kompetenzmodells, einer ganzheitlichen Sammlung aller im Unternehmen geforderten und vorhandenen Kompetenzen erfasst und in Kompetenzprofile überführt werden. Angelehnt an das Verständnis nach ERPENBECK & SAUTER können Kompetenzen in Kompetenzbereiche kategorisiert werden. Innerhalb dieser Kategorien werden Kompetenzen definiert, welche für eine vernetzte adaptive Montage im Werkzeugbau notwendig sind. Auf Basis dieses Verständnisses ist der Kompetenzatlas von HEYSE & ERPENBECK anzuführen. Dieser stellt sicher, dass mit personalen, sozial-kommunikativen, aktivitäts- und handlungsbezogenen sowie fachlich-methodischen Kompetenzen die vier wesentlichen Grundkompetenzen berücksichtigt werden.[748] In Anlehnung an die Kategorisierung wird auch für die Kompetenzanalyse und den Kompetenzaufbau diese Grundstruktur festgelegt.

Während personale Kompetenzen (z. B. Eigenverantwortung, Lernbereitschaft) und sozialkommunikative Kompetenzen (z. B. Teamfähigkeit, Problemlösungsfähigkeit) auch weiterhin unverändert in einer vernetzten adaptiven Montage notwendig sein werden, ist insbesondere in Bezug auf aktivitäts- und handlungsbezogene sowie fachlich-methodische Kompetenzen zu prüfen, welche Anforderungen an die Mitarbeiter heute und zukünftig gestellt werden. Hinsichtlich der fachlich-methodischen Kompetenzen lassen sich klassische Kompetenzen zur Bedienung von Bearbeitungsmaschinen (z. B. Fräsen (5-Achs), Schleifen (rund)) identifizieren, Kompetenzen zum Einbau von komplexeren Werkzeugkomponenten (z. B. Einbau Sensorik, Einbau Heißkanal) sowie Kompetenzen zur Feinabstimmung[749] des Werkzeugs. Aktivitäts- und handlungsbezogene Kompetenzen sind beispielsweise Mensch-Maschine-Kollaboration in der Nutzung cyber-physischer Systeme oder das Technologiescouting von Innovationen.

Mithilfe des definierten Kompetenzmodells sind mitarbeiterspezifische Soll-Kompetenzprofile abzuleiten. Dahingehend ist für jede Kompetenz ein Zielkorridor zu definieren. Zur Gewährleistung einer trennscharfen Differenzierbarkeit wird eine neunstufige Skala genutzt. Eine Visualisierung eines exemplarischen **Soll-Kompetenzprofils** wird in Abbildung V-16 dargestellt.

[748] I. A. a. Heyse; Erpenbeck (Kompetenztraining), 2010, S. XIII

[749] Feinabstimmung des Werkzeugs bezeichnet die Maßnahmen zur (meist) händischen Optimierung von Bauteil- oder Baugruppen zur Sicherstellung der definierten Werkzeugfunktion.

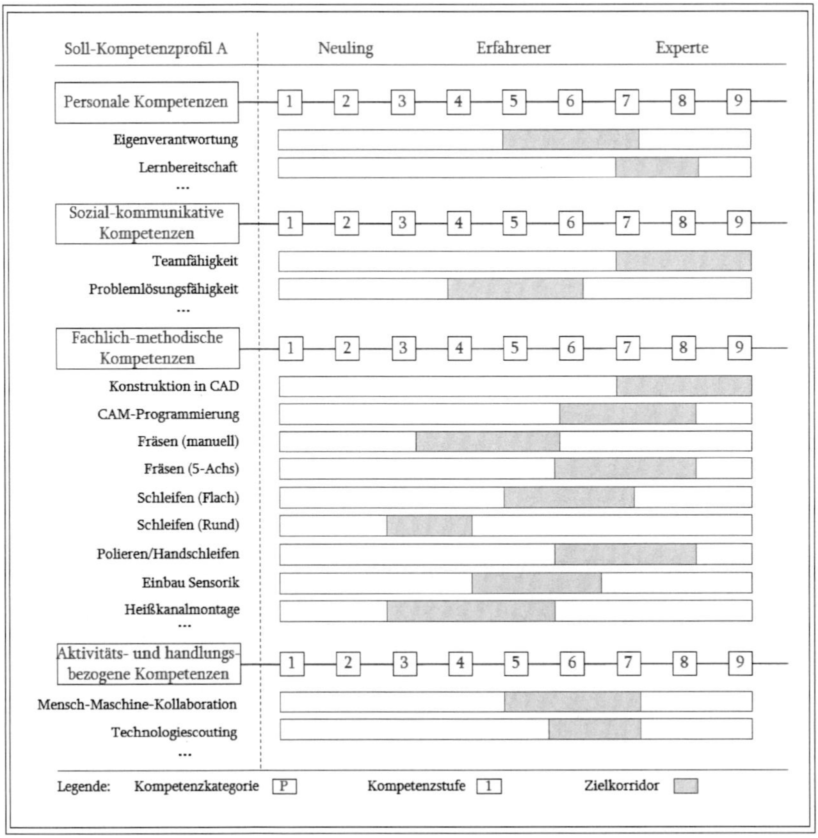

Abbildung V-16: Exemplarisches Soll-Kompetenzprofil eines Montagemitarbeiter in der vernetzten adaptiven Montage[750]

Um die Kompetenzentwicklung in der vernetzten adaptiven Montage im Werkzeugbau nachhaltig aufzustellen, werden die mitarbeiterspezifischen Soll-Kompetenzprofile in regelmäßigen Intervallen geprüft und entsprechend neuartiger Anforderungen an den Werkzeugbau sowie die Montage modifiziert. Zur Evaluierung der zukünftig notwendigen Kompetenzen ist eine kontinuierliche Evaluierung des Hype-Cycles nach GARTNER sinnvoll und notwendig. Die nachfolgende Abbildung V-17 zeigt den nach GARTNER angewendeten Hype-Cycle für werkzeugbau- und montagerelevante Technologien und Trends, welche einen Einfluss auf die in diesem Kapitel abzuleitenden Soll-Kompetenzprofile haben.

[750] Eigene Darstellung

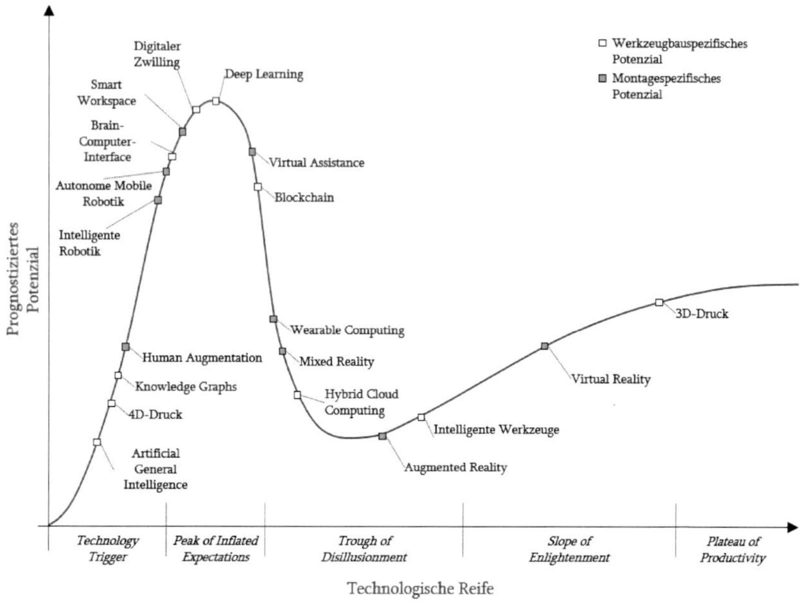

Abbildung V-17: Exemplarischer Werkzeug- und Montage-Hype-Cycle für eine vernetzte adaptive Montage[751]

Nach der Definition der notwendigen Kompetenzen in Form eines Soll-Kompetenzprofils müssen die tatsächlich vorhandenen Mitarbeiterkompetenzen aufgenommen werden. Durch Onlinefragebögen werden Selbst- und Fremdeinschätzungen in Bezug auf die im Soll-Kompetenzprofil definierten Kompetenzen durchgeführt. Ergänzend zu den Selbst- und Fremdeinschätzungen sind Interviews und Persönlichkeitsverfahren zu nutzen. Für die nicht konventionellen, also fachlich und methodischen Kompetenzen sowie für aktivitäts- und handlungsbezogene Kompetenzen ist zu evaluieren, welche Verfahren für die Messung der Kompetenz angewendet werden können. Fachlich-methodische Kompetenzen werden in der Regel in Form von Arbeitsproben erfasst. Eine Bewertung der Arbeitsproben im Anwendungsfall der Montage erfolgt durch den Teamleiter Montage oder den Meister, je nach Größe des Unternehmens. Neuartige Kompetenzen können darüber hinaus mithilfe von standardisierten Testverfahren ermittelt werden. Die gesamtheitlich erfassten Kompetenzen eines Mitarbeiters werden schließlich mit dem ihm zugeordneten Soll-Kompetenzprofil abgeglichen. Zur Erfüllung des Bedarfs muss eine Kompetenz im Bereich des definierten Zielkorridors liegen. Stimmen Zielkorridor und Kompetenzausprägung nicht überein, besteht Entwicklungsbedarf für die spezifische Kompetenz. Die Abbildung V-18 zeigt einen exemplarischen **Soll-/Ist-Abgleich des Kompetenzprofils**.

---

[751] Vgl. Gartner (Hype Cycle for Emerging Technologies), 2018

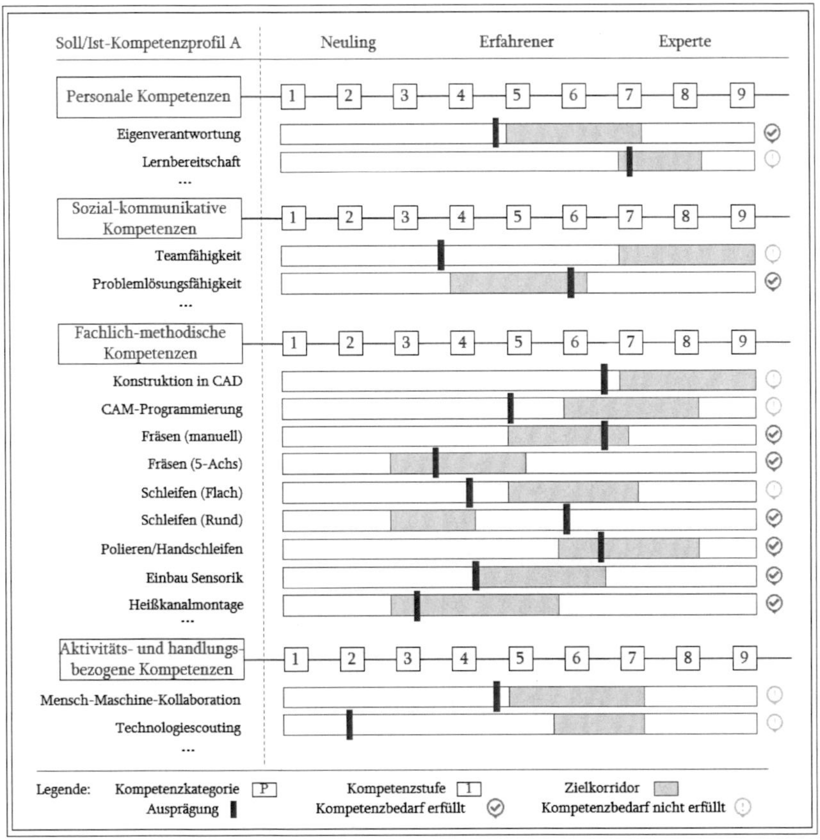

Abbildung V-18: Exemplarischer Soll-/Ist-Abgleich des Kompetenzprofils in einer vernetzten adaptiven Montage[752]

V.3.3 Mitarbeiterzentrierter Kompetenzaufbau

Neue Herausforderungen in der Montage des Werkzeugbaus erfordern im Zeitalter von Industrie 4.0 eine Neuausrichtung betrieblicher Weiterbildungsprozesse. Einhergehend mit der ganzheitlichen Vernetzung der Montage und ihrer Mitarbeiter bieten sich den Unternehmen vielfältige Möglichkeiten, die Lernaktivitäten der Mitarbeiter anforderungs- und bedarfsgerechter zu gestalten. Die im Rahmen der individuellen Kompetenzanalyse[753] identifizierten Kompetenzbedarfe dienen als Basis für das Gestaltungselement Mitarbeiterzentrierter Kompetenzaufbau. Eine Konzeptionierung potenzieller Lernaktivitäten im

---

[752] Eigene Darstellung, vgl. Abbildung V-24

[753] Vgl. Kapitel V.3.2

Sinne der 70/20/10-Regel wird als Handlungsmaxime herangezogen. Für die jeweiligen Kategorien Workplace Learning, Social Learning und Formal Learning existieren verschiedene Formen des Lernens, die in Abhängigkeit des jeweiligen Lernziels unterschiedliche Eignungen für die Anwendung in einer vernetzten adaptiven Werkzeugmontage aufweisen.

Das **Workplace Learning** in der Montage des Werkzeugbaus basiert auf der Teamarbeit und Job Rotation und sollte durch eine Intelligente Ressourcen- und Reihenfolgeplanung[754] erfolgen. Im Rahmen des Gestaltungsmodells erfolgt die Mitarbeiterallokation zu Montageaufgaben unter der Prämisse zu entwickelnder Kompetenzen der Mitarbeiter. Für jeden Auftrag müssen dahingehend erforderliche Kompetenzlevel festgelegt werden. Eine Teamzusammenstellung muss mit Hilfe eines Algorithmus derart erfolgen, dass immer mindestens ein Mitarbeiter die entsprechende Kompetenz erfüllt und darüber hinaus nur dann als „lehrender" Mitarbeiter fungiert, wenn dieser seine Kollegen um zwei Kompetenzstufen überragt. Eine Visualisierung des Workplace Learning ist in der nachfolgenden Abbildung V-19 dargestellt.

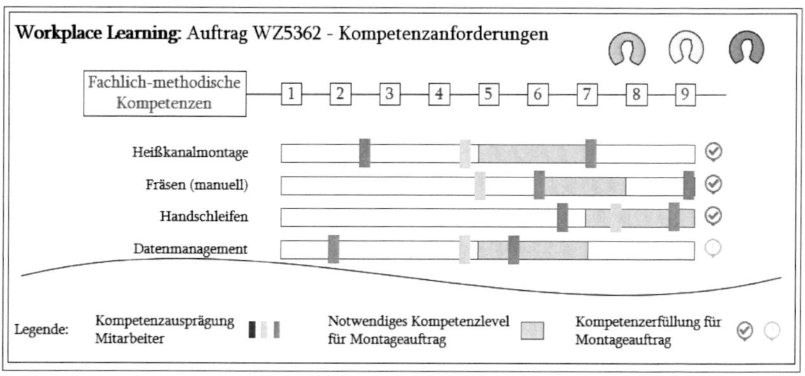

Abbildung V-19: Exemplarisches Workplace Learning in einer vernetzten adaptiven Montage[755]

Social Learning in der Werkzeugmontage sollte das Lernen in der Gruppe durch den Rückgriff auf ein (interdisziplinäres) Netzwerk beschrieben werden. Dazu können ein Lerncoach oder eine Mentor-Mentee-Beziehung installiert werden. Ein Beispiel kann das montageinterne Coaching zum Thema Werkzeuginstandhaltung von erfahrenen Mitarbeitern für Auszubildende sein. Gleichermaßen lassen sich externe Schulungen oder Best-Practice-Besuche bspw. zur effizienten CAM-Programmierung für Montagemitarbeiter als eine Form des Social Learnings identifizieren.

Zur Adressierung des **Formal Learnings**, welches im Wesentlichen die Vermittlung von Wissen und Qualifikation beinhaltet, greifen Werkzeugbaubetriebe idealerweise auf

[754] Vgl. Kapitel V.7
[755] Eigene Darstellung, vgl. Abbildung V-24

Formen des Blended Learnings zurück. Als Blended Learning, oder auch bekannt als integriertes Lernen, wird die Kombination von Präsenzveranstaltungen und computergestütztem Lernen bzw. E-Learning bezeichnet. Mit dem Konzept des Blended Learnings wird die Berücksichtigung unterschiedlicher Kenntnisstände der Mitarbeiter der Montage ermöglicht. Ein Beispiel hierfür kann die Heißkanalmontage und Visulisierung von Auswirkungen der korrekten oder inkorrekten Montage sein. Das E-Learning kann individuell zusammengestellt und bei Bedarf selbstorganisiert durch den Mitarbeiter über digitale Endgeräte in Form von festinstallierten oder portablen Devices angewendet werden. Es legt daher keine feste Bindung zu einem Arbeitsplatz fest und schafft darüber hinaus größtmögliche Flexibilität des Lernens sowie eine bedarfsorientierte Einbindung in die tägliche Auftragsabwicklung. Bezogen auf die Heißkanalmontage, welche eine komplexe Montageaufgabe darstellt, können Montagemitarbeiter optimal geschult werden. Weiterhin werden mit dem E-Learning verschiedene Lerntypen adressiert, sodass die Wissensvermittlung ideal auf den Lernenden und seine präferierte Form der Wissensaneignung zugeschnitten wird. Ein exemplarisches E-Learning wird in der Abbildung V-20 dargestellt.

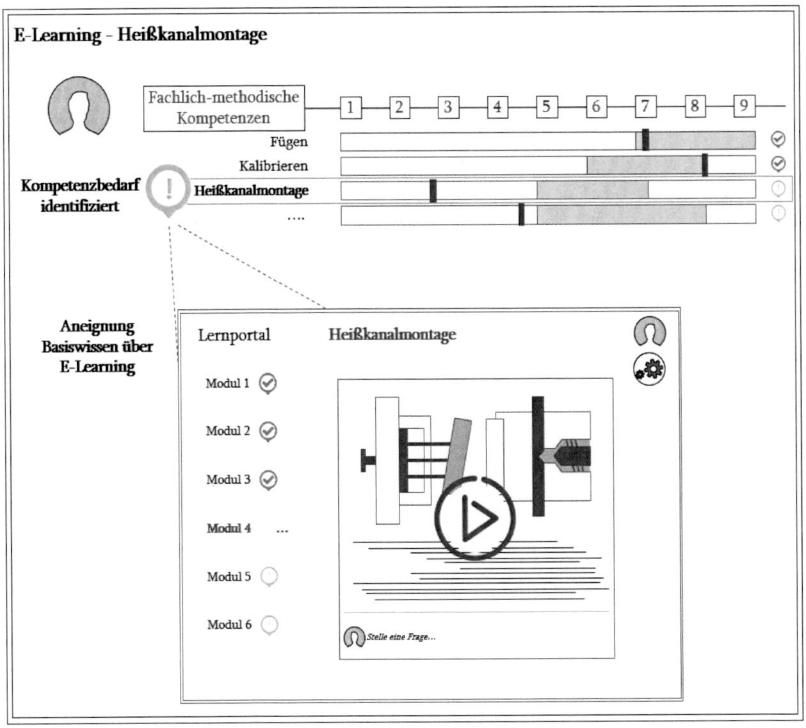

Abbildung V-20: Exemplarisches E-Learning in der vernetzten adaptiven Montage[756]

[756] Eigene Darstellung, vgl. Abbildung V-24

Über die Möglichkeit der Nutzung der E-Learning Konzepte hinaus werden werden Wiki-Systeme oder Projektdatenbanken als Medien aufgeführt, welche zur Kompetenzentwicklung verwendet werden können. Die drei beschriebenen Formen des Kompetenzaufbaus in der Werkzeugmontage sind in der Abbildung V-21 zusammenfassend dargestellt.

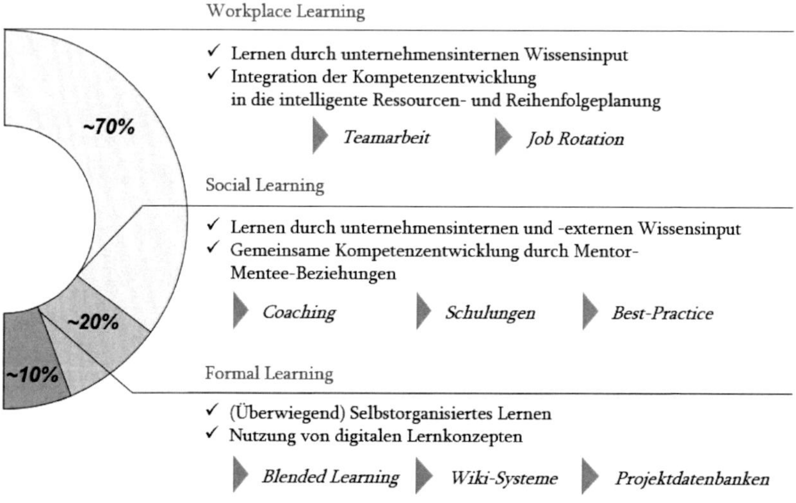

Abbildung V-21: Formen des Kompetenzaufbaus in der vernetzten adaptiven Montage[757]

V.4 Digital vernetzte Montageassistenz

Das Gestaltungsfeld Digital vernetzte Montageassistenz wird durch die beiden Gestaltungselemente **Kognitive Montageassistenz** sowie **Physische Montageassistenz** detailliert. Im Gestaltungselement Kognitive Montageassistenz werden für die Montage im Werkzeugbau relevante, Mitarbeiter-unterstützende und digital vernetzte Assistenzsysteme konzeptioniert und ausgetaltet. Im Gestaltungselement Phyische Montageassistenz werden Montageassistenzsysteme konzeptioniert und ausgestaltet, welche der ergonomischen Ausführungsunterstützung dienen. Die Ziele der Gestaltungselemente sind in der Abbildung V-22 dargestellt.

[757] Eigene Darstellung

Gestaltungsfeld	Gestaltungselement		Ziel
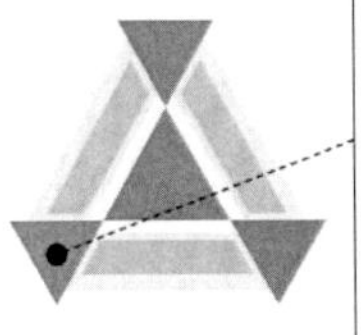	V.4.2	Kognitive Montageassistenz	Konzeption und Ausgestaltung digital vernetzter Montageassistenzsysteme zur Entscheidungsunterstützung
	V.4.3	Physische Montageassistenz	Konzeption und Ausgestaltung physischer Montageassistenzsysteme zur Ausführungsunterstützung

Abbildung V-22: Ziele der Gestaltungselemente – Digital vernetzte Montageassistenz[758]

V.4.1 Grundlagen Assistenzsysteme

Bereits in Kapitel IV.4.4 wurden kognitive und physische Assistenzsysteme hergeleitet, welche als Technologien verstanden werden, die Mitarbeiter bei ihrer Arbeit auf verschiedene Weisen unterstützen. Dabei sollen Assistenzsysteme dazu beitragen, die körperliche und geistige Leistungsfähigkeit der Mitarbeiter zu erhalten und weiterzuentwickeln.[759] Gemäß der Definition eines Werkerinformationssystems sollen „Werkerinformationen zum richtigen Zeitpunkt in der richtigen Form dem Mitarbeiter, assoziiert zu seiner aktuellen Tätigkeit, zur Verfügung gestellt werden“[760]. In drei Handlungsfeldern kann ein Werkerinformationssystem ausgestaltet werden. Das individuelle Werkerinformationssystem beantwortet somit die Frage: „Was wird wie (in welcher Weise) und womit übermittelt?“[761]. Die Handlungsfelder lauten: Informationsgrad (Degree), Informationspräsentation (Design) und Informationsübertragung (Device).[762] In der nachfolgenden Abbildung V-23 sind die Handlungsfelder dargestellt.

Individuelles dynamisches Werkerinformationssystem

Informationsgrad *Degree*	Informationspräsentation *Design*	Informationsübertragung *Device*
▪ Informationsart ▪ Informationsmenge ▪ Informationsgranularität ▪ .... *WAS*	▪ Wahrnehmung ▪ Modus und Stil ▪ Intensität ▪ ... *WIE*	▪ Übermittlungsform ▪ Übermittlungsmedium ▪ Rückmeldung ▪ ... *WOMIT*

Abbildung V-23: Handlungsfelder eines Werkerinformationssystems[763]

---

758 Eigene Darstellung
759 Vgl. Becker (Arbeit in der Industrie 4.0), 2015, S. 25
760 Dombrowski et al. (Werkerinformationssystem), 2010, S. 282
761 Dombrowski et al. (Werkerinformationssystem), 2010, S. 282
762 Vgl. Reinhart et al. (Der Mensch in der Produktion von Morgen), 2017, S. 68 f.
763 Vgl. Reinhart et al. (Der Mensch in der Produktion von Morgen), 2017, S. 69

Im Handlungsfeld Informationsgrad (Degree) wird für das Werkerinformationssystem festgelegt, welche Art und Menge der Informationen bereitgestellt werden. In der Literatur unterscheidet man sechs verschiedene Informationsarten, welche als produktbezogene, auftragsbezogene, ablaufbezogene, qualitätsbezogene, tätigkeits- und prozessbezogene Informationen sowie allgemeine Informationen bezeichnet werden. Neben der Informationsart ist es die Informationsmenge und damit der entsprechende Detallierungsgrad der Informationen, welche entscheidend sind.[764] Ziel des dynamischen Werkerinformationssystems muss es daher sein, die Informationsmenge dem Wissensstand des Mitarbeiters[765] anzupassen. Während eine mangelnde Informationslage aufgrund zu gering bereitgestellter Informationen zu Fehlern führen kann, kann die Überinformation bis hin zur Nichtbeachtung der Informationen führen.[766]

Im zweiten Handlungsfeld wird die Informationsrepräsentation (Design) thematisiert. Im Rahmen dieses Handlungsfeldes müssen die drei Parameter Wahrnehmung, Modus und Stil sowie Intensität bei der Ausgestaltung des individuellen dynamischen Werkerinformationssystems berücksichtigt werden. Grundsätzlich kann der Mitarbeiter Informationen über drei verschiedene Kanäle, den visuellen Kanal, den auditiven Kanal sowie den kinästhetischen Kanal, aufnehmen. Aufgrund der Komplexität und der Vielfältigkeit der Informationen in Form von Texten, Bildern und Videos, die in der Montage benötigt werden, eignet sich in besonderem Maße der visuelle Kanal.[767] Der letzte Parameter, die Intensität der Informationsbereitstellung, passt sich individuell an die jeweiligen Mitarbeiter an.[768]

Das dritte Handlungsfeld ist die Informationsübertragung, womit die Informationspräsentation umgesetzt wird.[769] Im Zuge dieses Handlungsfeldes sind die Übermittlungsform, das Übermittlungsmedium und die Rückmeldung im Informationsmedium zu berücksichtigen. Bei dem vorliegenden Fall eines dynamischen Werkerinformationssystems erfolgt die Übermittlungsform auf digitale bzw. IT-basierte Weise, um den Papieraufwand an den Arbeitsplätzen zu reduzieren und eine echtzeitnahe Abbildung der Montage sicherzustellen. Entsprechende Übermittlungsmedien stellen bspw. Tablet-PCs oder Smartphones dar. Die Konzeption und Implementierung eines dynamischen Werkerinformationssystems muss stets vor dem Hintergrund der drei vorgestellten Handlungsfelder erfolgen.

V.4.2 Kognitive Montageassistenz

Eine mangelnde Informationstransparenz im Werkzeugbau wurde bereits in Kapitel II.5 dargestellt. Im Zuge der Grundlagen dieses Kapitels wurde das Werkerinformationssystem nach den Handlungsfeldern Informationsgrad (Degree), Informationspräsentation (Design) und Informationsübertragung (Device) detailliert vorgestellt[770] und soll nachfolgend für die Gestaltung von kognitiven Assistenzsystemen in der vernetzten adaptiven Montage im Werkzeugbau genutzt werden. Für den Mitarbeiter in der Montage des Werkzeugbaus sind

[764] Vgl. Reinhart et al. (Der Mensch in der Produktion von Morgen), 2017, S. 69
[765] Auszubildender mit geringer Berufserfahrung vs. Mitarbeiter mit dreißigjähriger Berufserfahrung
[766] Vgl. Reinhart et al. (Der Mensch in der Produktion von Morgen), 2017, S. 72
[767] Vgl. Reinhart et al. (Der Mensch in der Produktion von Morgen), 2017, S. 70
[768] Vgl. Reinhart et al. (Der Mensch in der Produktion von Morgen), 2017, S. 72
[769] Vgl. Reinhart et al. (Der Mensch in der Produktion von Morgen), 2017, S. 71
[770] Vgl. Reinhart et al. (Der Mensch in der Produktion von Morgen), 2017, S. 69

eine zentrale Informationsübersicht, eine Unterstützung bei der Montageaufgabe sowie eine Rückmeldung von Arbeitsständen in Form kognitiver Montageassistenz essenziell.

Ein Montageboard, analog oder digital, vereint viele Funktionen, welche den Mitarbeiter in der vernetzten adaptiven Montage des Werkzeugbaus unterstützen und damit als **zentrale Informationsübersicht** für das Gewerk Montage fungieren soll. Abbildung V-24 zeigt eine exemplarische Ausgestaltung des digitalen Montageboards.

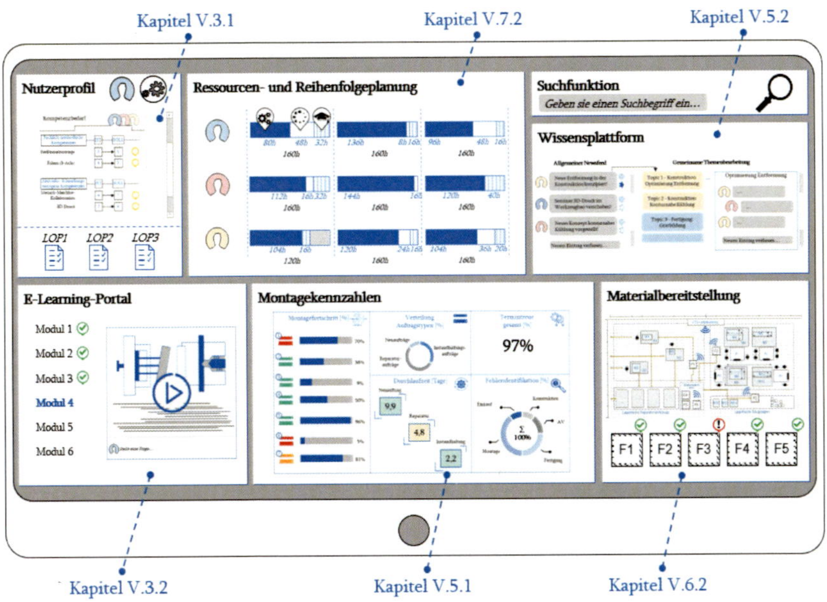

Abbildung V-24: Exemplarisches digitales Montageboard als zentrale Informationsübersicht in einer vernetzten adaptiven Montage[771]

Das **digitale Montageboard** besitzt mitarbeiterindividuelle und allgemeine Funktionen. So ist jeder Mitarbeiter über ein persönliches Nutzerprofil registriert, in dem detaillierte Informationen, wie bspw. das mitarbeiterspezifische Kompetenzprofil[772] oder durchzuführende Lernmaßnahmen, gespeichert und für die Mitarbeiter einsehbar sind. Weiterhin besteht die Möglichkeit, eine individuelle ToDo-Liste als Unterstützung für das Aufgabenmanagement (LOP) zu nutzen. Außerdem bietet das digitale Montageboard die Möglichkeit einer Wissensplattform[773] zur gewerksübergreifenden Kommunikation. Zur alltäglichen Übersicht der Performance ist eine echtzeitnahe Kennzahlenübersicht[774] hinterlegt. Dazu bietet das digitale Montageboard die Möglichkeit, produkt-, tätigkeits-, prozess- und quali-

[771] Eigene Darstellung
[772] Vgl. Kapitel V.3.2
[773] Vgl. Kapitel V.5.2
[774] Vgl. Kapitel V.5.1

tätsbezogene Daten sämtlicher Montageprojekte zu hinterlegen. Neben der Kennzahlenübersicht umfasst das digitale Montageboard eine Visualisierung der Intelligenten Ressourcen- und Reihenfolgeplanung[775]. Das digitale Montageboard wird ebenfalls durch eine Übersicht über den Status quo der Materialbereitstellung[776] und eine allgemeine Suchfunktion, welche einen schnelleren Zugriff auf relevante Informationen ermöglicht, ergänzt.

Zur Unterstützung der Montageaufgabe im Werkzeugbau können **digitale Montageanleitungen** genutzt werden. Eine sich in diesem Kontext optimal eignende Technologie ist Augmented Reality (AR). Die AR sichert die Übertragung digitaler Informationen in die reale Umgebung und eignet sich daher optimal als kognitives Assistenzsystem.[777] Benötigte Informationen können mithilfe von AR in das Sichtfeld des Mitarbeiters eingeblendet werden, ohne die Montagetätigkeiten merklich ergonomisch zu beeinflussen. Die Mitarbeiter können Schritt für Schritt durch die komplizierte Montage von Werkzeugen geleitet werden. Dabei werden die Informationen nicht nur in Textform eingeblendet, sondern in Form einer Visualisierung von Montageabfolgen oder CAD-Modellen angezeigt. Neben der Steigerung der Effizienz und der Qualitätskontrolle können AR-Anwendungen Mitarbeitern mit niedriger Qualifikation oder geringerer Arbeitserfahrung die anspruchsvolle Werkzeugmontage, durch eindeutige Step-by-Step Anleitungen im direkten Sichtfeld, ermöglichen.[778] Gerade deshalb ist die Anwendung der Smart Glasses nicht nur in der täglichen Auftragsabwicklung, sondern auch für die Einführung und Schulung neuer Mitarbeiter denkbar.[779] Die Smart Glasses zur Montageunterstützung ist in Abbildung V-25 schematisch dargestellt.

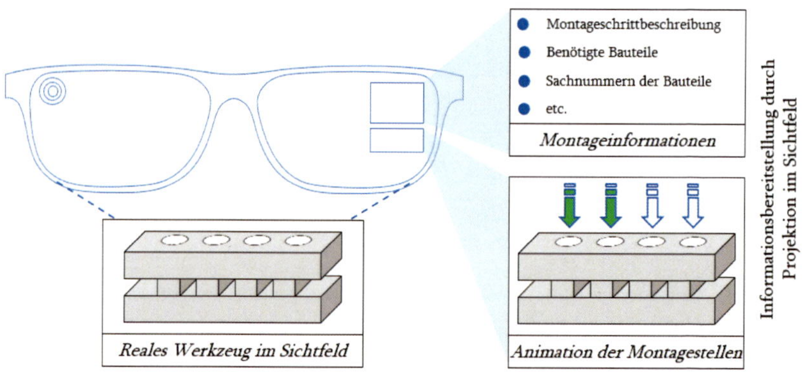

Abbildung V-25: Smart Glasses zur Montageunterstützung in einer vernetzten adaptiven Montage[780]

[775] Vgl. Kapitel V.7.2
[776] Vgl. Kapitel V.6.2
[777] Vgl. Schuh et al. (Industrie 4.0 Maturity Index), 2017, S. 12
[778] Vgl. acatech (Digitale Transformation gestalten), 2016, S. 12
[779] Vgl. Jost et al. (Der Mensch in der Industrie), 2017, S. 158
[780] I. A. a. Schuh et al. (Industrie 4.0: Implement it!), 2018, S.8

Neben der Unterstützung der Montageaufgabe ist die Rückmeldung von Montageinformationen für eine vernetzte adaptive Montage im Werkzeugbau unerlässlich. Diese Aufgabe lässt sich durch ein kognitives Assistenzsystem, z. B. durch den Smart Glove (dt. intelligenter Handschuh), unterstützen. Eine im Handschuh integrierte Software und Hardware in Form eines Scanners lassen eine **digitale Rückmeldung von Arbeitsschritten** zu. Voraussetzung hierfür ist jedoch die Kennzeichnung aller verwendeten Bauteile oder Baugruppen mit z. B. Barcodes oder deren Ausstattung mit RFID-Tags. Diese Form der Rückmeldung gewährleistet, dass die Mitarbeiter für die eigentliche Arbeitsaufgabe keine Einschränkung erfahren. Jedes gescannte und erkannte Bauteil/Baugruppe sollte rückgemeldet werden. Die Erfassung des Arbeitsfortschritts kann über die digitale Stückliste[781] erfolgen und ermöglicht eine echtzeitnahe Übersicht von Montagebearbeitungsständen. Neben der Rückmeldung besteht ein essenzieller Vorteil in der Nutzung eines Smart Glove in der Vermeidung von fehlerhaften Montagen. Durch visuelle, auditive oder haptische Signale erfolgt eine Rückmeldung bei fehlerhafter Montage. Der Smart Glove ist in Abbildung V-26 visualisiert.

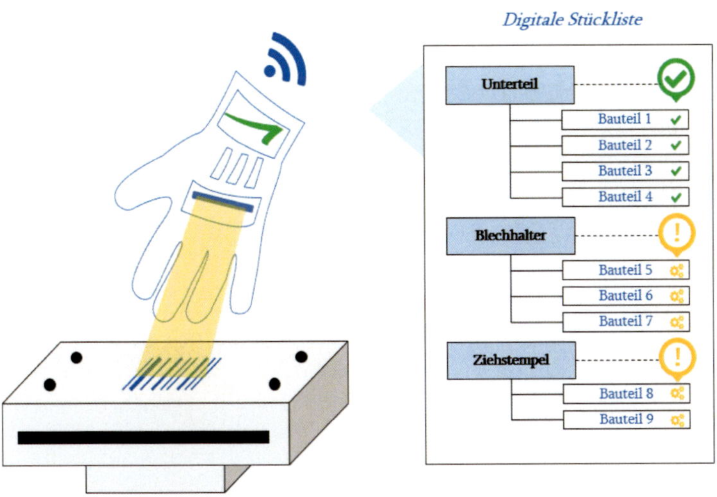

Abbildung V-26: Smart Gloves zur Montagerückmeldung in einer vernetzten adaptiven Montage[782]

V.4.3 Physische Montageassistenz

Das Ziel der physischen Montageassistenz ist es, durch bestehende und neuartige Technologien signifikante Ergonomie- und Effizienzverbesserungen der Arbeitsumgebung des Montagemitarbeiters herbeizuführen. In Kapitel V.1.2 wurde bereits auf Layoutform und Organisationsform eingegangen. Eine Betrachtung des Arbeitsplatzes als Erweiterung des

[781] Vgl. Abbildung V-36

[782] Eigene Darstellung

Gestaltungsfeldes Anforderungsgerechte Montageorganisation muss zudem erfolgen. Nach BULLINGER ET AL. wird unter der Arbeitsplatzgestaltung die Ausgestaltung des Ortes verstanden, an dem die Arbeit des Menschen ausgeübt wird.[783] Die Arbeitsplatzgestaltung beschäftigt sich somit mit allen Themen, die eine direkte Auswirkung auf den Arbeitsplatz und die Ausführung der Arbeit haben. Demnach ist die anthropometrische[784] Auslegung in Form der Dimensionierung des Arbeitsplatzes am Körper des Mitarbeiters zu gestalten.[785] Die Gestaltung physischer Montageassistenz fokussiert den Arbeitsplatz und unterscheidet in der Ausgestaltung die menschliche und die technische Sichtweise. Während die technische Sichtweise die physische Ausgestaltung des Arbeitsplatzes im Sinne der Zusammenstellung der Systemelemente sowie deren Interaktion beschreibt, wird durch die menschliche Sichtweise die ergonomische Anwendung der Systemelemente bezeichnet.[786]

Hinsichtlich der physischen Beschaffenheit des Arbeitsplatzes sind zunächst alle Eingangsgrößen für die Montage im Werkzeugbau zu berücksichtigen. Zu diesen Eingangsgrößen zählen Material, Medien, Information und Energie.[787] Neben den in der Fertigung hergestellten Werkzeugkomponenten zählen **Betriebsmittel** wie Spannmittel, Messmittel, Fügewerkzeuge oder Norm- und Standardteile zu den zur Verfügung zu stellenden Materialien der vernetzten adaptiven Montage im Werkzeugbau. Die Eingangsgröße Medium beschreibt hingegen Prozessmedien, die während der Montage verbraucht werden, wie z. B. Schmierstoffe zur Einpassung von Werkzeugkomponenten. Sollten diese frequent benötigt werden, sollte dafür eine Fläche zur griffnahen Lagerung am Arbeitsplatz vorgesehen werden.

Für die Materialien besteht neben der Montagefläche auch ein Bedarf nach weiteren Flächen für die **Zwischenlagerung bzw. Aufbewahrung von Werkzeugkomponenten und -baugruppen**. Hierzu zählen u. a. Tische, Schränke, Schubladen oder Greifbehälter, die in unmittelbarer Nähe zur Montagefläche positioniert sein müssen. Weiterhin sollte eine Fläche zur **Warteposition für die fahrerlose Transportfahrzeuge**[788] vorgesehen werden, welche Werkzeugkomponenten anliefern. Eine Anzeige der verfügbaren Werkzeugkomponenten, z. B. in Form einer **Montageampel**[789], sollte in unmittelbarer Nähe zu Werkzeugkomponenten und -baugruppen angeordnet sein. Neben den Eingangsgrößen Materialien und Medium sind Informationen notwendig. Solche Informationen sind in Ausprägung von Baugruppen- und Werkzeugzeichnungen, Arbeitsplänen, Stücklisten oder Arbeitsanweisungen in einer vernetzten adaptiven Montage über das digitale Montageboard[790] abzurufen. Die Informationen sind aufgrund des Unikat- und Kleinseriencharakters schwankend, nicht aber hinsichtlich des Informationsinputs. Eine individuelle Informationsbereitstellung ist damit Voraussetzung für eine schnelle und fehlerfreie Werkzeugmontage, die

[783] Vgl. Bullinger (Ergonomie), 1994, S. 197 ff.
[784] Anthropometrie ist die Lehre der Maße des menschlichen Körpers und wird hauptsächlich bei der ergonomischen Auslegung von Produkten (z. B. Fahrzeuge, Arbeitsplätze und Möbel) genutzt
[785] Vgl. Bullinger (Ergonomie), 1994, S. 198
[786] I. A. a. Wiendahl et al. (Funktionale Arbeitsplatzgestaltung), 2014, S. 158
[787] I. A. a. Wiendahl et al. (Funktionale Arbeitsplatzgestaltung), 2014, S. 157
[788] Vgl. Kapitel V.6.2
[789] Vgl. Kapitel V.6.1
[790] Eigene Darstellung, vgl. Abbildung V-24

effizient nur durch **Visualisierungskomponenten**, wie z. B. Monitore, Smart Glasses oder Smart Gloves, ermöglicht wird.[791]

Neben der Möglichkeit der Individualisierung des Arbeitsplatzes liegt die Besonderheit in der Modularität des Arbeitsplatzes. Um den Erhalt der Gesundheit und die körperliche Unversehrtheit der Mitarbeiter zu gewährleisten, müssen die Arbeitsplätze u. a. durch eine Krananlage zugänglich sein, damit bspw. der Transport von Werkzeugen zwischen verschiedenen Montagearbeitsplätzen ohne große Körperbelastungen möglich ist. Außerdem kann durch die **Verstellbarkeit der Tischhöhe** auf verschiedene Mitarbeiter in Bezug auf die Ergonomie eingegangen werden. Umgesetzt werden kann die Höhenverstellbarkeit der Montagetische mit sogenannten elektrohydraulischen Antrieben. Bedenken bzgl. einer mangelnden Stabilität der Montagearbeitsplätze durch die Höhenverstellbarkeit können durch die richtige Antriebs- und Linearführungstechnologie ausgeräumt werden. Eine vereinfachte Ausführung zur automatischen Anpassung des Arbeitsplatzes an die für einen Mitarbeiter hinterlegten ergonomisch sinnvollen Gegebenheiten können in Einstellungen gespeichert oder per Transponder übertragen werden. Demnach würde die benötigte Arbeitshöhe mittels Resistive Capacative Identification-Technologie (RCID)[792] an die hydraulische Steuerungseinheit übermittelt. Hierzu zählen die geometrische Gestaltung des Arbeitsraums sowie die Augenhöhe des Mitarbeiters.[793] Dieses System bietet dem Mitarbeiter die Möglichkeit, bei zeitlicher Autonomie seine Montagetätigkeiten in einer optimalen ergonomischen Lage auszuüben, ohne zeitaufwendige Justagen vornehmen zu müssen. Eine nachträgliche Justage sollte ebenfalls am Arbeitsplatz selbst möglich sein.

Weiterhin kann der Montagetisch um **luftgelagerte Tischelemente** erweitert werden. Durch diese Art der Montagetische lassen sich Baugruppen, Werkzeughälften oder gar komplette Werkzeuge sehr leicht handhaben. Grund der einfachen Handhabung sind eine Vielzahl von Luftdüsen an der Unterseite des Montagetisches, welche ein Luftkissen bilden. Die Baugruppen, Werkzeughälften oder Werkzeuge lassen sich auf diese Weise ohne aufwendige Krantätigkeiten verschieben und ermöglichen effizientes Arbeiten. Die luftgelagerten Montagetische sind unempfindlich gegenüber grobem Aufsetzen und bieten mehr Sicherheit für Mitarbeiter. Luftgelagerte Montagetische sind aktuell geeignet für den Einsatz von Werkzeugen bis 5 t.[794]

Ebenfalls ist die **Montageunterstützung durch Robotik** eine weitere physische Montageassistenz. Bei Mensch-Roboter-Interaktion muss zwischen Koexistenz, Kooperation und Kollaboration unterscheiden werden.[795] Befinden sich Mensch und Roboter zur selben Zeit im selben Raum, wird von Koexistenz gesprochen. Die Kooperation erweitert die Koexistenz um die Dimension des gemeinsamen Ziels von Mensch und Roboter. Unter Kollaboration wird verstanden, dass sich Mensch und Roboter zur selben Zeit im selben Raum mit einem gemeinsamen Ziel befinden und gleichzeitig durch eine enge gemeinsame Handhabung,

[791] Vgl. Kapitel V.7.1

[792] Bei RCID handelt es sich um eine Technologie der „dormakaba Holding AG" zur Informationsübertragung mittels (quasi-)statischer elektrischer Felder. Sie basiert auf dem Grundgedanken der RFID-Technologie, deren Funktion auf magnetischen bzw. elektromagnetischen Feldern beruht.

[793] Vgl. Reinhart et al. (Individualisierung an Montagearbeitsplätzen), 2010, S. 666

[794] Vgl. Meusburger (Montagetisch), 2020

[795] Vgl. Schmidtler et al. (Human Centered Assistance Applications), 2015, S. 84

z. B. in Form von Sprache, Gestik oder Mimik, verbunden sind.[796] Der Einzel- und Kleinseriencharakter des Werkzeugbaus lässt eine in der Serienmontage übliche Mensch-Roboter-Interaktion nicht zu. Dennoch sind einige Anwendungsfälle für die Werkzeugmontage realistisch, müssen jedoch intensiv unter wirtschaftlichen Gesichtspunkten geprüft werden. Anwendungsfälle zur Nutzung von Mensch-Roboter-Koexistenz sind Messaufgaben von Werkzeugkomponenten. Im Zuge einer Mensch-Roboter-Kooperation ist der Einsatz von Robotik für einfache Montagetätigkeiten, wie bspw. Entgraten oder Einschleif- und Tuschierarbeiten, einsetzbar. Kollaborative Robotik kann im Rahmen der Montage genutzt werden, um die Bewegung von Werkzeugen bzw. Werkzeugkomponenten zu erleichtern, sodass der Mitarbeiter die jeweiligen Fügestellen ohne körperliche Anstrengung ergonomisch optimal erreicht.

Die aufgeführten Elemente eines modularen Montagearbeitsplatzes im Werkzeugbau sind in Abbildung V-27 dargestellt. Die modulare Arbeitsplatzkonfiguration leistet einen enormen Beitrag, den Arbeitsplatz flexibel auf sich ändernde Arbeitsinhalte anzupassen, welches eine zentrale Eigenschaft des Arbeitssystems im Werkzeugbau sein sollte.

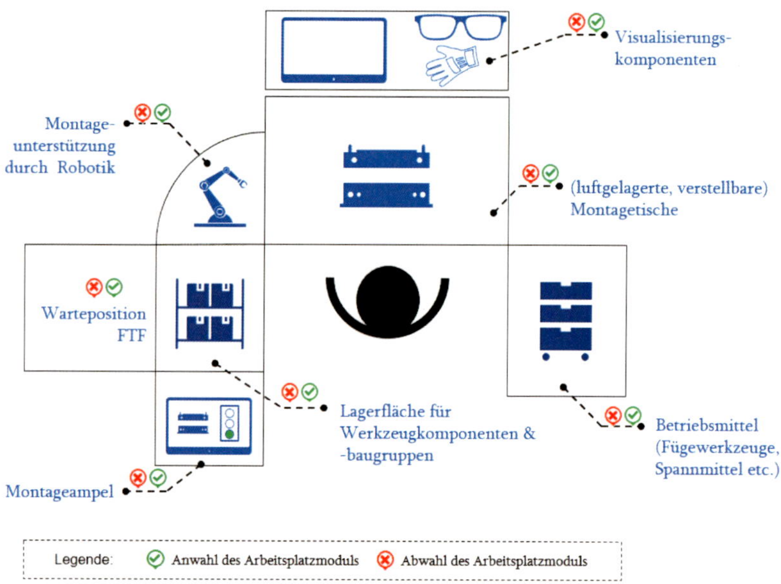

Abbildung V-27: Exemplarischer modularer Arbeitsplatz in der vernetzten adaptiven Montage[797]

[796] Vgl. Reinhart et al. (Der Mensch in der Produktion), 2017, S. 78
[797] Eigene Darstellung

V.5 Kontinuierliche Montageoptimierung

Das Gestaltungsfeld Kontinuierliche Montageoptimierung wird durch die beiden Gestaltungselemente **Kennzahlenbasierte Mitarbeiterführung** sowie **Gewerksübergreifende Wissensrückführung** detailliert. Im Gestaltungselement Kennzahlenbasierte Mitarbeiterführung werden ein Kennzahlensystem sowie die echtzeitnahe Aufnahme und Visualisierung der Kennzahlen zur Optimierung der Montage erarbeitet. Auf Basis dieser Grundlage wird im Gestaltungselement Gewerksübergreifende Wissensrückführung die gezielte Rückführung von Wissen aus der Montage in andere Gewerke zur kontinuierlichen Optimierung von Prozess, Produkt und Organisation thematisiert. Die Ziele der Gestaltungselemente sind in der Abbildung V-28 dargestellt.

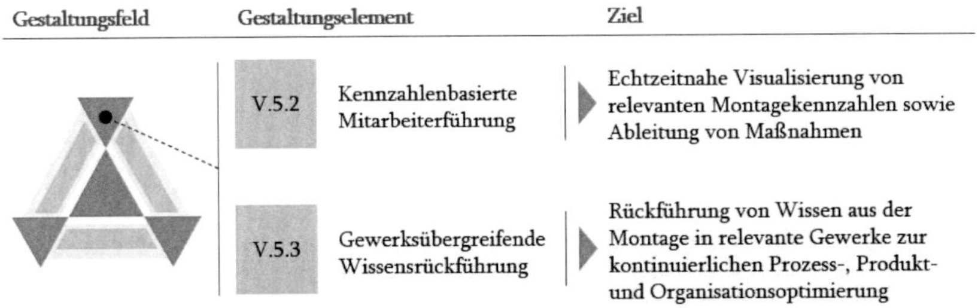

Abbildung V-28: Ziele der Gestaltungselemente – Kontinuierliche Montageoptimierung[798]

V.5.1 Grundlagen Performancemessung und Wissensmanagement

Eine kontinuierliche Montageoptimierung setzt voraus, dass der Status quo der Montage anforderungsgerecht und kontinuierlich erfasst wird. Dabei bedienen sich Unternehmen oft diverser Hilfsmittel, um die Performance in Form von Kennzahlen zu messen. In der Literatur exisiteren eine Vielzahl von Kennzahlen, welche nicht selten nur eine bedingte Anwendung auf die Einzel- und Kleinserienfertigung haben. Deshalb ist es notwendig Kennzahlen zu definieren, welche eine spezifische Anwendung für die Montage im Werkzeugbau aufweisen. Die Kennzahlen sollten ein angemessenes Kosten-Nutzen-Verhältnis hinsichtlich Datenerhebung und Führungsmöglichkeit aufweisen.[799] „Management by Objectives" ist das Kredo insbesondere in produzierenden Unternehmen mit einer hohen Arbeitsteilung. POSSELT definiert dabei Funktionen von Kennzahlen, welche zur Akzeptanz dieser beirtragen[800]:

- *Leistung beurteilen:* Kennzahlen sollten die Leistung der Leistungseinheit fair und transparent bewerten
- *Zielerreichung überprüfen:* Kennzahlen sollten das Erreichen der Zielvorgabe bewerten

[798] Eigene Darstellung
[799] Vgl. Boos et al. (Erfolgreich Performance Messen), 2017, S. 7f.
[800] Vgl. Posselt (Mitarbeiter führen mit Kennzahlen), 2014, S. 14f.

- *Mit Richtwerten vergleichen:* Kennzahlen sollten nicht isoliert betrachtet werden, sondern in einen Kontext gestellt werden
- *Frühwarnindikation:* Kennzahlen sollten die Möglichkeit einer frühzeitigen Zielverfehlung offenlegen
- *Mitarbeiter in die Verantwortung nehmen:* Kennzahlen sollten Mitarbeiter zur selbsständigen Arbeit befähigen

Die Funktionen von Kennzahlen sind in der Abbildung V-29 dargestellt.

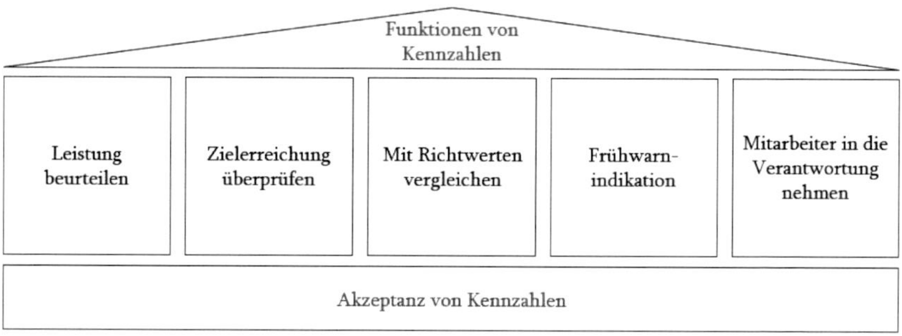

Abbildung V-29: Funktionen von Kennzahlen[801]

Zielführend ist es, die Übereinkunft eines „Top-Down"- sowie eines „Bottom-up"-Ansatzes zu forcieren, um somit die Mitarbeiter und Vorgesetzten gleichermaßen in den Prozess der Performancemessung einzubinden. Mithilfe der Perfomancemessung kann schließlich die Mitarbeiterführung zielgerichteter durchgeführt werden.[802]

Ein weiterer wichtiger Aspekt in Bezug auf die Montageoptimierung ist, neben der Perfomancemessung das Wissen, welches in der Montage entsteht, allen Mitarbeitern wieder leicht zugänglich zu machen. Bevor auf die Wissensrückführung eingegangen werden kann, ist ein grundlegendes Verständnis des Wissensmanagements erforderlich. Eine grundlegende Definition des Wissensmanagements gibt HEILMANN: „Wissensmanagement oder Knowledge Management sorgt dafür, dass Wissen zur richtigen Zeit am richtigen Ort (beim einzelnen Mitarbeiter oder Team) verfügbar ist."[803]. WILLKE definiert Wissensmanagement als die „Gesamtheit aller organisationaler Strategien zur Schaffung einer intelligenten Organisation"[804]. Etwas abgeändert, aber den Kern der Definition von WILLKE treffend, bezeichnen DAVENPORT & PRUSAK Wissensmanagement als „formale, strukturierte Vorgehensweise zur Verbesserung der Generierung, Verteilung und Nutzung von Wissen in einer Organisation"[805]. Eine leicht abgewandelte Begriffsdefinition geben DICK & WEHNER. Für sie ist Wissensmanagement ein integrativer Ansatz, unter dem sich Ökonomen, Informatiker, Sozialwissenschaftler, Manager und Unternehmer etwas vorstellen und

---

801 Vgl. Posselt (Mitarbeiter führen mit Kennzahlen), 2014, S. 14f.
802 Vgl. Bonack (Kennzahlen als Führungsinstrument), 2014, S. 22ff.
803 Heilmann (Wissensmanagement), 1999, S. 9
804 Willke (Systemisches Wissensmanagement), 2001, S. 39
805 Davenport; Prusak (Praxisbuch zum Wissensmanagement), 1999, S. 34

sich darüber verständigen können.[806] Für den Werkzeugbau ist aber insbesondere das Thema der Wissensrückführung relevant – also das Sichern und Weitergeben von Wissen. Wissensrückführung schafft die Möglichkeit eines strukturierten Informationsaustauschs, indem vorhandenes Wissen verständlich dokumentiert, jederzeit zugänglich, effizient nutzbar und änderbar ist.[807]

V.5.2 Kennzahlenbasierte Mitarbeiterführung

Um die Führung der Mitarbeiter in einem dynamischen Montageumfeld sicherzustellen, ist eine zielgerichtete Wissensrückführung der Performance der Montage unerlässlich. In deutschen Werkzeugbaubetrieben werden aktuell größtenteils analoge Montage- oder Shopfloorboards verwendet, welche eine geringe Aktualität aufweisen.[808] In digitaler Form bietet die Darstellung von Montagekennzahlen insbesondere hinsichtlich der Aktualität deutlich verbesserte Möglichkeiten. So sind **digitale Kennzahlenboards** in der Lage, Informationen und Kennzahlen echtzeitnah zu aktualisieren und anforderungsgerecht darzustellen sowie signifikante Abweichungen eines Zielkorridors anzuzeigen.[809] Auf diese Weise kann der durch die Mitarbeiter bemängelten Informationsverfügbarkeit entgegengewirkt werden und das Gewerk der Montage zielgerichteter geführt werden.

In der Montage des Werkzeugbaus sollte der **Montagefortschritt** über die aktuell in der Montage befindlichen Werkzeuge dargestellt werden. Die Kennzahl muss in Form eines prozentualen Anteils an montierten Baugruppen bezogen auf alle zu montierenden Baugruppen gebildet werden. Ziel dieser Kennzahl ist es, von der Planung abweichende Montagefortschritte frühzeitig zu erkennen und ggf. Maßnahmen einzuleiten.

$$\text{Montagefortschritt} = \frac{\#\ \text{Montierte Baugruppen}}{\#\ \text{Baugruppen je Werkzeug}} \quad [\%]$$

Weiterhin sollte die **Verteilung Auftragsarten** (z. B. Neuwerkzeug, Reparatur, Instandhaltung) kontinuierlich überwacht werden, um eine mögliche Segmentierung oder Ressourcenverteilung zu optimieren.[810] Mithilfe dieser Kennzahl soll eine optimierte Ressourcenauslastung erreicht werden.

$$\text{Verteilung Auftragsart} = \frac{\sum \text{Montageaufträge einer Auftragsart}}{\sum \text{Montageaufträge aller Auftragsarten}} \quad [\%]$$

Darüber hinaus sollte je Auftragsart (z. B. Neuwerkzeug, Reparatur, Instandhaltung) die durchschnittliche **Durchlaufzeit** dargestellt werden. Eine Übersicht der Kennzahl Durchlaufzeit ermöglicht eine Transparenz über prozessuale Schwachstellen und offenbart Ressourcenengpässe bestimmter Austragsarten.

$$\text{Durchlaufzeit Auftragsart} = \varnothing\ \text{Durchlaufzeiten einer Auftragsart} \quad [\text{Tage}]$$

---

[806] Vgl. Dick; Wehner (Wissensmanagement zur Einführung), 2002, S. 2
[807] Vgl. Boos et al. (Erfolgreich Performance Messen), 2017, S. 29 f.
[808] Vgl. Boos et al. (Montage 4.0), 2017, S. 27 ff.
[809] I. A. a. Boos et al. (Erfolgreich Digital Vernetzen), 2016, S. 22
[810] Vgl. Kapitel V.1.1

Neben der Durchlaufzeit sollte die **Termintreue gesamt** über alle Auftragsarten angezeigt werden. Ziel dieser Kennzahl ist es, die Leistung der Montage rein zahlenseitig mit Richtwerten zu vergleichen und die Leistung der Montage entsprechend zu bewerten.

$$\text{Termintreue gesamt} = \frac{\sum \text{Fertiggestellte Montageaufträge nach Plan}}{\sum \text{Montageaufträge gesamt}} \quad [\%]$$

Eine weitere wichtige Kennzahl in der Montage des Werkzeugbaus ist die Anzahl identifizierter Fehler (**Fehleridentifikation**) in Bezug auf die Fehlerentstehung je Gewerk. Durch diese Kennzahl werden Mitarbeiter in die Verantwortung genommen, die Fehler zu melden und entsprechend mit anderen Gewerken der Auftragabwicklung aktiv zu adressieren.

$$\text{Fehleridentifikation} = \frac{\sum \text{Identifizierte Fehler der Montage eines Gewerks}}{\sum \text{Identifizierte Fehler der Montage aller Gewerke}} \quad [\%]$$

Die kontinuierliche Betrachtung der Kennzahlen stellt die Basis für die Mitarbeiterführung dar. Ein exemplarisches Montagekennzahlenboard ist in Abbildung V-30 dargestellt.

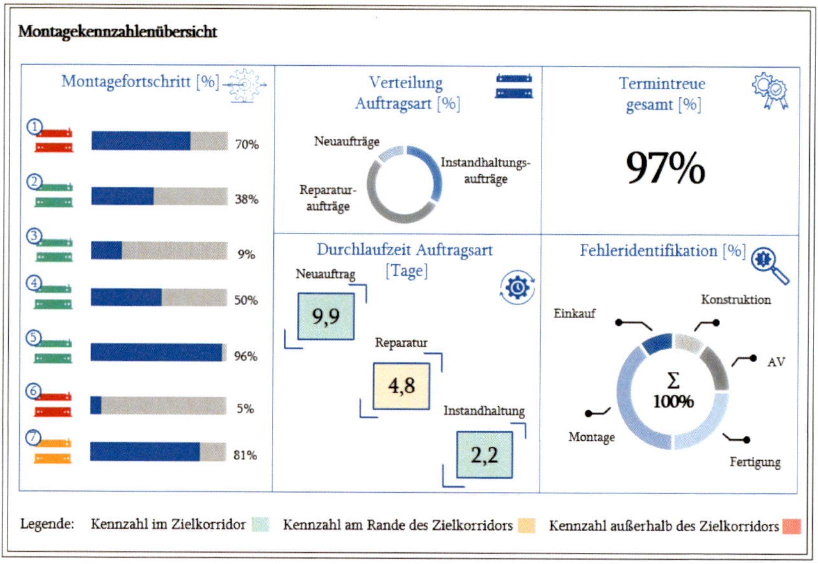

Abbildung V-30: Exemplarisches digitales Montagekennzahlenboard in einer vernetzten adaptiven Montage[811]

Neben der kontinuierlichen passiven Informationsbereitstellung sollten diese Kennzahlen in Abstimmungen mindestens einmal pro Woche thematisiert und interpretiert werden. Weisen Kennzahlen eine signifikante Abweichung vom Zielkorridor auf, sind Maßnahmen zu ergreifen und unter Umständen zu priorisieren. In einer vernetzten adaptiven Montage

[811] Eigene Darstellung, vgl. Abbildung V-24

im Werkzeugbau sollten die Maßnahmen digital verfügbar und verfolgbar sein. Die definierten Maßnahmen werden durch die Definition von einem Lösungsvorschlag, einem Mitarbeiterteam (Task Force), notwendiger (möglicher) Investitionen, einer (Haupt-) Verantwortlichkeit sowie einer Timeline zur Bearbeitung der Maßnahme charakterisiert. Abbildung V-31 zeigt eine Übersicht über exemplarische **Optimierungsmaßnahmen in der Werkzeugmontage.**

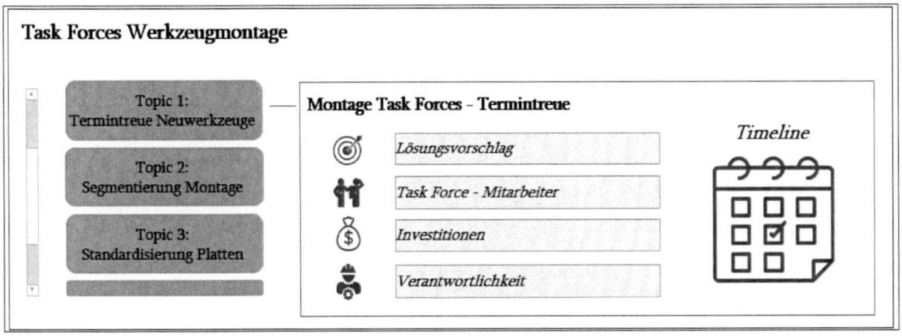

Abbildung V-31: Exemplarischer digitaler Optimierungsmaßnahmenkatalog Werkzeugmontage[812]

V.5.3 Gewerksübergreifende Wissensrückführung

In der aktuellen Praxis findet ein Wissensaustausch selten systematisch, häufig bilateral und selten kontinuierlich in der Montage des Werkzeugbaus statt, sodass von einem Wissensaustausch meist nur wenige Mitarbeiter profitieren. Die Implementierung eines standardisierten und kontinuierlichen Wissensaustauschs fällt vielen Werkzeugbaubetrieben schwer und stellt somit eine große Herausforderung für die Prozesse der Auftragsabwicklung dar.[813] Eine Umfrage in deutschen Werkzeugbaubetrieben zeigt, dass insbesondere das Thema Wissensrückführung diverse Potenziale birgt. Laut dieser Umfrage sind durch die Wissensrückführung zur Verringerung der Try-out-Schleifen (78 %), die Effizienzsteigerung (67 %) und eine frühzeitige Problemerkennung (56 %) die Hauptstellhebel der Wissensrückführung.[814]

Die Montage im Werkzeugbau eignet sich in besonderem Maße für die Initiierung einer gewerksübergreifenden Wissensrückführung, da Optimierungsideen und identifizierte Fehler (bspw. für eine fertigungsgerechtere Konstruktion) häufig erst in der Montage entdeckt werden.[815] Diese müssen aus der Montage in die an der Werkzeugerstellung beteiligten Gewerke rückgeführt werden.[816] Das bereits im Kapitel V.4 vorgestellte digitale Montageboard bietet eine ideale Möglichkeit, die gewerksübergreifende Wissensrückführung

[812] Eigene Darstellung, vgl. Abbildung V-24
[813] Vgl. Hoppe (Standardisierte horizontale und vertikale Kommunikation), 2017, S. 371
[814] Vgl. Boos et al. (Erfolgreich Digital Vernetzen), 2016, S. 29
[815] Von allen identifizierten Fehlern werden durchschnittlich 43 % der Fehler erst in der Montage entdeckt.
[816] Vgl. WZL/IPT (Datenbank Werkzeugbau), 2020

zu initiieren, das Wissen zu dokumentieren und an die verantwortlichen Gewerke herantragen.

Um eine zukünftige Auftragsabwicklung zu optimieren und Verbesserungsvorschläge nachhaltig anzuwenden, sollten Fehler, Verbesserungsvorschläge sowie Optimierungsideen dokumentiert und nach einem definierten Workflow bearbeitet werden. Dazu eignet sich die Nutzung einer Applikation (App). In dieser App müssen diverse Eingaben zum Werkzeug, zur Baugruppe und zum Bauteil hinsichtlich makro- und mikrogeometrischer Größen gemacht werden und damit eine **gewerksübergreifende digitale Wissensrückführung** aus der Montage in andere Gewerke initiiert werden. Die aufzunehmenden Fehler, Verbesserungsvorschläge und Optimierungsideen sollten optimaler Weise in Form von vorgefertigten Drop-down-Menüs einfach ausgewählt werden und nur nach Bedarf durch individuelle Kommentare erweitert werden. Im besten Fall werden mobile Endgeräte verwendet, welche örtlich flexibel mit multimedialen Formaten (Bild, Ton, Video) hinterlegt werden können. Diese multimedialen Formate sollten editierbar sein, um Markierungen oder Kommentare direkt an den entsprechenden Stellen des Bild-/Ton- oder Videomaterials durchzuführen. Optionalerweise können bereits Fehlerbehebungskosten abgeschätzt werden, um damit eine Entscheidungsgrundlage für die Arbeitsvorbereitung oder den Fertigungsleiter vorzubereiten.[817] Nach Aufnahme des Fehlers, des Verbesserungsvorschlags oder der Optimierungsidee sowie der Kategorisierung erfolgt nach einem im Backend **festzulegenden Workflow** die Bearbeitung. Nach Bearbeitung kann (falls erforderlich) eine Wissensdokumentation erfolgen. Eine Visualisierung einer digitalen Wissensrückführung ist in der Abbildung V-32 dargestellt.

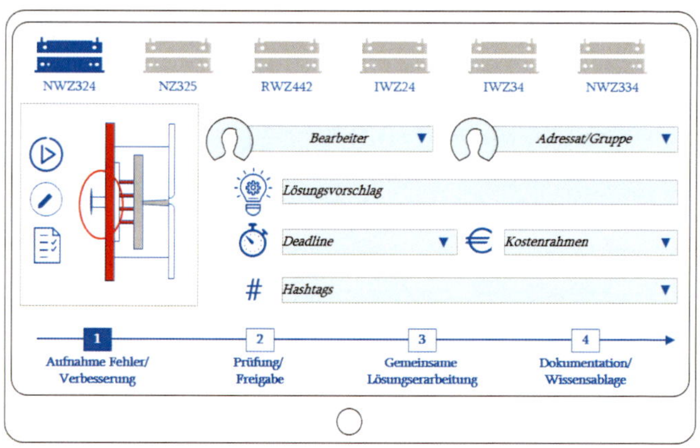

Abbildung V-32: Exemplarische digitale Wissensrückführung der vernetzten adaptiven Montage[818]

[817] Vgl. Boos et al. (Erfolgreich Digital Vernetzen), 2016, S. 32
[818] Eigene Darstellung, Vgl. Abbildung V-24

Die Einsicht über die aufgenommenen und klassifizierten Fehler, Verbesserungsvorschläge und Optimierungsideen in der Montage kann über die Wissensplattform genommen werden. Die Wissensplattform, welche im Allgemeinen ein vernetztes Hypertextsystem aus Seiten eines offenen oder unternehmensinternen Netzwerks beschreibt, soll auch als solches konzeptioniert werden. Beiträge müssen von den Benutzern aufgerufen und bearbeitet werden können.[819]

Weiterhin sollten in der **gewerksübergreifenden Wissensplattform** zwei Funktionen integriert sein:

- *Allgemeiner News Feed:* Austausch zu aktuellen Entwicklungen (montageübergreifend) und Neuerungen im Werkzeugbau (z. B. Neue Entformungskonzepte, Konturnahe Kühlung)
- *Gemeinsame Themenbearbeitung:* Werkzeugbezogener Austausch (z. B. zur Entformungsoptimierung) mit dem Gewerk Konstruktion

Abbildung V-33 zeigt exemplarisch eine digitale gewerksübergreifende Wissensplattform.

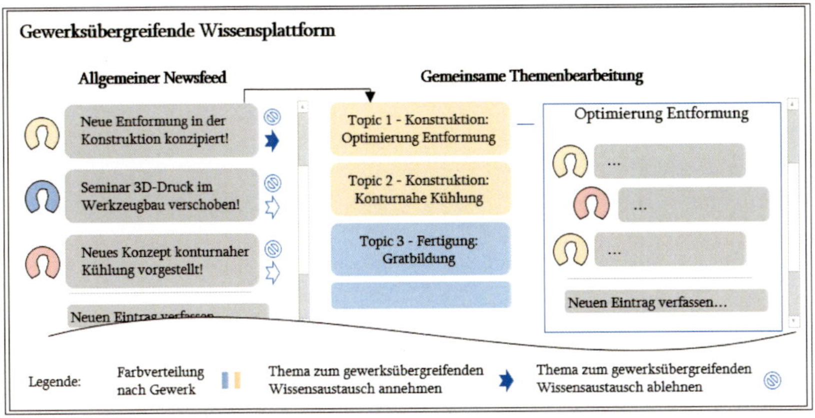

Abbildung V-33: Exemplarische gewerksübergreifende Wissensplattform in der vernetzten adptiven Montage[820]

V.6 Selbststeuernde Materialbereitstellung

Das Gestaltungsfeld Selbststeuernde Materialbereitstellung wird durch die beiden Gestaltungselemente **Digitale Bauteilverwaltung** sowie **Fahrerloser Bauteiltransport** detailliert. Im Gestaltungselement Digitale Bauteilverwaltung wird aufgezeigt, in welcher Form die Verwaltung der Werkzeugkomponenten zur Sicherstellung einer selbststeuernden Materialbereitstellung erfolgen sollte. Im Gestaltungselement Fahrerloser Bauteiltransport

---

[819] Vgl. Gabler Wirtschaftslexikon (Definition "Wiki"), 2018
[820] Eigene Darstellung, vgl. Abbildung V-24

wird die Auslegung der Materialbereitstellung durch digital vernetzte fahrerlose Transportsysteme in der Montage erörtert. Die Ziele der Gestaltungselemente sind in der Abbildung V-34 dargestellt.

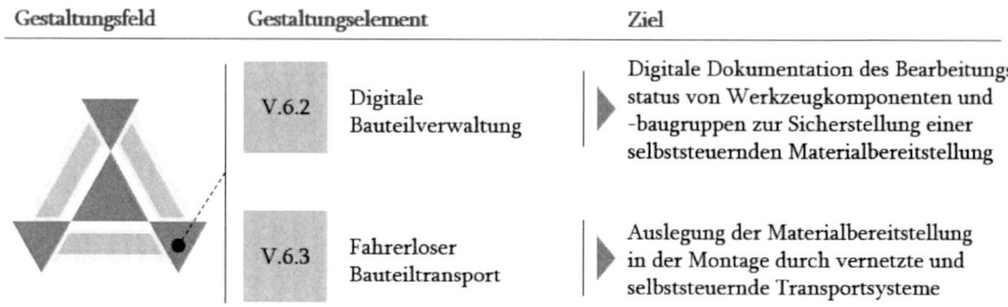

Abbildung V-34: Ziele der Gestaltungselemente – Selbststeuernde Materialbereitstellung[821]

V.6.1 Grundlagen Materialbereitstellung

Innerhalb einer logistischen Prozesskette beschränkt sich die Intralogistik auf die fabrikinternen Umfänge.[822] Hierin liegt ihre Abgrenzung zu der Transportlogistik, welche die Verteilung von Gütern zwischen verschiedenen Standorten und an den Endkunden behandelt.[823] Teil der logistischen Prozesskette ist auch die innerbetriebliche Produktionslogistik, die neben der Programmplanung und -steuerung den innerbetrieblichen Transport und die Materialbereitstellung umfasst.[824] Nach LOTTER wird unter dem Begriff Materialbereitstellung der Weg vom Wareneingang bis zum Montageort verstanden.[825] Diese folgen den Zielgrößen der geringen Bestände, kurzen Reaktionszeiten sowie kurzen Durchlaufzeiten.[826] In der Materialbereitstellung wird hauptsächlich zwischen vier Prinzipien unterschieden, welche nachfolgend dargestellt werden.

Das Warenkorbprinzip stellt einen Ansatz der Einzelkommissionierung dar. Bei diesem Prinzip werden Bauteile und Materialien für mehrere Arbeitsplätze in einem Behälter kommissioniert. Der Behälter wird dabei zwischen Montageplätzen transportiert. An den jeweiligen Montagestationen entnehmen die Mitarbeiter die notwendigen Bauteile und Materialen zur Montage.[827] Die Vorteile des Warenkorbkonzeptes liegen darin, die benötigte Fläche zur Bereitstellung zu verringern. Erfolgt die Materialbereitstellung nach dem sogenannten Supermarktprinzip, ist ein zentraler Logistikplatz, z. B. inmitten der Montage, notwendig. Dieser Logistikplatz kann als Warenumschlagplatz für Halbfertigprodukte[828]

[821] Eigene Darstellung
[822] Vgl. Arnold (Intralogistik), 2006, S. 84
[823] Vgl. Arnold (Intralogistik), 2006, S. 21
[824] Vgl. Arnold (Intralogistik), 2006, S. 85
[825] Vgl. Lotter; Wiendahl (Montage in der industriellen Produktion), 2006, S. 328
[826] Vgl. Konold; Reger (Angewandte Montagetechnik), 1996, S. 128
[827] Vgl. Gronalt (Logistikmanagement), 2001, S. 31 f.
[828] Bauteile oder Baugruppen, welche zur Endmontage bereitgestellt werden.

verstanden werden. Werden die Halbfertigprodukte von einer nachgelagerten Station entnommen, so bedeutet dies für die vorgelagerte Montagestation, dass diese mit der Produktion bzw. Montage weiterer Halbfertigprodukte beginnen kann. Der Logistikplatz fungiert folglich wie ein Supermarktregal.[829] Die Steuerung innerhalb des Supermarktkonzepts erfolgt nach dem Kanban-Prinzip.[830] Eine weitere Möglichkeit der Materialbereitstellung kann mit dem Milk-Run Prinzip beschrieben werden. Es kann grundsätzlich zwischen einem inner- und überbetrieblichen Milk-Run unterschieden werden. Beim innerbetrieblichen Milk-Run werden Montagestationen aus dem Materiallager mit einem „Container-Zug" nach Bedarf beliefert.[831] Bei überbetrieblichen Milk-Run werden die Bauteile und Materialien meist von verschiedenen Lieferanten zum Wareneingang des Produzenten transportiert. Die Direktbereitstellung bezeichnet die unmittelbare Bereitstellung an der Montagestation. Gemäß den Fertigungsaufträgen werden die notwendigen Bauteile und Materialien in den Kisten oder Behältnissen, evtl. auch unter Verwendung des Kanban-Systems, bereitgestellt. Diese Form findet häufig bei Produkten mit geringer Wiederholhäufigkeit Anwendung.[832]

Im Zuge der vierten industriellen Revolution eröffnen sich neue Umsetzungsoptionen der Intralogistik sowie der Materialbereitstellung. Insbesondere das System der fahrerlosen Transportsysteme (FTS) als Form der innerbetrieblichen Materiallogistik hat sich in der industriellen Praxis stärker etablieren können.[833] Gemäß der VDI-Richtlinie 2510 bestehen FTS aus einem oder mehreren fahrerlosen Transportfahrzeugen (FTF), einer zentralen Leitsteuerung sowie einer Bodenanlage. FTF sind flurgebundene Fördermittel mit eigenem Fahrantrieb, die automatisch gesteuert und berührungslos geführt werden, um Material durch Ziehen oder Tragen zu transportieren.[834] Aus diesem Grund eignen sich FTS in besonderem Maße für die Durchführung und Organisation von Güter-, Waren- und Materialflüssen in Unternehmen.[835] Das System des fahrerlosen Transports basiert dabei maßgeblich auf drei Aspekten:[836]

- *Selbstorganisation* der FTF bezüglich einer optimalen Transportauftragsreihenfolge
- *Steuerung* der FTF ohne aktiven Bedienereingriff
- *Sicheres Agieren* der FTF durch technische Vorrichtungen

Bei allen drei zuvor genannten Aspekten rücken zwei wesentliche Funktionen der FTS in den Vordergrund – die selbstständige Navigation und die Sicherheit. Sie bilden die Grundvoraussetzung für eine effiziente und sichere Materialbereitstellung.

Navigation kann bei FTS auf verschiedene Arten erfolgen. Die fünf gängigsten lauten „Physische Leitlinien", „Künstliche Marken im Boden (Punktfolge)", „Künstliche Marken

---

829 Vgl. Lotter; Wiendahl (Montage in der industriellen Produktion), 2012, S. 184
830 Vgl. Garcia Sanz et al. (Weg zur globalen Netzwerkkompetenz), 2007, S. 299 ff.
831 Vgl. Klug (Logistikmanagement in der Automobilindustrie), 2010, S. 201 und S. 241
832 Vgl. Golz (Materialbereitstellung bei Variantenfließlinien in der Automobilendmontage), 2014, S. 34
833 Vgl. Martin (Transport- und Lagerlogistik), 2014, S. 4
834 Vgl. VDI (VDI-Richtlinie 2510), 2005
835 Vgl. Ullrich (Fahrerlose Transportsysteme), 2014, S. 17 f.
836 Vgl. Ullrich (Fahrerlose Transportsysteme), 2014, S. 106

im Boden (Raster)", „Künstliche passive bodenfreie Marken (Laser)" sowie „Aktive bodenfreie Marken (GPS)".[837] FTS, die mittels physischer Leitlinien navigieren (Variante a), benutzen Einrichtungen am oder im Fußboden, wie z. B. eine induktive oder optische Leitspur. Über künstliche Marken im Boden navigierende FTF (Varianten b und c) können im Gegensatz zur Variante a frei verfahren. Die Fahrspur wird nicht physisch starr, sondern virtuell in einem Rechner auf Basis der im Boden eingelassenen Marken erzeugt. In der Variante d wird die Navigation über einen Laserscanner, der auf dem FTF angebracht ist, realisiert. In diesem Falle wird die Wegstrecke über retroreflektierende Folien, die an den Wänden und an Gegenständen im Raum angebracht sind, vorgegeben. Die Variante e beschreibt die Navigation über Indoor-GPS und ermöglicht frei verfahrbare FTF.[838] Abbildung V-35 zeigt die verschiedenen Navigationsformen.

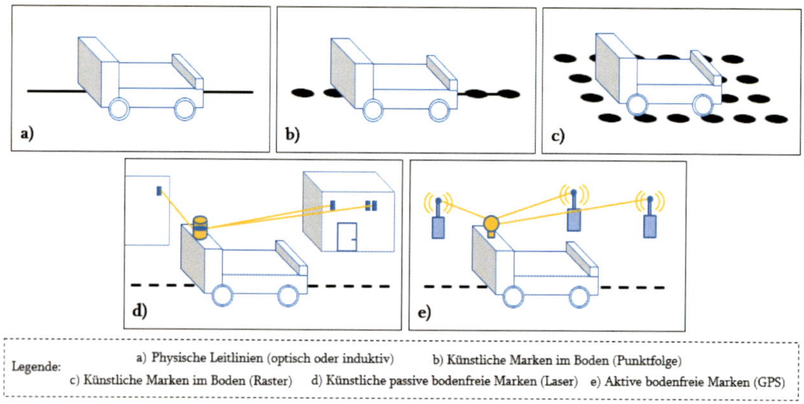

Abbildung V-35: Verschiedene Navigationsformen von fahrerlosen Transportsystemen[839]

FTS unterliegen laut der DIN EN 1525 gewissen Sicherheitsanforderungen.[840] Um die Sicherheit zu gewährleisten, muss bspw. jedes FTF über einen Not-Aus-Taster verfügen und über optische und akustische Signale wahrnehmbar sein. Zudem ist für die Sicherheit essenziell, dass am Fahrzeug Personenschutz-Systeme angebracht sind, die im möglichen Kollisionsfall eingreifen und das FTF zum Stillstand bringen.[841]

V.6.2 Digitale Bauteilverwaltung

In der Unternehmenspraxis wird die Montage im Werkzeugbau häufig erst gestartet, sobald alle Stücklistenpositionen verfügbar sind. Die Stücklistenpositionen und damit die Werkzeugkomponenten können intern gefertigt oder extern beschafft werden. Oftmals wird nicht ersichtlich, welche Werkzeugkomponenten bereits verfügbar sind, sodass der Such- und Abstimmungsaufwand zu erheblichen Prozessverzögerungen und Ineffizienzen in der

[837] Vgl. Ullrich (Fahrerlose Transportsysteme), 2014, S. 109
[838] Vgl. Ullrich (Fahrerlose Transportsysteme), 2014, S. 119 ff.
[839] I. A. a. Ullrich (Fahrerlose Transportsysteme), 2014, S. 109
[840] Vgl. DIN Deutsches Institut für Normung e.V. (DIN EN 1525), 1997
[841] Vgl. Ullrich (Fahrerlose Transportsysteme), 2014, S. 126 f.

Auftragsabwicklung der Montage führen kann.[842] Anhand einer **digitalen Stückliste**, dargestellt in Abbildung V-36, lässt sich die Verfügbarkeit der Stücklistenpositionen visualisieren und zur Umsetzung einer selbststeuernden Materialbereitstellung verwenden.

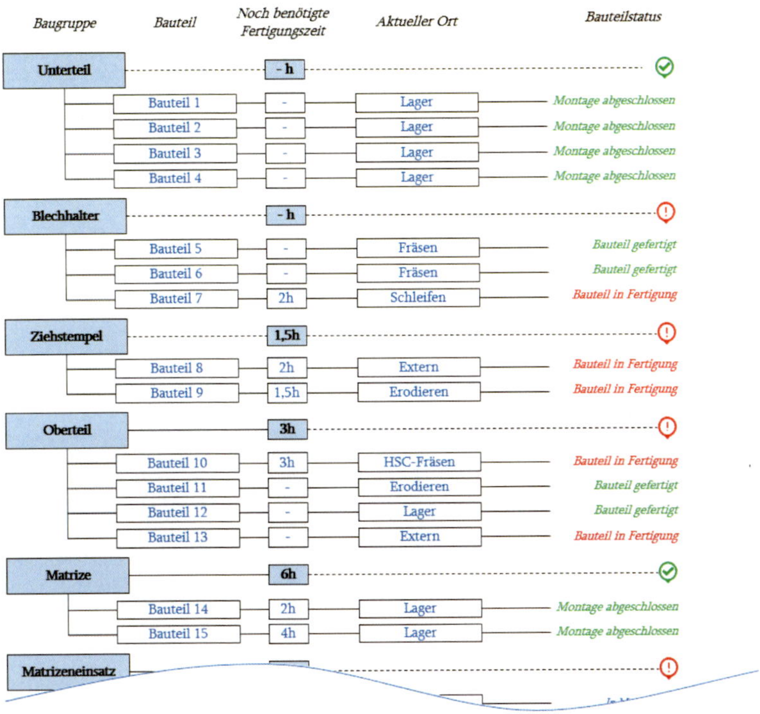

Abbildung V-36: Exemplarische digitale Stückliste zur Bauteilverwaltung in einer vernetzten adaptiven Montage[843]

Auf Basis der digitalen Stückliste kann auch die physische Bauteilverwaltung erfolgen. Dabei werden die jeweiligen Vorteile der Formen der Materialbereitstellung genutzt und für den hier vorliegenden Anwendungsfall in einer selbststeuernden Materiallogistik aggregiert. Jedes fertiggestellte Bauteil wird, ebenso wie Zukaufteile, seiner entsprechenden Baugruppe zugeordnet und bspw. in einer baugruppenspezifischen Montagekiste gelagert und digital rückgemeldet. Die Lagerung in den Montagekisten erfolgt bis zu dem Zeitpunkt, zu dem sämtliche Werkzeugkomponenten einer Baugruppe fertiggestellt bzw. Zukaufteile eingetroffen sind. Diese Informationen können dem Mitarbeiter auf seinem digitalen Endgerät zur Verfügung gestellt werden. **Digitale Montageampeln** stellen dahingehend eine

[842] Vgl. Boos et al. (Erfolgreich Digital Vernetzen), 2016, S. 18
[843] Eigene Darstellung

Möglichkeit dar, die Bauteilverwaltung zu visualisieren und darüber hinaus einen möglichen Montagestart von Baugruppen anzuzeigen. Dazu ist es notwendig, dass die Werkzeugkomponenten beim Erreichen der Montagestation oder der Lagerstation als „verfügbar" rückgemeldet werden. Mithilfe einer Ampellogik wird ein Montagebeginn angezeigt:

- *Grün:* Alle Werkzeugkomponenten für eine Baugruppe verfügbar (entsprechend der Stückliste)
- *Gelb:* Maximal X Werkzeugkomponenten für eine Baugruppe nicht verfügbar (entsprechend der Stückliste)
- *Rot:* Mehr als X Werkzeugkomponenten für eine Baugruppe nicht verfügbar (entsprechend der Stückliste)

Die nachfolgende Abbildung V-37 zeigt die Ausgestaltung der digitalen Montageampel als eine Möglichkeit digitaler Bauteilverwaltung.

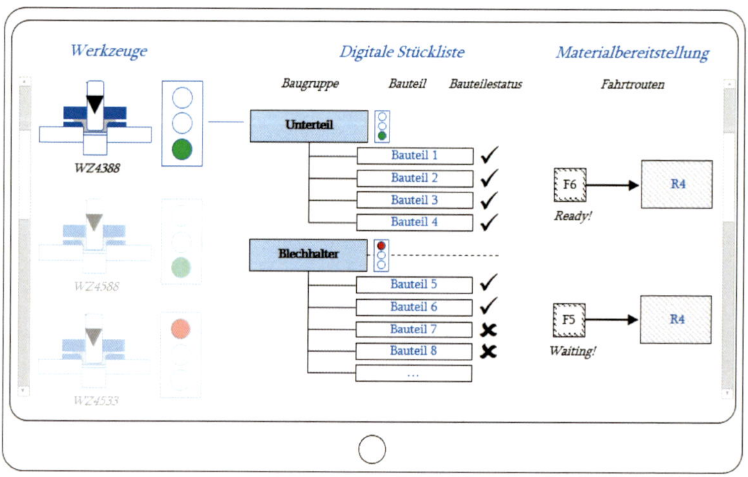

Abbildung V-37: Exemplarische Montageampeln zur digitalen Bauteilverwaltung in der vernetzten adaptiven Montage[844]

Die Visualisierung der Bauteilverfügbarkeit kann darüber hinaus durch eine Form der Bauteilverfolgung erweitert werden, sodass eine automatische Rückmeldung von Bauteilen erfolgt, sobald Bauteile eine Montagestation erreichen.[845]

[844] Eigene Darstellung
[845] i.A.a Boos et al. (Erfolgreich Digital Vernetzen), 2016, S. 14 ff.

V.6.3 Fahrerloser Bauteiltransport

Ein fahrerloser Bauteiltransport erfolgt auf Basis der in Kapitel V.6.1 erarbeiteten digitalen Bauteilverwaltung. Die Sicherstellung eines sicheren und effizienten Bauteiltransports bedarf fünf Elementen, welche in der Abbildung V-38 dargestellt sind. Die zentrale **Leitsteuerung**[846] muss die Montageampeln, die FTF, die digital vernetzten Montagearbeitsplätze sowie das zentrale oder dezentrale Lager miteinander verbinden und als Steuerungselement agieren.

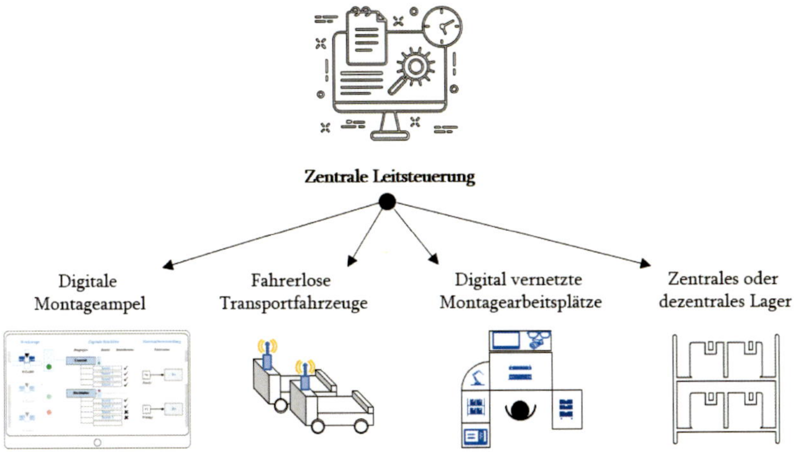

Abbildung V-38: Zentrale Leitsteuerung zum automatisierten Bauteiltransport in der vernetzten adaptiven Montage[847]

Ist laut digitaler Stückliste eine Baugruppe vollständig, wird dies an die zentrale Leitsteuerung rückgemeldet. Daraus wird ein Transportauftrag generiert, dessen Inhalt die Abholung der gefertigten Komponenten z. B. am Fertigungsarbeitsplatz ist sowie die Ablieferung am entsprechenden Lagerplatz. Bei Materialeingang der Bauteile in der Montage bzw. am Montagearbeitsplatz werden die Bauteile z. B. mithilfe eines Barcode-Scanners oder komplette Bauteilkisten (z. B. für Baugruppen) automatisch an die Intelligente Ressourcen- und Reihenfolgeplanung[848] zurückgemeldet. Damit wird ersichtlich, ob alle Bauteile für Baugruppen oder Werkzeuge bereits vorhanden sind und die Montage beginnen kann. In diesem Fall ist die Montageampel „grün". Der Montagemitarbeiter kann folglich über die Ampellogik erkennen, mit welchem Werkzeug er die Montage beginnen kann. Neben der Bereitstellung von Bauteilen oder Bearbeitungswerkzeugen zwischen verschiedenen Arbeitsplätzen und Lagerplätzen kann das System ebenfalls für eine automatische Bereitstellung von Standard- und Normteilen aus dem Rohteillager verwendet werden.

[846] Vgl. VDI (VDI-Richtlinie 4451-7), 2005
[847] Eigene Darstellung
[848] Vgl. Kapitel V.7

Diese Informationen werden auch der Leitsteuerung übermittelt. Die eingehenden Informationen können in die Transportauftragsverwaltung, die Fahrzeugdisposition und die Fahrauftragsabwicklung unterteilt werden.[849] Im Rahmen der Transportauftragsverwaltung werden die Aufträge priorisiert und in eine Reihenfolge gebracht. In der Fahrzeugdisposition wird das FTF zur Bearbeitung des Transportauftrags ausgewählt. Dabei müssen verschiedene Kriterien berücksichtigt werden. Diese Kriterien lauten Auswahl des kürzesten Wegs für die Transportroute, Vermeidung von gegenseitigen Kreuzungen auf den Transportrouten sowie Berücksichtigung von System- und Ladezustand der FTF. Schließlich gewährleistet die Leitsteuerung im Zuge der Fahrauftragsabwicklung durch eine Art Verkehrsleitung die störungsfeie Fahrt der FTF.[850] Exemplarische Fahrtrouten der FTF sind:

- *Möglichkeit 1:* Lager → Montageplatz → Warteposition
- *Möglichkeit 2:* Warteposition → Montageplatz → Montageplatz → Warteposition
- *Möglichkeit 3:* Warteposition → Fertigung → Montageplatz → Warteposition

Ein exemplarischer Bauteiltransport mit FTF in der Montage ist in Abbildung V-39 dargestellt.

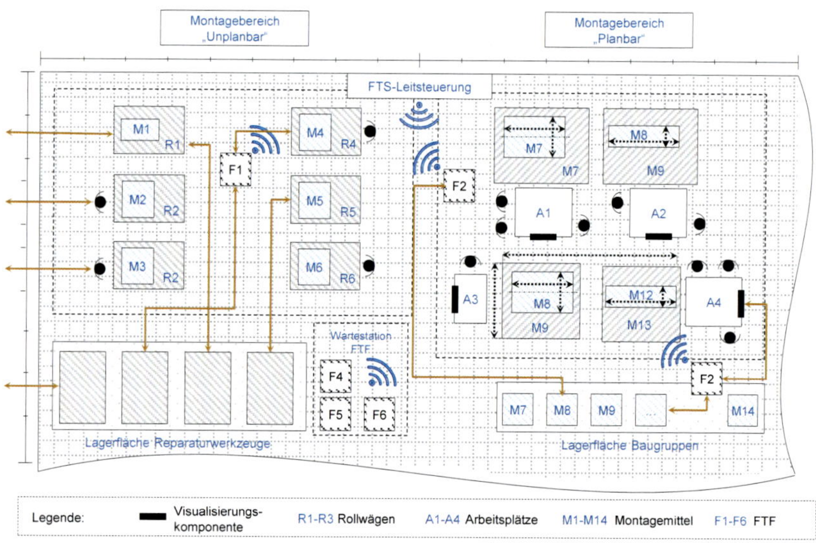

Abbildung V-39: Exemplarischer Bauteiltransport mit FTF in der vernetzten adaptiven Montage[851]

[849] I. A. a. Ullrich (Fahrerlose Transportsysteme), 2014, S. 135
[850] I. A. a. Ullrich (Fahrerlose Transportsysteme), 2014, S. 137
[851] Eigene Darstellung

Weiterhin sind einige Grundvoraussetzung für die Nutzung von FTF in der Montage des Werkzeugbaus zu berücksichtigen. So sind geräumige Verfahrwege, welche von Mitarbeitern und FTF gleichzeitig genutzt werden können, notwendig. Des Weiteren müssen Wege in Bezug auf Freihaltung, Reinhaltung und Instandhaltung den Anforderungen für ein FTF genügen.[852] Neben der Druckfestigkeit des Fahrbahnbelags muss bspw. auch auf eine ausreichende Reibung geachtet werden. Der Gleitreibungskoeffizient sollte dabei zwischen 0,6 und 0,8 liegen, um eine ordnungsgemäße Notbremsung der FTF zu gewährleisten.[853] Ebenfalls sind ausreichend Flächen für FTF an den Arbeitsplätzen, dem Lager sowie auf Wartestationen im Layout zu berücksichtigen.

V.7 Intelligente Ressourcen- und Reihenfolgeplanung

Das Gestaltungsfeld Intelligente Ressourcen- und Reihenfolgeplanung wird durch die beiden Gestaltungselemente **Digitale Aufnahme planungsrelevanter Informationen** sowie **Automatisierte Mitarbeiterallokation zu Montageaufgaben** detailliert. Im Gestaltungselement Digitale Aufnahme planungsrelevanter Informationen wird aufgezeigt, in welcher Form die notwendigen Informationen zur Anwendung der Planungs- und Steuerungslogik digital erfasst werden können. Im Gestaltungselement Automatisierte Mitarbeiterallokation zu Montageaufgaben wird eine Planungs- und Steuerungslogik zur Realisierung einer intelligenten Ressourcen- und Reihenfolgeplanung konzeptioniert. Die Ziele der Gestaltungselemente sind in der Abbildung V-40 dargestellt.

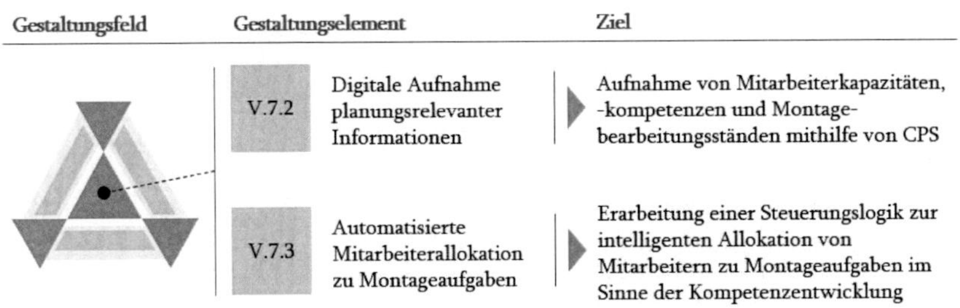

Abbildung V-40: Ziele der Gestaltungselemente – Intelligente Ressourcen- und Reihenfolgeplanung[854]

V.7.1 Grundlagen Planung und Steuerung

Klassische Ansätze zur Planung und Steuerung, wie diese in der Serienproduktion angewandt werden, lassen sich aufgrund fehlender Fertigungswiederholhäufigkeiten nicht unmittelbar auf den Werkzeugbau übertragen.[855] Daher wurde am Werkzeugmaschinenlabor

[852] Vgl. Ullrich (Fahrerlose Transportsysteme), 2014, S. 125
[853] Vgl. Ullrich (Fahrerlose Transportsysteme), 2014, S. 164
[854] Eigene Darstellung
[855] Vgl. Boos et al. (Erfolgreich Planen im Werkzeugbau), 2015, S. 6

WZL der RWTH Aachen ein Drei-Ebenen-Modell zur systematischen Planung und Steuerung für den Werkzeugbau entwickelt.[856] Die Planung und Steuerung im Werkzeugbau beginnt mit der ersten Ebene Grobplanung, wird in einer Feinplanung als zweite Ebene detailliert und schließlich in einer dritten Ebene durch die Steuerung komplettiert. Die Planungsgenauigkeit nimmt mit zunehmender Ebene zu, die Fristigkeit mit zunehmender Ebene ab. In der Grobplanung findet zunächst ein Abgleich zwischen Kapazitätsangebot und Kapazitätsbedarf statt. Das Kapazitätsangebot ergibt sich aus verfügbaren Maschinen- und Mitarbeiterkapazitäten. Arbeitsstunden und Technologieeinsatz werden entlang der Prozesskette anhand von empirischen Werten oder Erfahrungswerten geplant. Zudem wird für den definierten Planungshorizont ein Meilensteinplan erstellt, der die Übergaben der Aufträge zwischen den einzelnen Gewerken sowie einen Fertigstellungstermin festlegt. Entscheidungen über die strategische Fremdvergabe von Aufträgen bei fehlenden Kapazitäten sind ebenfalls Bestandteil der Grobplanung. Der Grobplanung folgend werden in der zweiten Ebene Feinplanung Arbeitspläne mitsamt den Fertigungsfolgen und Vorgabezeiten für Werkzeugkomponenten abgeleitet. Mithilfe einer Vorwärts- und Rückwärtsterminierung werden die Werkzeugkomponenten im Anschluss terminlich und kapazitiv geplant und auf Maschinen oder Maschinengruppen eingelastet. In der dritten Ebene Steuerung werden meistens mit einer Fristigkeit geringer einem Tage Aufträge auf Ressourcen priorisiert. Zudem werden im Rahmen der Steuerung von Aufträgen fertiggestellte Bearbeitungen rückgemeldet. Logistik und Disposition erfolgen gleichermaßen in der dritten Ebene.[857] In der Abbildung V-41 ist das Drei-Ebenen-Modell dargestellt.

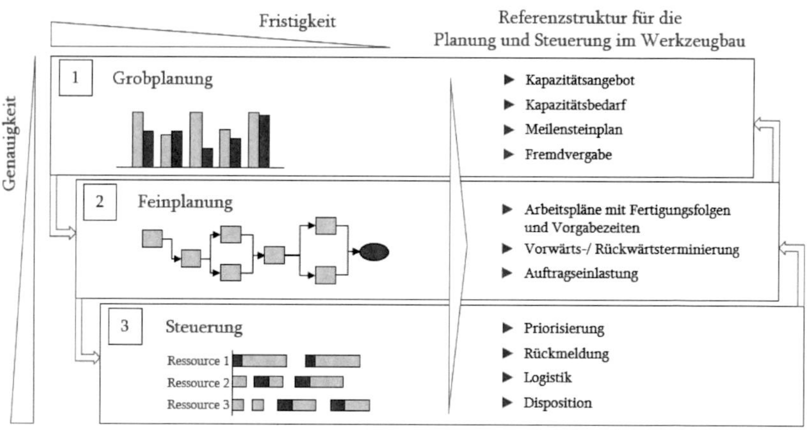

Abbildung V-41: Drei-Ebenen-Modell der Planung und Steuerung im Werkzeugbau[858]

[856] Vgl. Boos et al. (Erfolgreich Planen im Werkzeugbau), 2015, S. 9 f.
[857] Vgl. Boos et al. (Erfolgreich Planen im Werkzeugbau), 2015, S. 11 ff.
[858] Vgl. Boos et al. (Erfolgreich Planen im Werkzeugbau), 2015, S. 11 ff.

V.7.2 Digitale Aufnahme planungsrelevanter Informationen

Durch die hohe Handwerklichkeit der Montage erfolgt die Datenrückmeldung aktuell überwiegend stark zeitverzögert. Im Kontext einer vernetzten adaptiven Montage im Werkzeugbau ist diese Form der Datenrückmeldung nicht mehr anforderungsgerecht. Zur Planung und Steuerung der Montagevorgänge bietet sich daher an, den Zustand des zu montierenden Werkzeugs als wesentliches Steuerungskriterium zu verwenden. Der Zustand des zu montierenden Werkzeugs kann optimal über den Fortschritt der Montageoperationen in Form individuell festgelegter Produktteilmengen, wie z. B. Baugruppen, bestimmt werden.[859] Zur Minimierung des Aufwands eignet sich die Auswahl der Baugruppen, welche aus vorhandenen digitalen Stücklisten[860] entnommen werden können. Mithilfe der digitalen Stückliste wird eine echtzeitnahe Aufnahme von **Montagebearbeitungsständen** und damit eine Auftragsverfolgung in der Montage möglich. Die Rückmeldung von Montagebearbeitungsständen ist in der Abbildung V-42 dargestellt.

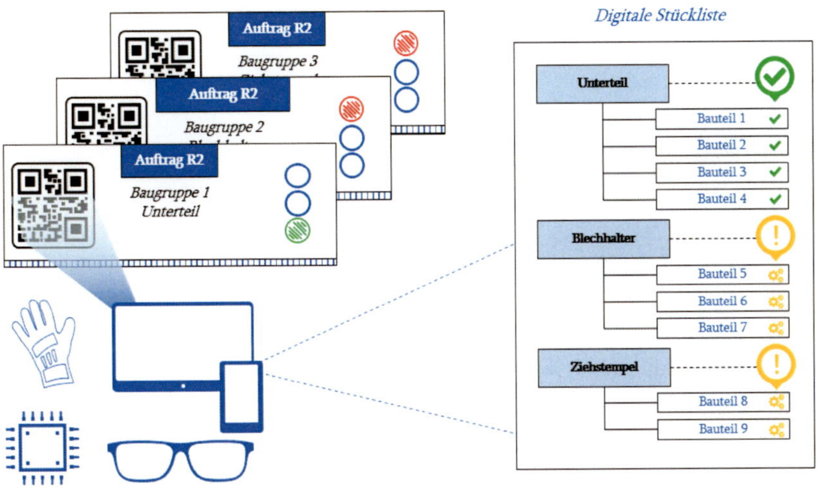

Abbildung V-42: Exemplarische produktbezogene Rückmeldung in der vernetzten adaptiven Montage[861]

Der Produkt- bzw. Werkzeugbearbeitungszustand bemisst sich demnach aus dem Fortschritt der vollständig montierten Baugruppen eines Werkzeugs. Hier bieten sich eine Vielzahl verschiedener Endgeräte zur Aufnahme von Montagebearbeitungsständen im Werkzeugbau an:

[859] I. A. a. Wiesbeck (Montagesequenzen für die situationsorientierte Werkerführung), 2014, S. 34
[860] Vgl. Abbildung V-36
[861] Eigene Darstellung

- *Smartphones/Tablet-PC:* Die Rückmeldung erfolgt an verschiedenen Orten im Unternehmen über einen persönlichen Zugang der Mitarbeiter über Smartphones oder Tablet-PC.
- *(Mobile) Smart Gloves:* Die Rückmeldung ist personalisiert über einen im Handschuh des Mitarbeiters integrierten Sensor.
- *(Mobile) Smart Glasses:* Die Rückmeldung ist personalisiert über eine in einer AR-Brille integrierten Scanner.
- *NFC-, RFID-Chips:* Die Rückmeldung erfolgt ohne Einwirkung des Mitarbeiters durch selbstständig sendende Mikrochips.

Neben der **produktbezogenen Rückmeldung** müssen **mitarbeiterbezogene Rückmeldungen** zur Realisierung einer intelligenten Ressourcen- und Reihenfolgeplanung erfolgen. Durch die Nutzung digitaler Technologien ist es in der vernetzten adaptiven Montage möglich, eine anforderungsgerechte und systematische Montageplanung und -steuerung zu realisieren. Eine ganzheitliche Vernetzung bedeutet, auftrags- und kapazitätsspezifische Informationen echtzeitnah zu übertragen. In der Folge wird der manuelle Aufwand für die planenden Mitarbeiter reduziert und es wird gewährleistet, dass die relevanten Informationen aktuell vorliegen. Gleichzeitig stellt die Vernetzung der verschiedenen Systeme und Applikationen sicher, dass die kapazitive Planung der Mitarbeiter unmittelbar in das Planungssystem rückgemeldet wird. Wesentliche Voraussetzung einer effizienten Montageplanung und -steuerung ist die selbstorganisierte digitale Rückmeldung von Mitarbeiterverfügbarkeiten durch den Mitarbeiter sowie des Kompetenzbedarfs durch die leitende Funktion in der Montage[862].

In den **Mitarbeiterverfügbarkeiten** können die Mitarbeiter eigenständig rückmelden, wie diese für den Planungszeitraum verfügbar sind. Auf diese Weise werden beispielsweise spontan auftretende, krankheitsbedingte Ausfälle, Schulungen oder interne Planabweichungen unmittelbar erfasst und für die intelligente Ressourcen- und Reihenfolgeplanung verwendet.

Neben den Mitarbeiterverfügbarkeiten muss der **Mitarbeiterkompetenzbedarf** durch die Definition der Weiterbildungsintensität Berücksichtigung finden. Die unmittelbare Verfügbarkeit der Informationen über mitarbeiterspezifische Kompetenzbedarfe[863] wird durch die leitende Funktion in der Montage ermöglicht.

In der Abbildung V-43 ist eine beispielhafte Darstellung mitarbeiterbezogener Rückmeldung dargestellt.

---

[862] Die leitende Funktion kann je nach Werkzeugbaugröße und -organisation ein Meister, Teamleiter, Vorarbeiter, Fertigungsleiter oder Geschäftsführer sein.

[863] Vgl. Kapitel V.3.1

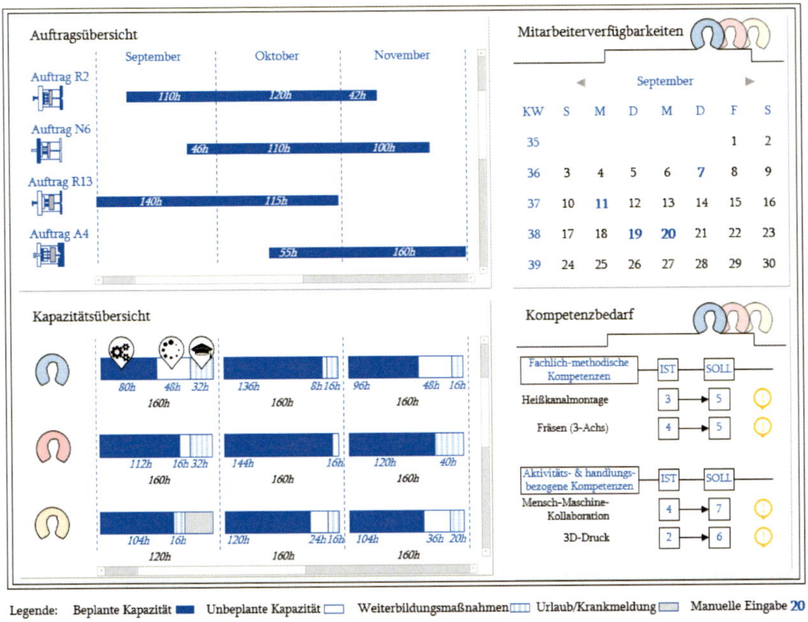

Abbildung V-43: Exemplarische mitarbeiterbezogene Rückmeldung in der vernetzten adaptiven Montage[864]

In der **Auftragsübersicht** sowie der **Kapazitätsübersicht** sind die Summen der notwendigen zeitlichen Aufwendungen für die Montageoperationen je Werkzeug und Mitarbeiter der Montage aufgeführt. Dies stellt den Kapazitätsbedarf eines Werkzeugs in der entsprechenden Planungsperiode dar. Die Montagezeitbedarfe können bis auf Baugruppen detailliert angezeigt werden, um Montageprozesse zu flexibilisieren. Die Kalkulation des Zeitbedarfs für die Montageoperationen basiert zum Teil auf Erfahrungs- und Vergangenheitswerten, die durch die konsequente Rückmeldung durch die Mitarbeiter stetig verbessert werden und auf eine valide Datenbasis zurückgreifen.

V.7.3 Automatisierte Mitarbeiterallokation zu Montageaufgaben

Eine Grobplanung, welche den Abgleich von Kapazitätsangebot und Kapazitätsbedarf mitsamt notwendiger Fremdvergabe sowie einen Meilensteinplan enthält, sollte im Rahmen der intelligenten Ressourcen- und Reihenfolgeplanung als Basis der Planung und Steuerung beibehalten werden. Das Gestaltungselement Automatisierte Mitarbeiterallokation zu Montageaufgaben berücksichtigt die kurzfristige Feinplanung und Steuerung[865] in der Auftragseinlastung sowie die kurzfristige Priorisierung von Montagetätig-

[864] Eigene Darstellung, Vgl. Abbildung V-24
[865] Vgl. Kapitel 7.1.1

keiten. Das Ziel ist es, die Feinplanung und Steuerung der Montage im Werkzeugbau mit der systematischen Kompetenzentwicklung[866] zu verknüpfen.

Grundvoraussetzung für das Funktionieren einer automatisierten Mitarbeiterallokation zu Montageaufgaben ist die echtzeitnahe Aufnahme von Planungsinformationen sowie die Definition eindeutiger Priorisierungsregeln, die der Planungs- und Steuerungslogik zugrunde liegen. Durch die Entwicklung und Integration einer auf diesen Priorisierungsregeln basierenden, erfolgreichen und zuverlässigen Planungs- und Steuerungslogik werden Feinplanung und Steuerung in der Montage zusammengeführt. Begründet ist dies durch die systemseitige, echtzeitnahe Verfügbarkeit der für die Planungs- und Steuerungslogik relevanten Informationen. So erfolgt auch bei spontanen, unplanbaren Ereignissen und Engpässen automatisiert eine intelligente Ressourcen- und Reihenfolgeplanung, die aktuelle aufwendige kurzfristige Meistersteuerungen größtenteils überflüssig machen. In der Praxis sind Planungs- und Steuerungslogik inkl. Priorisierungsregeln individuell entsprechend den Unternehmensspezifikationen zu erarbeiten und der intelligenten Ressourcen- und Reihenfolgeplanung zu hinterlegen. Aus Gründen der vereinfachten Nachvollziehbarkeit ist eine exemplarische Priorisierung vorgenommen worden. Demnach erfolgt zunächst eine Berücksichtigung der auftragsspezifischen Termintreue der Montage. Die zweithöchste Priorität stellt das Kapazitätsangebot der Mitarbeiter dar. Die dritthöchste Priorität hat die Gewährleistung einer durchgängigen und anforderungsgerechten Kompetenzentwicklung.

Entsprechend den definierten Prioritäten muss in der Planungs- und Steuerungslogik eine Prüfung der Rahmenbedingungen erfolgen. Zunächst erfolgt eine **Prüfung auftragsspezifischer Randbedingungen** und eine Priorisierung einzelner Werkzeugaufträge entsprechend der Montagefertigstellungsterminen. Dazu wird eine Abfrage des aktuellen Ist- mit dem definierten Soll-Montagefortschritt durchgeführt und ein sogenannter Restschlupf [867] berechnet. Anhand der resultierenden Diskrepanz wird der zeitlich kritischste Werkzeugauftrag ausgewählt und fortan am höchsten priorisiert.

Nachdem die Prüfung der auftragsspezifischen Randbedingungen abgeschlossen ist, erfolgt eine **Prüfung kapazitätsspezifischer Randbedingungen**. Dazu wird durch die Planungslogik eine Abfrage des Kapazitätsbedarfs für den Auftrag durchgeführt. Die Informationen über die Kapazitätsbedarfe innerhalb des Planungszeitraums sind in der digitalen Stückliste für die einzelnen Baugruppen und Montageschritte hinterlegt. Daraufhin muss geprüft werden, welches Kapazitätsangebot seitens der Mitarbeiter verfügbar ist. Mitarbeiter, denen keine ausreichenden Kapazitäten zur Verfügung stehen, werden für die nachfolgende Prüfung kompetenzspezifischer Randbedingungen nicht berücksichtigt.

Für Mitarbeiter mit ausreichendem Kapazitätsangebot überprüft die Planungslogik die zu entwickelnden Kompetenzen (**kompetenzspezifische Rahmenbedingungen**). In der digitalen Stückliste sind weiterhin für die Baugruppen und Montageschritte einzelner Bauteile die entsprechenden Kompetenzanforderungen hinterlegt. Die Abfrage wird mit dem seitens der Mitarbeiter zur Verfügung stehenden Kompetenzen abgeglichen, welche in den

[866] Vgl. Kapitel V.3
[867] Kürzeste verleibende Zeit zur Fertigstellung des Auftrags bezeichnet man als Restschlupf.

individuellen Kompetenzprofilen hinterlegt sind.[868] Die auftrags-, kapazitäts- und kompetenzspezifischen Informationen dienen zur Zusammenstellung von Montageteams. Dies ist in der Abbildung V-44 dargestellt.

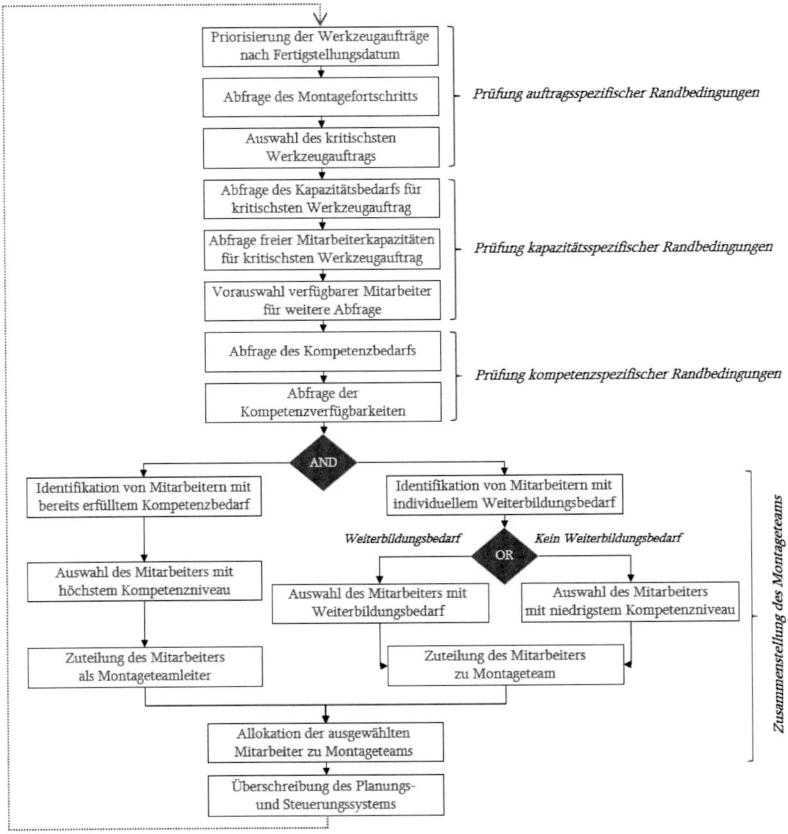

Abbildung V-44: Exemplarische Planungs- und Steuerungslogik von Mitarbeiterallokation zu Montageaufgaben in einer vernetzten adaptiven Montage[869]

Die Größe der Montageteams kann durch modifizierbare Einstellparameter individuell festgelegt werden. Während die präferierte Montageteamgröße durch Unternehmen individuell definiert werden muss, wird nachfolgend exemplarisch eine optimale Teamgröße von zwei Mitarbeitern festgelegt. Die Montageteams umfassen mindestens einen lernenden und einen lehrenden Mitarbeiter.[870] Es wird geprüft, welche Mitarbeiter die Kompetenzanforderungen des Werkzeugauftrags erfüllen und welche Mitarbeiter Weiterbildungsbedarf

[868] Vgl. Kapitel V.6

[869] Eigene Darstellung; zur Minimierung der Komplexität erfolgte die Modellierung des Algorithmus I. A. a. ein Ablaufdiagramm.

[870] Vgl. Abbildung V-19

in Bezug auf die spezifischen Kompetenzanforderungen aufweisen. In Form des Workplace Learning soll der lernende Mitarbeiter im Montageteam unter Anleitung des kompetenten lehrenden Mitarbeiters lernen. Die beiden ausgewählten Mitarbeiter werden schließlich zu einem gemeinsamen Montageteam allokiert und dem Werkzeugauftrag höchster Priorität zugeordnet. Dieses Vorgehen wird schließlich für alle Werkzeugaufträge iterativ durchgeführt. Die nachfolgende Abbildung V-45 stellt eine Visualisierung der Mitarbeiterallokation zu Montageaufgaben dar.

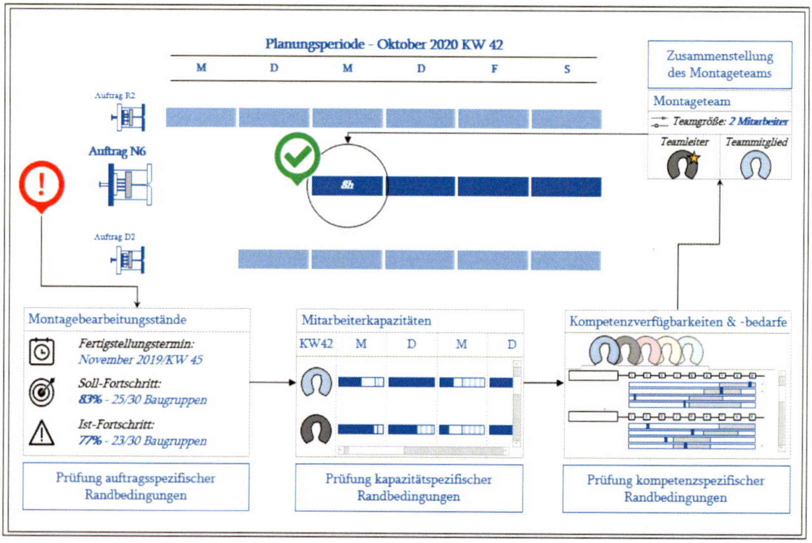

Abbildung V-45: Visualisierung der Mitarbeiterallokation zu Montageaufgaben in einer vernetzten adaptiven Montage[871]

V.8 Wechselwirkungen der Gestaltungsfelder

Aufbauend auf den Grundlagen der System- und Modellwissenschaft wurde in Kapitel IV ein Gestaltungsmodell für die vernetzte adaptive Montage im Werkzeugbau abgeleitet, welches das definierte Anforderungssystem in Gänze adressiert. Das Gestaltungsmodell einer vernetzten adaptiven Montage im Werkzeugbau umfasst sieben Gestaltungsfelder. Diese Gestaltungsfelder sind die anforderungsgerechte Montageorganisation, das robuste Datenmanagement, die ganzheitliche Kompetenzentwicklung, die digital vernetzte Montageassistenz, die kontinuierliche Montageoptimierung, die selbststeuernde Materialbereitstellung sowie die intelligente Ressourcen- und Reihenfolgeplanung. Jedes Gestaltungsfeld ist in zwei Gestaltungselemente unterteilt. Das Gestaltungsmodell für eine vernetzte adaptive Montage ist in der Abbildung V-46 dargestellt.

[871] Eigene Darstellung

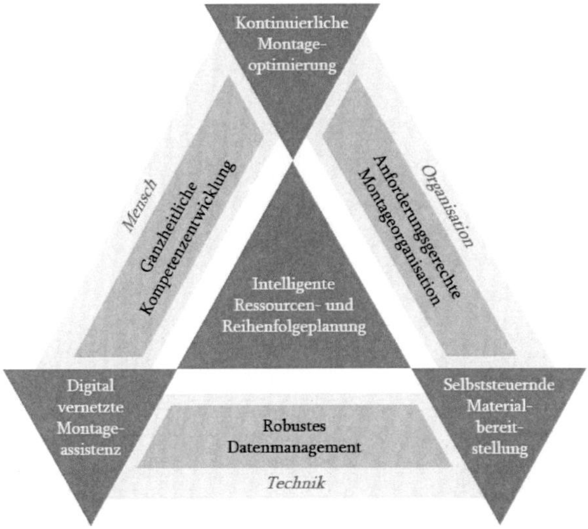

Abbildung V-46: Gestaltungsmodell einer vernetzten adaptiven Montage im Werkzeugbau[872]

Das Gestaltungsmodell für eine vernetzte adaptive Montage im Werkzeugbau wird durch die befähigenden Faktoren des Produktionssystems Montage grob in den Dimensionen Mensch, Technik und Organisation strukturiert. An den Schnittstellen der Dimensionen Mensch, Technik und Organisation entstehen weitere Dimensionen, welche Mensch-Technik, Organisation-Technik, Organisation-Mensch und Mensch-Technik-Organisation lauten. Zur Gestaltung einer vernetzten adaptiven Montage im Werkzeugbau sind alle Gestaltungsfelder umzusetzen, dennoch sind die Gestaltungsfelder modular aufgebaut und können isoliert voneinander implementiert werden. Diese Eigenschaft des Gestaltungsmodells für eine vernetzte adaptive Montage ist wichtig, da insbesondere kleinere Unternehmen, wie in der Branche Werkzeugbau zahlreich vertreten, eine parallele vollständige Umsetzung aller Gestaltungsfelder organisatorisch und operativ in der Regel nicht realisieren können.

Zur sukzessiven Einführung der Gestaltungsfelder sind die Wechelwirkungen der Gestaltungfelder zu berücksichtigen. Die Eckpfeiler des Gestaltungsmodells sind die Dimension Mensch, die Dimension Technik und die Dimension Organisation. Diese schaffen die Grundstruktur für eine vernetzte adaptive Montage sowie die Realisierung der Dimensionen in den Schnittstellen Mensch-Technik, Organisation-Technik, Organisation-Mensch und Mensch-Technik-Organisation. Zur Umsetzung dieser Dimensionen ist es notwendig, die jeweilig angrenzenden Gestaltungsfelder zu berücksichtigen. Zur Umsetzung des Gestaltungsfeldes Digital vernetzte Montageassistenz ist sowohl die Kompetenzentwicklung des Mitarbeiters als auch die zugrundeliegende Datenstruktur zu berücksichtigen. Das Gestaltungsfeld Selbststeuernde Materiallogistik erfordert eine entsprechende digitale

[872] Eigene Darstellung

Infrastruktur und gleichermaßen die entsprechende Montageorganisation. Diese sind ebenfalls gemeinsam mit einer entsprechenden Ganzheitlichen Kompetenzentwicklung zu berücksichtigen für das Gestaltungsfeld Kontinuierliche Montageoptimierung. Eine Umsetzung der jeweilig angrenzenden Gestaltungsfelder ist jedoch nicht essenziell. Für das zentrale Gestaltungsfeld Intelligente Ressourcen- und Reihenfolgeplanung sind alle weiteren Gestaltungsfelder direkt angrenzend und entsprechend zu betrachten.

Über die Wechselwirkungen des Gestaltungsmodells hinaus existieren Wechselwirkungen zu anderen internen Entitäten im Werkzeugbau. Diese sind insbesondere die Konstruktion, die mechanische Fertigung und/oder die Inbetriebnahme. Demzufolge haben Veränderungen, welche durch das Gestaltungsmodell hervorgerufen werden, zwangsläufig Auswirkungen auf Prozess-, Ressourcen- und Organisationsstrukturen im Werkzeugbau. Über den Werkzeugbau hinaus bestehen ebenfalls Wechselwirkungen zu Entitäten außerhalb des Werkzeugbaus. Dies sind beispielsweise Wertschöpfungspartner und/oder Kunden. Eine stärkere interne digitale Vernetzung sowie die Forderung nach einer vernetzten adaptiven Wertschöpfung in der Montage des Werkzeugbaus erfordert einen intensiven, echtzeitnahen und interorganisationalen Datenaustausch mit nahezu allen Prozessteilnehmern.

VI Validierung des Gestaltungsmodells

Inhalt des Kapitels VI ist die Validierung des in dieser Arbeit entwickelten Gestaltungsmodells für eine vernetzte adaptive Montage im Werkzeugbau. Im Rahmen dieser Arbeit wurden die Gestaltungsfelder in deutschsprachigen Werkzeugbaubetrieben validiert. Die Validierung erfolgte in zwei Werkzeugbaubetrieben mit unterschiedlichem Werkzeugfokus und damit entsprechend verschiedenen Rahmenbedingungen. Das Unternehmen fischer – Innovative Moulds stellt hauptsächlich Spritzgusswerkzeuge sowie eine geringe Anzahl an metallverarbeitenden Werkzeugen her. Diese Werkzeuge sind größtenteils für interne, in geringerem Umfange jedoch auch für externe Kunden bestimmt. Der Werkzeugbau von Welser Profile GmbH fertigt, als interner Werkzeugbau organisiert, metallverarbeitende Folgeverbundwerkzeuge für das Mutterunternehmen. Anhand der beiden Unternehmen fischer – Innovative Moulds und Welser Profile GmbH wird eine Validierung des Gestaltungsmodells durchgeführt.

VI.1 Fallbeispiel 1: fischer Werkzeug- und Formenbau GmbH

Die fischer Werkzeug- und Formenbau GmbH (im Folgenden fischer – Innovative Moulds) ist ein international agierender Mittelständler mit dem Hauptsitz in Horb am Neckar. Das Unternehmen fischer wurde im Jahre 1948 gegründet und firmiert mittlerweile unter fischerwerke GmbH & Co. KG mit rund 5.200 Mitarbeiter mit einem Jahresumsatz von 864 Mio. €. Im Jahre 2019 gliedert sich das Unternehmen in die sechs Unternehmensbereiche fischer Befestigungssysteme, fischer – Automotive Systems, fischertechnik, fischer Consulting, LNT automotive und fischer – Innovative Moulds. fischer – Innovative Moulds, der Formen- und Werkzeugbau, ist in der fischer Gruppe eine eigenständige GmbH, welche andere Unternehmensbereiche mit Serienwerkzeugen beliefert. fischer – Innovative Moulds beschäftigt über 120 Mitarbeiter an drei Standorten in Horb am Neckar (DE), Freiburg-Hochdorf (DE) und Vyskov (CZ). Das Leistungsspektrum der fischer – Innovative Moulds beinhaltet Ein-/Mehrkomponenten Spritzgießwerkzeuge, Stanz-/Biegewerkzeuge und vereinzelt Kaltmassivumformwerkzeuge. Neben der Herstellung der genannten Werkzeuge bietet fischer – Innovative Moulds produktbegleitende Dienstleistungen an. Diese sind z. B. die Erstellung von Prototypenwerkzeugen, Werkstoffberechnungen und Auftragskonstruktionen.[873]

Der Autor hat zwei bilaterale Industrieprojekte bei der fischer– Innovative Moulds durchgeführt. Im ersten Projekt wurde zunächst die Auftragsabwicklung mitsamt der Softwarelandschaft evaluiert und Potenziale sowie Maßnahmen abgeleitet. Im zweiten Projekt wurden die Fertigungsbereiche ausgelegt sowie Industrie 4.0-Anwendungen mit dem Fokus auf die Montage konzeptioniert, adaptiert und sukzessive implementiert.

[873] Angaben von fischer – Innovative Solutions (Stand 2019)

VI.1.1 Ausgangssituation

fischer – Innovative Moulds ist sowohl für die Fertigung von Neuwerkzeugen als auch für die Instandhaltung und Reparatur von hauptsächlich Spritzgießwerkzeugen zuständig. Diese werden teilweise in der internen Serienproduktion und teilweise extern beim Kunden eingesetzt. Die interne Serienproduktion befindet sich an mehreren Standorten weltweit, und viele dieser Standorte besitzen kleinere Instandhaltungsabteilungen, welche vor-Ort kleinere Reparaturen oder Instandhaltungen durchführen. Aufwendigere Reparaturen und Instandhaltungen werden jedoch durch die Werkzeugtechnik realisiert. Infolge einer geringen Vorhersehbarkeit des Auftragseingangs von Reparatur- und Instandhaltungsaufträgen, welche in Summe ca. 40 % des Auftragseingangs bedeuten, muss die Montage des Werkzeugbaus sehr reaktiv fungieren. Als Folge ist die Montage des Werkzeugbaus immer noch stark handwerklich geprägt und nicht in gleichem Maße industrialisiert wie die weiteren Gewerke des Werkzeugbaus.

Im Rahmen der Industrieprojekte wurde die Leistungsfähigkeit des Unternehmens fischer – Innovative Moulds mithilfe eines Benchmarkings und entsprechender systematischer Analyse des Auftragsabwicklungsprozesses durchgeführt. Dazu wurden die verwendeten Softwaresysteme und Informationsströme entlang der Auftragsabwicklung mithilfe des Analyse-Tools Aixperanto[874] aufgenommen und analysiert. Eine Optimierung der Schlüsselposition der Montage im Werkzeugbau wurde erkannt und entsprechend einigen Gestaltungsfeldern der vernetzten adaptiven Montage im Werkzeugbau fokussiert.

VI.1.2 Anwendung

Nachfolgend wird die Umsetzung der Gestaltungsfelder und -elemente zur Validierung des Gestaltungsmodells vorgenommen. Dazu wird beschrieben, in welcher Form die Gestaltungsfelder und -elemente bei fischer – Innovative Moulds bereits umgesetzt wurden und welche weiteren Entwicklungsschritte notwendig sind und folgen. Der Fokus liegt auf der anforderungsgerechten Montageorganisation, dem robusten Datenmanagement, der ganzheitlichen Kompetenzentwicklung, der digital vernetzten Montageassistenz und der intelligenten Ressourcen- und Reihenfolgeplanung.

fischer – Innovative Moulds hat das Gestaltungsfeld **Anforderungsrechte Montageorganisation** umgesetzt. Das Unternehmen trennt die Montage in Vormontage und Endmontage. Dies bedeutet, dass die Vormontage in räumlicher Nähe zur Materialanlieferung positioniert ist. In der Vormontage werden in der Regel die Werkzeugaufbauten[875], welche von externen Lieferanten angeliefert werden, mitsamt den Kauf- und Fertigteilen[876] (vor-) montiert. Nach Fertigstellung der (vor-)montierten Werkzeugaufbauten und der in der mechanischen Fertigung hergestellten Werkzeugkomponenten sowie der extern gefertigten Werkzeugkomponenten erfolgt die Endmontage. Die Endmontage ist bei fischer –

[874] Vgl. Kapitel V.1.1

[875] Werkzeugaufbauten sind Werkzeugkomponenten, welche die Werkzeughälften (Auswerfer- und Düsenseite) aufbauen und welche die Angusssysteme, Kerne, Auswerferelemente sowie die Kühlung enthalten.

[876] Werkzeugkomponenten, welche keiner weiteren mechanischen Fertigung bedürfen.

Innovative Moulds in Form eines Insellayouts[877] organisiert. Darüber hinaus wird die Montage, unabhängig des Auftragstyps Neuwerkzeugauftrag, Reparaturauftrag, Instandhaltungsauftrag sowie der organisatorischen und layouttechnischen Ausgestaltung als Einzelmontage ausgeführt. Aus Gründen der Mitarbeiterschulung und Kompetenzentwicklung werden teilweise Montageteams durch den Meister gebildet. Langfristig ist geplant, das Workplace Learning[878] zu intensivieren und Montagemitarbeiter mit individualisierten Werkzeugwagen auszustatten, um flexibler zwischen verschiedenen Montageaufgaben und Montagearbeitsplätzen zu wechseln. Die Aufteilung der Montage in eine Vor- und eine Endmontage hat zu einer geringeren durchschnittlichen Durchlaufzeit durch verbesserte Transparenz und eine daraus resultierende Steigerung der Termintreue in der Montage geführt, da bereits frühzeitiger Fehler in der Montage entdeckt, gleichermaßen kommuniziert und behoben werden konnten. Das Zusammenspiel der Gestaltungselemente **Unternehmensspezifische Montageaufbauorganisation** sowie **Informationszentrierte Ablauforganisation** wurde erfolgreich umgesetzt und wird kontinuierlich weiter optimiert.

Durch die systematische Aufnahme und Analyse der im Werkzeugbau vorliegenden Informationsströme wurde ein Datenmodell abgeleitet. Mithilfe des ERM-Modells wurde definiert, wo Daten entstehen, wie Daten verteilt werden und welche Mitarbeiter welche Daten nutzen. Die **anforderungsgerechte Datenmodellierung** war die Grundlage für den Aufbau eines systematischen Datenmanagements. Die Firma fischer – Innovative Moulds verwendet Systeme wie SAP als übergeordnetes ERP-System mitsamt den untergeordneten Systemen CRM, CAD, CAM, BDE, MES (Arburg Leitrechner System (ALS)) und eigene Excel-Programmierungen sowie Smart Wearables. Bestehende Systeme sind bereits über APIs angebunden, aber nicht ganzheitlich verbunden. Mit der zunehmenden Integration von digital vernetzten Assistenzsystemen müssen Daten über eine Middleware, einem anwendungsneutralen Softwareprogramm zur Kommunikation zwischen verschiedenen Anwendungen, in das führende SAP übertragen werden. Dies kann als **multimodale Datenaufnahme und -speicherung** verstanden werden.

Ein konkretes, eigens entwickeltes Assistenzsystem zur **physischen und kognitiven Montageassistenz** stellt das Shopfloorboard für die Montage mit integrierter Fehlermanagement-App (Gewerksübergreifende Wissensrückführung[879]) dar. Ein häufiges Phänomen in der Montage und dem Try-out ist die Entdeckung von Fehlern, welche aufgrund der Arbeitsteilung, des mangelnden Qualitätsanspruchs sowie unstrukturierten Schichtübergaben entstehen können. Die Fehler werden meist ohne Rückmeldung in anderen Gewerken bearbeitet. Weiterhin werden bei der fischer – Innovative Moulds aus der Montage sehr häufig Optimierungsideen initiiert, welche durch die Fehlermanagement-App unterstützt werden. Mit der Einführung einer Fehlermanagement-App werden Fehler oder Optimierungspotenziale systematisch dokumentiert, nach einem definierten Workflow bearbeitet und dementsprechend in andere Gewerke weitergeleitet. Zu den aufgenommenen Fehlern müssen diverse Eingaben zum Werkzeug, zur Baugruppe und zum Bauteil hinsichtlich makro- und mikrogeometrischer Größen in die App eingegeben werden. In Form von Dropdown-Menus können Fehler kategorisiert und einheitlich beschrieben werden. Eine integrierte

[877] Vgl. Kapitel V.1.2
[878] Vgl. Kapitel V.3.3
[879] Vgl. Kapitel V.5.2

Bilder- und Videofunktion ermöglicht eine optimale Fehlerbeschreibung und -visualisierung. Dies ist in Abbildung VI-1 dargestellt.

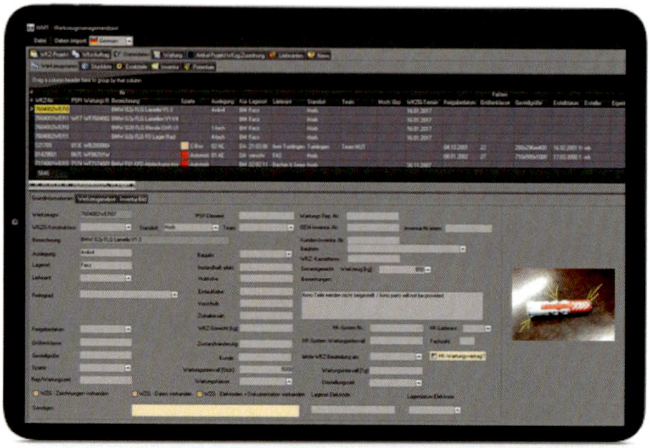

Abbildung VI-1: Digital vernetzte Montageassistenz bei fischer – Innovative Moulds[880]

Bei steigendem Einsatz von **digital vernetzter Montageassistenz**, dem damit verbundenen Datenbedarf in der gesamten fischer Gruppe und der Notwendigkeit, Data Analytics verstärkt einzusetzen, ist denkbar, dass Data Warehouse Systeme eingeführt werden. Data Warehouses können als eine zentrale Datenbank verstanden werden, die aus verschiedenen heterogenen Quellen Daten zusammenführen und durch die Nutzung von Data Analytics Methoden Datenauswertungen und Dateninterpretationen ermöglichen. Dies ist aktuell in Prüfung.

Neben der kontextbezogenen Montageassistenz systematisiert fischer – Innovative Moulds die **ganzheitliche Kompetenzentwicklung.** Jeder Mitarbeiter wird aktuell durch den Teamleiter individuell bezüglich definierter Kompetenzen bewertet. Gemeinsam mit dem Teamleiter werden Ziele der Kompetenzentwicklung festgelegt. Diese wiederum sind die Grundlage für Teamzusammenstellungen sowie die Besetzung von Montageaufgaben. Die aktuell händisch durch den Meister geplante Kompetenzentwicklung soll zukünftig durch ein Planungssystem automatisiert erfolgen. Durch den Einsatz von Data Analytics soll die Kompetenzentwicklung ein fester Bestandteil des Planungssystems werden und vor dem Hintergrund des Fachkräftemangels maßgeblich zur Mitarbeiterförderung und -entwicklung beitragen. Durch diese Entwicklung soll die **individuelle Kompetenzentwicklung** systematisiert und der **mitarbeiterzentrierte Kompetenzaufbau** weiter forciert werden.

Aufgrund der zunehmenden Anforderung an den Werkzeugbau einer schnellen Reaktionsfähigkeit in Bezug auf die Reparatur, Instandhaltung und Wartung unter Einhaltung der Termintreue von Neuwerkzeugaufträgen musste eine neue Lösung für die Fertigungs- und Montageplanung gefunden werden. Dazu wurden verschiedene auf dem Markt erhältliche

[880] Angaben von fischer – Innovative Solutions (Stand 2019).

Planungssystematiken bewertet und verglichen. Es wurde ein Planungssystem zur Abbildung von Fertigungs- und Montage-kompatible Planungssystematik ausgewählt. Das Planungssystem wurde über Schnittstellen an das führende ERP-System sowie das ALS der Serienproduktion verknüpft. Aktuell ermöglicht die Schnittstelle zum ALS eine echtzeitnahe Übersicht über den Status quo der Serienproduktion und den Status des Werkzeugs. Dazu können Daten zu Reparatur-, Instandhaltungs- und Wartungsaufträgen deutlich früher und automatisiert dem Planungssystem übergeben werden und die Planung für die Fertigung und Montage verbessern. Hiermit lässt sich die **digitale Aufnahme planungsrelevanter Informationen** realisieren. Mithilfe des Planungssystems kann durch die Nutzung von Algorithmen eine **intelligente Ressourcen-** (Mitarbeiter) **und Reihenfolgeplanung** (Montagereihenfolgen auf Baugruppenebene – **automatisierte Mitarbeiterallokation zu Montageaufgaben**) realisiert werden. Die Einführung des Planungssystems konnte die Termintreue in der Montage deutlich steigern.

VI.2 Fallbeispiel 2: Welser Profile GmbH

Die Firma Welser Profile GmbH entstammt einer bereits im Jahre 1664 gegründeten Pfannenschmiede aus dem österreichischen Ybbsitz. Im Jahre 2019 befindet sich die Firmenzentrale noch immer in Ybbsitz. Die Firma beschäftigt rund 2.500 Mitarbeiter an den Standorten in Ybbsitz (AT), Gresten (AT), Bönen (DE) sowie Cleveland (USA) und stellt dort offene, geschweißte Profile, Baugruppen und komplette Profilsysteme aus Stahl und Nichteisen-Metallen her. Aktuell werden die Branchen Automotive, Agrartechnik, Bau, Haus- und Industrietechnik, Transport sowie Umwelttechnik bedient. Die Produktion wird von den internen Werkzeugbaubetrieben mit den entsprechenden Werkzeugen und Betriebsmitteln beliefert. Die internen Werkzeugbaubetriebe sind an den Standorten Bönen (DE) und Ybbsitz (AT) verortet und beschäftigen insgesamt 350 Mitarbeiter.[881]

Der Autor hat ein bilaterales Industrieprojekt beim Unternehmen Welser Profile GmbH in Bönen durchgeführt. Ziel dieses gemeinsamen Industrieprojektes waren die Neugestaltung und der Umzug des gesamten Werkzeugbaus. Neben der Neugestaltung der Fertigungsbereiche wurde in diesem Projekt ebenfalls die Montage ausgelegt. Zusätzlich zur physischen Anordnung der Montagestationen mitsamt der Materiallogistik wurden digital vernetzte Assistenzsysteme für die Montage konzeptioniert und implementiert. Weiterhin wurden neue Formen der Organisationsgestaltung im Zuge der Umsetzung einer neuen Unternehmenskultur diskutiert.

VI.2.1 Ausgangssituation

Das hier vorliegende Fallbeispiel fokussiert die interne Werkzeugtechnik am Standort in Bönen. Am Standort in Bönen sind ca. 100 Mitarbeiter für die Fertigung von Rollen- und Stanzwerkzeugen für die Produktion von Profilen und kompletten Profilsystemen aus Stahl und Nichteisen-Metallen verantwortlich. Neben den aufgeführten Werkzeugen werden Werkzeugkomponenten und -baugruppen für den zweiten Werkzeugbaustandort in Ybbsitz gefertigt. Weiterhin greift der Werkzeugbaustandort in Bönen auf ein internationales

[881] Angaben Welser Profile GmbH (Stand 2019).

Netzwerk aus Komplettwerkzeug-, Werkzeugkomponenten- und Dienstleistungslieferanten zurück. Im Jahr 2018 wurde die Werkzeugtechnik der Welser Profile GmbH im Zuge des Wettbewerbs „Excellence in Production“[882] unter mehr als 300 teilnehmenden Unternehmen als einer von 14 Finalisten ausgezeichnet. Dies zeigt die Leistungsfähigkeit der Werkzeugtechnik im deutschsprachigen Wettbewerb. Durch die Anwendung einiger dieser Arbeit zugrundeliegenden Gestaltungsfelder wurde und soll die Leistungsfähigkeit weiter gesteigert werden.

VI.2.2 Anwendung

Nachfolgend wird die Umsetzung der Gestaltungsfelder und -elemente zur Validierung des Gestaltungsmodells vorgenommen. Dazu wird erläutert, in welcher Form die Gestaltungsfelder und -elemente im Werkzeugbau der Welser Profile GmbH bereits umgesetzt wurden und welche Entwicklungsschritte notwendig sind und folgen. Der Fokus liegt auf der anforderungsgerechten Montageorganisation, der digital vernetzten Montageassistenz, der kontinuierlichen Montageoptimierung und der selbststeuernden Materialbereitstellung.

Die Welser Profile GmbH hat im Zuge der Neugestaltung des Werkzeugbaus die **anforderungsgerechte Montageorganisation** realisiert. Zunächst wurde aufgrund der Unterschiedlichkeit der Montageaufgaben in Bezug auf Peripherie, Platzbedarfe und Montageabläufe eine Segmentierung der Montage diskutiert. Um den Herausforderungen des heterogenen Leistungsspektrums und damit divergierenden Zielgrößen begegnen zu können, wurde die Montage physisch unterteilt. Eine Ableitung der Segmente zur **unternehmensspezifischen Montageaufbauorganisation** wurde mithilfe einer Segmentierungsanalyse durchgeführt, deren Ziel es war, eine optimale Ressourcenzuordnung je organisatorischer Einheit/Segment zu ermitteln. Dazu wurde die Auslastung der Montagebereiche in einem vergangenen Zeitabschnitt aus dem ERP-System abgeleitet und mithilfe des MSE[883] die optimale Ressourcenanzahl (bezogen auf Arbeitsplätze, Montagetische und Montagemitarbeiter) berechnet. Weiterhin musste auf Basis der Strategie sowie der Absatzprognose eine Entscheidung getroffen werden, wie sich die Bereiche entwickeln. An dieser Stelle sei erwähnt, dass die Aufteilung immer nur ein Momentum darstellt, da eine Verschiebung der Segmente je nach Kundennachfrage, strategischem Fokus oder Ähnlichem erfolgen kann. Demzufolge ist die Ressourcenverteilung der Segmente in kontinuierlichen Abständen zu evaluieren und anzupassen. Aktuell ist die Montage in drei Segmente unterteilt, die nachfolgend bezogen auf deren Charakteristika und Zielgröße aufgelistet sind:

- *Montagesegment Neuwerkzeuge Normkasten & Normkasten modular:*
  - Charakteristika: Einfache Montage von Standardwerkzeugen in einer Taktfertigung
  - Zielgröße: Gesamtdurchlaufzeit ab Kundenbestellung > 5 Tage
- *Montagesegment Neuwerkzeuge allgemein:*

[882] Vgl. Excellence in Production, 2018

[883] MSE (engl. Mean squared error) – Ein Verfahren der mathematischen Statistik zur Bestimmung der mittleren quadratischen Abweichung.

    - Charakteristika: Komplexere Neuwerkzeuge, keine Standardwerkzeuge
    - Zielgröße: Termintreue nach Arbeitsplan
- *Montagesegment Service:*
    - Charakteristika: Reparatur, Instandhaltung und Wartung
    - Zielgröße: Reaktionsschnelligkeit und hohe Gesamtanlageneffektivität der Produktion (OEE[884])

Die beiden Montagesegmente „Neuwerkzeuge Normkasten & Normkasten modular“ und „Neuwerkzeuge allgemein“ sind in Form einer Baustellenmontage in einem Insellayout organisiert. Die Bearbeitung der Montageaufträge wird aktuell an den Zielgrößen ausgerichtet. Dies bedeutet, dass die Segmente je nach Bedarf durch einen Montagemitarbeiter oder in Teams von zwei Montagemitarbeitern bedient werden. Das Montagesegment „Service“ ist in einer Form der Reihenmontage organisiert, in der zunächst die Demontage des Werkzeugs auf Baugruppenebene erfolgt. Daraufhin wird die zu demontierende Baugruppe oder nur das zu bearbeitende Bauteil ausgebaut und zur Neufertigung oder Reparatur in die Fertigung gegeben. Bei einer hohen Anzahl zu reparierender, instandzuhaltender oder zu wartender Werkzeuge muss aus Platzgründen eine Einlagerung des demontierten Werkzeugs oder der demontierten Baugruppen vorgenommen werden. In der Regel wird in diesem Segment die Montageaufgabe jeweils nur durch einen Montagemitarbeiter je Montagestation realisiert. Die Zuteilung der Montagemitarbeiter innerhalb der Segmente erfolgt manuell durch den Segmentleiter. Langfristig ist eine Umsetzung der Zuteilung mithilfe des Planungssystems unter Berücksichtigung der Kompetenzentwicklung geplant.

Im Zuge der Neugestaltung des Layouts wurden zunächst die Montagearbeitsplätze neugestaltet, um den Mitarbeitern eine ergonomische und sichere Arbeitsumgebung zu stellen. Weiterhin wurde am Arbeitsplatz eine **digital vernetzte Montageassistenz**, in Form **kognitiver** und **physischer Montagessistenz,** eingeführt. Das digitale Shopfloorboard assistiert als Hilfsmittel zur Visualisierung der Shopfloorinformationen in der Montage. In einer täglich stattfindenden Shopfloorbesprechung wird das digitale Shopfloorboard unterstützend verwendet. Neben der allgemeinen Auftragsübersicht werden Kennzahlen der Durchlaufzeit, der Termintreue und der Fehleridentifikation visualisiert, besprochen und Maßnahmen zur Optimierung abgeleitet. Die Kennzahlen werden aus dem führenden ERP-System bereitgestellt. Das Shopfloorboard dient neben der Steuerung der Montage der frühzeitigen Erkennung von Störgrößen. Zur Unterstützung bei der Montageaufgabe wird aktuell die Nutzung von digitalen Montageanleitungen mithilfe von Augmented Reality getestet und optimiert.

Die **kontinuierliche Montageoptimierung** ist im Werkzeugbau der Welser Profile GmbH fester Bestandteil der übergeordneten Strategie. Im Zuge des demografischen Wandels und des damit verbundenen Fachkräftemangels der Produktion hat das Unternehmen Welser Profile GmbH erkannt, dass das Thema Kultur insbesondere im Zeitalter der digitalen Vernetzung an Bedeutung gewonnen hat. Entsprechend diesem Verständnis wurde eine Abteilung Corporate Culture gebildet, welche diese Themen gebündelt über Gewerke

[884] OEE (Overall Equipment Effectiveness) – Gesamtanlageneffektivität einer Produktion mit den Zielgrößen Qualität, Leistung und Nutzung.

und Standorte hinaus kanalisieren und adressieren soll. Es wurden gewerks- und segmentübergreifende Kommunikations- und Umgangsregeln eingeführt. Ziel ist es, den Mitarbeiter zu mehr Verantwortung zu bewegen und gleichzeitig hierarchische Strukturen zu reduzieren. Dies erfolgt in der Praxis mit einer **kennzahlenbasierten Mitarbeiterführung.** Somit sollen die Mitarbeiter in den Entscheidungsprozess integriert und langwierige Entscheidungsprozesse vermieden werden. In der Montageoptimierung bedeutet dies, dass insbesondere für die **gewerksübergreifende Wissensrückführung** neue Prozesse und Methoden eingeführt wurden. Unter dem Namen AVIX-Methode (**A**nalysieren, **V**isualisieren, **I**mplementieren in **X** (10 Minuten Analysezeit für eine Minute Filmzeit) wurde insbesondere für die Montage eine Wissensrückführung implementiert. Ziel dieser Methode ist es, in einem bestehenden Prozess Fehler oder Schwachstellen per Video aufzunehmen und im Nachgang mit einem definierten gewerksübergreifenden Arbeitskreis zu bearbeiten sowie eine Optimierung herbeizuführen. Das Ergebnis der Anwendung dieser Methode ist eine effizientere Montage, die Reduzierung von Rüstzeiten, die Steigerung von Ergonomie sowie in Summe eine gesteigerte Produktivität.

Der Werkzeugbau der Welser Profile GmbH nutzt eine digitale Stückliste der zu fertigenden Werkzeuge als eine zentrale Übersicht der **digitalen Bauteilverwaltung**. Auf Basis der Stückliste erfolgt eine Rückmeldung hinsichtlich der Fertigstellung von Werkzeugkomponenten für ein Werkzeug. Nach einer Ampelsystematik wird eingängig visualisiert, mit welchen Baugruppen und Werkzeugen die Montage begonnen werden kann. Weiterhin wird eine Transparenz geschaffen, welchen Bearbeitungsstand die Werkzeugkomponenten besitzen und es können frühzeitig Maßnahmen ergriffen werden. Die digitale Montageampel zeigt darüber hinaus an, auf welchem Montagewagen sich die Bauteile physisch befinden, sodass Suchzeiten minimiert werden. Die Montageampel der Firma Welser Profile GmbH ist in der Abbildung VI-2 dargestellt.

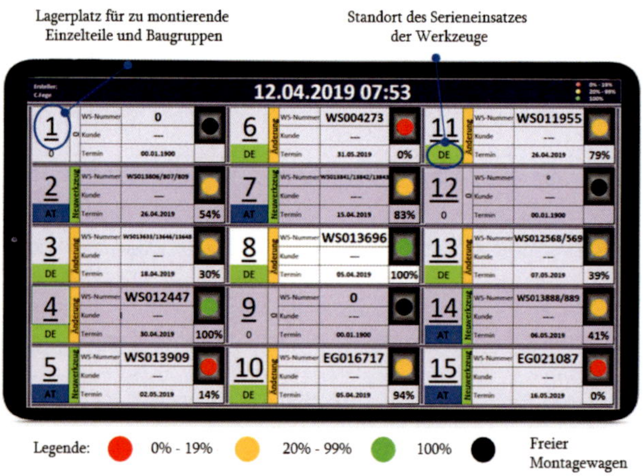

Abbildung VI-2: Digital vernetzte Montageassistenz bei Welser Profile GmbH[885]

[885] Angaben Welser Profile GmbH (Stand 2019).

In einer nächsten Ausbaustufe soll eine Einführung eines **fahrerlosen Bauteiltransports** konzipiert werden und damit eine selbststeuernde Materialbereitstellung sowohl innerhalb der Montage, aber ebenfalls zur angrenzenden Serienproduktion erfolgen.

VI.3 Fazit und kritische Reflektion

Die vorgestellten Fallbeispiele zeigen, dass das Gestaltungsmodell für eine vernetzte adaptive Montage im Werkzeugbau in der Praxis angewendet werden kann. Mit der Implementierung der Gestaltungsfelder und -elemente bei den Unternehmen fischer – Innovative Moulds und Welser Profile GmbH konnte eine Optimierung des Status quo herbeigeführt werden. Die nachfolgende Abbildung VI-3 zeigt zusammenfassend auf, welche der Gestaltungsfelder in den Fallbeispielen adressiert wurden. Eine vollständige Umsetzung der Gestaltungsfelder hat in der Praxis bisher noch nicht stattgefunden.[886]

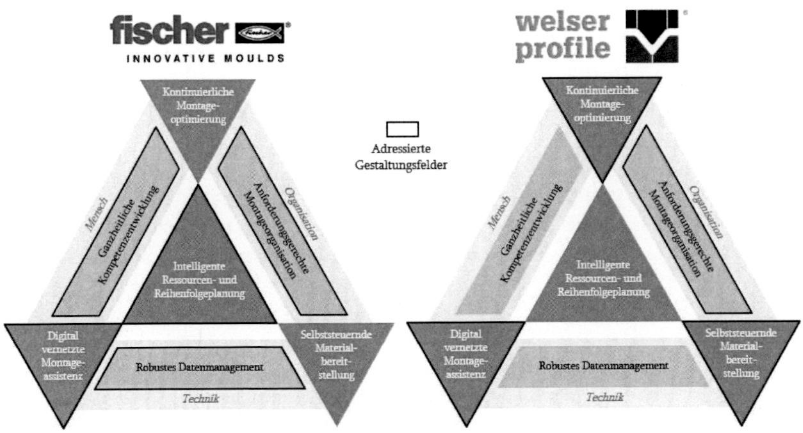

Abbildung VI-3: Adressierte Gestaltungsfelder in den Fallbeispielen[887]

Die Umsetzung des Gestaltungsmodells für eine vernetzte adaptive Montage im Werkzeugbau fokussierte bei dem Unternehmen fischer – Innovative Moulds die Gestaltungsfelder **Anforderungsgerechte Montageorganisation, Robustes Datenmanagement, Digital vernetzte Montageassistenz, Ganzheitliche Kompetenzentwicklung** sowie **Intelligente Ressourcen- und Reihenfolgeplanung**. Durch die Umsetzung dieser Gestaltungsfelder konnte Verschwendung im Sinne der Lean Production in der Montage identifiziert werden, die Transparenz über Montageprozesse durch eine robuste Dateninfrastruktur gesteigert sowie die gewerksübergreifende Kommunikation deutlich verbessert werden. Dies hat zu einer messbaren Reduzierung von Fehlerkosten sowie der Verringerung der durchschnittlichen Durchlaufzeit geführt. Eine weitere Effizienzsteigerung sowie eine optimierte systemseitige

---

[886] Die Projekte wurden in 2019 initiiert und durchgeführt.

[887] Eigene Darstellung

Kompetenzentwicklung wird durch die vollständige Einführung der Intelligenten Ressourcen- und Reihenfolgeplanung forciert.

Die Umsetzung der Gestaltungsfelder des Gestaltungsmodells einer vernetzten adaptiven Montage im Werkzeugbau beim Unternehmen Welser Profile GmbH lag im Fokus auf den Gestaltungsfeldern **Anforderungsgerechte Montageorganisation, Digital vernetzte Montageassistenz, Kontinuierliche Montageoptimierung** sowie **Selbststeuernde Materialbereitstellung**. Die Umsetzung der vier Gestaltungsfelder hat zu einer deutlichen Steigerung der Transparenz in der Montage geführt. Es konnten Ineffizienzen in der Kommunikation eliminiert werden. Eine Neugestaltung der Montageorganisation durch die Implementierung einer Segmentierung hat zur Verringerung von Störungen in der Auftragsabwicklung geführt sowie die Nutzung von digital vernetzten Assistenzsystemen in der Montage haben zu einer weiteren Effizienzsteigerung beigetragen. Durch eine in internen Wissenszirkeln organisierte Montageoptimierung soll die Effizienzsteigerung in der Montage kontinuierlich verbessert werden.

Jedes der erarbeiteten Gestaltungsfelder und -elemente kann für sich eigenständig umgesetzt werden, steht allerdings in einem gewissen Abhängigkeitsverhältnis zu angrenzenden Gestaltungsfeldern. Dies bedeutet, dass eine stringente Umsetzung des Gestaltungsmodells immer mindestens die Betrachtung und Berücksichtigung, allerdings nicht die Umsetzung, der angrenzenden Gestaltungsfelder bedingt. Die Heterogenität der Fallbeispiele bezogen auf Marktzugang, Werkzeugspektrum und Werkzeugbaugröße bestätigt die Anwendbarkeit des Gestaltungsmodells für die gesamte Branche Werkzeugbau. Damit wurde das Gestaltungsmodell als ganzheitlicher Lösungsansatz validiert sowie die **Zielsetzung dieser Arbeit erfüllt**.

VII Zusammenfassung und Ausblick

Der deutsche Werkzeugbau ist weltweit für seine hochwertigen Werkzeuge bekannt und maßgeblich für die Qualität von in Serie hergestellten Produkten verantwortlich. Das Gütesiegel „Made in Germany“ wird daher entscheidend vom deutschen Werkzeugbau getragen. Aktuell wird der Werkzeugbau, mehr denn je, mit vielfältigen Herausforderungen konfrontiert. So drängen neue Marktteilnehmer aus Niedriglohnländern mit deutlich geringeren Faktorkosten in den Markt, welche darüber hinaus vergleichbare Produktqualitäten anbieten können. Ferner nimmt der Termindruck aufgrund verkürzter Produktlebenszyklen auf den Werkzeugbau stetig zu. Neben dem zunehmenden Wettbewerb aus Niedriglohnländern sowie dem steigenden Termindruck ist das Vorhandensein qualifizierter Facharbeiter aufgrund des demografischen Wandels nur bedingt gegeben und tendenziell rückläufig.[888]

Eine Differenzierung des deutschen Werkzeugbaus und der damit verbundene Erhalt der Wettbewerbsfähigkeit kann daher nur über die **Optimierung der Effizienz des Leistungserstellungsprozesses** erfolgen. Der Leistungserstellungsprozess im Werkzeugbau beginnt mit der Akquise und durchläuft die generische Prozesskette über das Engineering/Konstruktion, die Arbeitsvorbereitung, die mechanische Fertigung, die Montage und den Try-out. Im Leistungserstellungsprozess des Werkzeugbaus ist die Montage für den Zusammenbau und die Abstimmung der Werkzeugkomponenten zur Sicherstellung der Anforderungserfüllung aus dem Lastenheft verantwortlich. In den vergangenen Jahren unterlag die Branche Werkzeugbau einem stetigen Wandel von einer handwerklichen Fertigung hin zu einem industriellen Werkzeugbau. Aktuell findet eine Transformation vom industriellen Werkzeugbau hin zu einem digital vernetzten Werkzeugbau statt.[889] Im Allgemeinen wird unter Industrie 4.0 die vierte industrielle Revolution verstanden, welche als maßgeblicher Treiber zur Steigerung der **Kollaborationsproduktivität** und der damit verbundenen Wandlungsfähigkeit der industriellen Produktion angesehen wird. Durch Industrie 4.0 lassen sich die Herausforderungen der Branche Werkzeugbau gezielt adressieren.[890]

Mit den Möglichkeiten und Potenzialen von Industrie 4.0 kann die stark handwerklich geprägte Montage mit ihren Schnittstellen durch eine echtzeitnahe Informationsbereitstellung eine neue Dimension der Kollaborationsproduktivität erreichen. Eine digitale **Vernetzung** schafft einen echtzeitnahen Informationsaustausch innerhalb der Montage sowie gewerksübergreifend. In der Folge werden Schnittstellenaufwände durch eine gesteigerte Transparenz reduziert, Latenzzeiten deutlich verringert und damit die Effizienz in der Montage erhöht. Gleichzeitig dient die Vernetzung als Basis für die Realisierung der **Adaptabilität** in der Montage, also einer Montage, die die Fähigkeit zur (eigenständigen) Anpassung besitzt.

Die Betrachtung bestehender wissenschaftlicher Ansätze hat gezeigt, dass aktuell kein systematischer Ansatz existiert, welcher zur ganzheitlichen Gestaltung einer vernetzten

[888] Vgl Kapitel I.2
[889] Vgl. Abbildung II-30
[890] Vgl. Kapitel II.2.4

adaptiven Montage im Werkzeugbau mit den Potenzialen von Industrie 4.0[891] herangezogen werden kann. Vielmehr werden maximal Teilaspekte der zu adressierenden Herausforderungen thematisiert, was wiederum die Erarbeitung eines **Gestaltungsmodells für eine vernetzte adaptive Montage im Werkzeugbau** erfordert.

Aufbauend auf dem Grundgedanken eines sozio-technischen Systems sowie den befähigenden Faktoren eines Produktionssystems wurde das Gestaltungsmodell für eine vernetzte adaptive Montage im Werkzeugbau strukturiert. Die Dimensionen Mensch, Technik und Organisation mitsamt den Schnittstellendimensionen Mensch-Technik, Organisation-Technik, Organisation-Mensch und Mensch-Technik-Organisation eignen sich in besonderem Maße für die Gestaltung der Montage im Werkzeugbau. Aus der Synthese der Gestaltungsdimensionen und den dazugehörigen Gestaltungsfeldern wurde das **Gestaltungsmodell mit sieben Gestaltungsfeldern und jeweils zwei Gestaltungselementen** für eine vernetzte adaptive Montage im Werkzeugbau abgeleitet.[892]

Das erste Gestaltungsfeld in der Dimension Organisation rückt die Gestaltung der Montageorganisation unter Berücksichtigung der Layoutform, Arbeitsorganisation sowie der gewerksübergreifenden Interaktion in den Vordergrund. Im Rahmen des Gestaltungsfeldes **Anforderungsgerechte Montageorganisation** werden eine **unternehmensspezifische Montageaufbauorganisation** und eine **informationszentrierte Ablauforganisation** der Montage für eine vernetzte adaptive Montage des Werkzeugbaus detailliert.

Das Gestaltungsfeld der Dimension Technik fokussiert ein **robustes Datenmanagement**. Dazu wird auf Basis des Zielbildes Internet of Production eine für die Realisierung einer vernetzten adaptiven Montage im Werkzeugbau notwendige und **anforderungsgerechte Datenmodellierung** vorgenommen. Weiterhin erfolgt der Aufbau einer Dateninfrastruktur für die Montage des Werkzeugbaus. Die multimodale Aufnahme von Daten sowie die Speicherung der Daten einem Data Warehouse ermöglicht ein ressourceneffizientes Datenmanagement. Unter der Nutzung bekannter Data Mining-Algorithmen können Zusammenhänge visualisiert, Ursache-Wirkungs-Beziehungen analysiert und systemseitige Entscheidungen eigenständig getroffen werden. Das Gestaltungselement lautet **Multimodale Datenaufnahme und Data Warehousing.**

Die Dimension Mensch im Gestaltungsmodell fokussiert die **ganzheitliche Kompetenzentwicklung**. Auf Basis zukünftig notwendiger Kompetenzanforderungen werden die im Status quo vorliegenden Kompetenzen abgeglichen sowie ein Kompetenzbedarf abgeleitet. Dies erfolgt im Gestaltungselement **Individuelle Kompetenzanalyse.** Die Diskrepanz zwischen Ist- und Soll-Kompetenzen stellt die Ausgangsbasis für die Ableitung konkreter, mitarbeiterspezifischer Maßnahmen zum **mitarbeiterzentrierten Kompetenzaufbau** dar.

In der Dimension Technik und Mensch adressiert das Gestaltungsmodell einer vernetzten adaptiven Montage die Unterstützung der Mitarbeiter bei der Ausführung der Montageaufgaben. Im Gestaltungsfeld **Digital vernetzte Montageassistenz** werden für die Werkzeugmontage konzipierte Assistenzsysteme detailliert vorgestellt. Diese lassen sich in Form **kognitiver Montageassistenz** und **physischer Montageassistenz** realisieren. Kognitive Montageassistenzsysteme fokussieren primär die Wahrnehmungs- und Entscheidungsassistenz,

[891] Vgl. Kapitel II.2.4
[892] Vgl. Kapitel V.4.5

während die physischen Montageassistenzsysteme hauptsächlich auf die Ausführungsassistenz abzielen.

An der Schnittstelle zwischen Organisation und Mensch wurde das Gestaltungsfeld **Kontinuierliche Montageoptimierung** detailliert. Eine gewerksinterne Optimierung erfolgt durch die kontinuierliche Sichtbarmachung von Kennzahlen sowie sich daraus ableitender Maßnahmen. Diese werden in digitaler Form aufbereitet und den Mitarbeitern der Montage zugänglich gemacht. Neben der **kennzahlenbasierten Mitarbeiterführung** ist die Einführung einer **gewerksübergreifenden Wissensrückführung** und ein gezielter Wissensaustausch der Mitarbeiter zur langfristigen gewerksübergreifenden Optimierung erforderlich.

Das sechste Gestaltungsfeld in der Dimension Technik-Organisation fokussiert die **selbststeuernde Materialbereitstellung** in der Montage. In diesem Gestaltungsfeld wird aufzeigt, in welcher Form eine **digitale Bauteilverwaltung** erfolgen muss, um einen **fahrerlosen Bauteiltransport** zu realisieren und in welcher Form dies für eine vernetzte adaptive Montage im Werkzeugbau notwendig ist.

Das zentrale siebte Gestaltungsfeld, welches die Dimensionen Mensch, Technik und Organisation vereint, ist die **Intelligente Ressourcen- und Reihenfolgeplanung**. Dies beinhaltet Ausführungen zur **Aufnahme planungsrelevanter Informationen**, welche diesem Gestaltungsfeld zugrunde liegt. Weiterhin erfolgt im Gestaltungselement **Automatisierte Mitarbeiterallokation zu Montageaufgaben** die Planung und Steuerung der Montage unter Berücksichtigung der Kompetenzentwicklung in Form des Workplace Learnings. Die intelligente Ressourcen- und Reihenfolgeplanung wird durch die Adressierung von kompetenz- und planungsspezifischen Gestaltungselementen ermöglicht.

Der wissenschaftliche Beitrag dieser Arbeit liegt in der Entwicklung eines ganzheitlichen Lösungsansatzes zur Gestaltung einer vernetzten adaptiven Montage im Werkzeugbau, welcher eine **fundamentale Veränderung des Gewerks Montage** bedeutet. Mithilfe des Gestaltungsmodells ist die aufgezeigte Entwicklung von einen industriellen zu einem digital vernetzten Werkzeugbau für das Gewerk der Montage realisierbar. Die Gestaltungsfelder sind grundsätzlich allgemeingültig und daher unternehmensindividuell zu spezifizieren und anzuwenden. Eine kritische Reflektion hat durch die Validierung der Gestaltungsfelder bei den Werkzeugbaubetrieben fischer – Innovative Moulds und Welser Profile GmbH stattgefunden.

Die Validierung hat auch gezeigt, dass das Gestaltungsmodell für eine vernetzte adaptive Montage im Werkzeugbau anwendbar ist, allerdings immer betriebsspezifische Justagen hinsichtlich individueller Rahmenbedingungen notwendig sind. Insbesondere das Thema der kollaborativen Robotik steht für die Anwendung in der Einzel- und Kleinserienfertigung sowie in Bezug auf die Handhabung von schwereren Bauteilen aktuell noch in den Anfängen. Die **Automatisierung von Montageumfängen** ist zwar langfristig denkbar, allerdings in naher Zukunft ohne großes Fachwissen von erfahrenen Montagemitarbeitern wirtschaftlich nicht realisierbar. In diesem Zuge muss ebenfalls die **Standardisierung von Werkzeugen** trotz des Einzel- und Kleinseriencharakters der Werkezuge weiter vorangetrieben werden. Die Standardisierung bezieht sich allerdings nicht nur auf das Werkzeug, sondern auch auf die Kompatibilität mit den Produktionsanlagen und Schnittstellen. Dies wird auch ein entscheidender Treiber für die weitere Automatisierung von Montageumfängen werden und eine weitere signifikate Steigerung der Effizienz in der Montage bedeuten.

VIII Literatur

VIII.1 Eigene Veröffentlichungen

Boos, W.; Salmen, M.; Hensen, T.; Goertz, D. (Erfolgsfaktoren im Werkzeugbau):
Erfolgsfaktoren im Werkzeugbau – Teil 3: Ressourcen intelligent nutzen. In: Form + Werkzeug. München: Carl Hanser Verlag, 2016, S. 200-201.

Boos, W.; Salmen, M.; Hensen, T.; Wiese, J.; Lange, J. de; Goertz, D. (Erfolgreich Digital Vernetzen):
Erfolgreich Digital Vernetzen auf dem Shopfloor im Werkzeugbau. Aachen: WBA Aachener Werkzeugbau Akademie GmbH im Eigenverlag, 2016.

Boos, W.; Salmen, M.; Begovic, A.; Goertz, D. (Smart Tools and Smart Services):
Smart Tooling – Smart Tools and Smart Services. In: ETMM 3/2017, Online-Ausgabe 2017, S. 22-25.

Boos, W.; Salmen, M.; Kelzenberg, C.; Goertz, D.; Helbig, J. (Intelligent Tool Manufacturing):
Corporate Tooling: Intelligent Tool Manufacturing. Aachen: WBA Aachener Werkzeugbau Akademie GmbH im Eigenverlag, 2017.

Boos, W.; Salmen, M.; Kelzenberg, C.; Goertz, D. (Corporate Tooling):
Corporate Tooling: Zwei Welten – eine Herausforderung. In: werkzeug&formenbau 03/2018. München: Carl Hanser Verlag, 2018, S. 56-57.

Boos, W.; Kelzenberg, C.; Lange, J. de; Goertz, D.; Ebbecke, C. (Erfolgreich Fokussieren und Segmentieren):
Erfolgreich Fokussieren und Segmentieren im Werkzeugbau. Aachen: WBA Aachener Werkzeugbau Akademie GmbH im Eigenverlag, 2019.

Boos, W.; Kelzenberg, C.; Wiese, J.; Goertz, D. (Tooling in Czech Republic):
Tooling in Czech Republic. Aachen: WBA Aachener Werkzeugbau Akademie GmbH im Eigenverlag, 2019.

Boos, W.; Kelzenberg, C.; Wiese, J.; Goertz, D. (Tooling in Czech Republic):
Tooling in Czech Republic. In: ETMM 7-8/2019, Online-Ausgabe 2019, S. 6-7.

Boos, W.; Kelzenberg, C.; Goertz, D.; Busch, M. (Strukturkrise bewältigen):
Strategieentwicklung im Werkzeugbau. Strukturkrise bewältigen: In: Form + Werkzeug 01/2020. München: Carl Hanser Verlag, 2020, S. 24-35.

Boos, W.; Kelzenberg, C.; Wiese, J.; Goertz, D.; Boshof, J.; Busch, M. (Digitale Transformation):
Digitale Transformation im Werkzeugbau. Aachen: WBA Aachener Werkzeugbau Akademie GmbH im Eigenverlag, 2020.

Boos, W.; Kelzenberg, C.; Wiese, J.; Goertz, D.; Boshof, J.; Busch, M. (Tooling in Germany):
Tooling in Germany. Aachen: WBA Aachener Werkzeugbau Akademie GmbH im Eigenverlag, 2020.

Boos, W.; Kelzenberg, C.; Goertz, D.; Boshof, J.; Kessler, N., Haase, B. (Erfolgreich Layout Gestalten):
Erfolgreich Layout Gestalten im Werkzeugbau. Aachen: WBA Aachener Werkzeugbau Akademie GmbH im Eigenverlag, 2020.

Boos, W.; Kelzenberg, C.; Prümmer, M.; Goertz, D.; Ochel, T.; Lürken, C. (Tooling in Germany):
Tooling in Germany. In: ETMM 3/4 - 2020. Online-Ausgabe 2020, S. 14-16.

Boos, W.; Kelzenberg, C.; Goertz, D.; Schweins, J. (Industrie 4.0):
Wettbewerbsfähig durch Industire 4.0. In: Digital Manufacturing 2/2020. Online-Ausgabe, 2020, S. 40-41.

Boos, W.; Kelzenberg, C.; Goertz, D.; Ebbecke, C. (Performance Data):
Comparing performance data to remain competitive: In: ETMM 5/2020, Online-Ausgabe 2020, S. 22-24.

Schuh, G.; Salmen, M.; Begovic, A.; Goertz, D. (ICT on the Shopfloor)
Prio-T: Successful application of ICT on the shop floor in the tool and die industry. In: Konferenzband – 17th International Conference PICMET, 2017, S. 353-359.

VIII.2 Nicht-eigene Veröffentlichungen

acatech (Cyber-Physical Systems):
Cyber-Physical Systems. Innovationsmotor für Mobilität, Gesundheit, Energie und Produktion. Berlin: Springer-Verlag, 2011.

acatech (Umsetzungsempfehlungen):
Umsetzungsempfehlungen für das Zukunftsprojekt Industrie 4.0. Abschlussbericht des Arbeitskreises Industrie 4.0. Berlin: Büro der Forschungsunion/Geschäftsstelle der Plattform Industrie 4.0 im Eigenverlag, 2013.

acatech (Digitale Transformation gestalten):
Digitale Transformation gestalten. Was Personalvorstände zur Zukunft der Arbeit sagen: ein Stimmungsbild aus dem Human-Resources-Kreis von acatech und Jacobs Foundation. In: acatech (Hrsg.): acatech IMPULS. München: Herbert Utz Verlag, 2016.

Albert, H. (Marktsoziologie):
Marktsoziologie und Entscheidungslogik: Zur Kritik der reinen Ökonomik. 1. Aufl. Tübingen: Mohr Siebeck Verlag, 1998.

Alpar, P.; Niedereichholz, J. (Data Mining im praktischen Einsatz):
Data Mining im praktischen Einsatz. Verfahren und Anwendungsfälle für Marketing, Vertrieb, Controlling und Kundenunterstützung. (Reihe: Business Computing). Wiesbaden: Vieweg+Teubner Verlag, 2000.

Arets, J.; Jennings, C.; Heijnen, V. (70:20:10 into Action):
70:20:10 into Action. Online verfügbar unter https://702010institute.com/project/702010-into-action/, Abruf: 29.05.2020.

Arnold, D. (Intralogistik):
Intraglogistik. Potentiale, Perspektiven, Prognosen. Heidelberg: Springer-Verlag, 2006.

Backhaus, K.; Erichson, B.; Plinke, W.; Weiber, R. (Multivariate Analysemethoden):
Multivariate Analysemethoden. Eine anwendungsorientierte Einführung. (Reihe: Lehrbuch). 1.Aufl. Berlin: Springer Gabler, 2018.

Bauernhansl, T.; Hompel, M. t.; Vogel-Heuser, B. (Industrie 4.0 in Produktion, Automatisierung und Logistik):
Industrie 4.0 in Produktion, Automatisierung und Logistik. Anwendung, Technologien, Migration. In: Bauernhansl, T.; Hompel, M. t.; Vogel-Heuser, B. (Hrsg.): Industrie 4.0 in Produktion, Automatisierung und Logistik. Wiesbaden: Springer Vieweg Verlag, 2014.

Bauernhansl, T.; Krüger, J.; Reinhart, G.; Schuh, G. (WGP Standpunkt Industrie 4.0):
WGP Standpunkt Industrie 4.0. Darmstadt: Wissenschaftliche Gesellschaft für Produktionstechnik WGP e. V. im Eigenverlag, 2016.

Baun, C.; Kunze, M.; Nimis, J. (Cloud Computing):
Cloud Computing. Web-basierte dynamische IT-Services. (Reihe: Informatik im Fokus). Berlin: Springer-Verlag, 2010.

Becker, K.-D. (Arbeit in der Industrie 4.0):
Arbeit in der Industrie 4.0. Erwartungen des Instituts für angewandte Arbeitswissenschaft e. V. In: Botthof, A.; Hartmann, E. A. (Hrsg.): Zukunft der Arbeit in Industrie 4.0: Berlin: Springer-Verlag, 2015, S. 23-30.

Becker, T. (Prozesse in Produktion und Supply Chain optimieren):
Prozesse in Produktion und Supply Chain optimieren. 2. Aufl. Berlin: Springer-Verlag, 2008.

Bernstein, P. (Middleware: A Model for Distributed System Services):
Middleware: A Model for Distributed System Services. In: Communications of the ACM. 39. Jg., Nr. 2, 1996, S. 86-98.

Berry, M. J. A.; Linoff, G. (Data Mining Techniques):
Data Mining Techniques. For Marketing, Sales, and Customer Support. New York: John Wiley & Sons, 1997.

Bertalanffy, L. v. (General System Theory):
General System Theory. Foundations, Development, Applications. 4. Aufl. New York, George Braziller Verlag 1973.

Beucher, O. (Signale und Systeme: Theorie, Simulation, Anwendung):
Signale und Systeme: Theorie, Simulation, Anwendung. Eine beispielorientierte Einführung mit MATLAB ; mit 115 Beispielen, 159 Übungsaufgaben und 220 MATLAB-Programmen. 2. Aufl. Berlin: Springer Vieweg Verlag, 2015.

Bhuiyan, N.; Baghel, A. (Continuous Improvement):
An Overview of Continuous Improvement: from the Past to the Present. In: Management Decision. 43. Jg., Nr. 5, 2005, S. 761-771.

Bilsing, A. P. (Bewertung der technologischen Leistungsfähigkeit):
Kennzahlengestützte Bewertung der technologischen Leistungsfähigkeit der Fertigung im Werkzeug- und Formenbau. Dissertation der RWTH Aachen. Aachen: Apprimus Verlag, 2007.

Binder, V. A.; Kantowsky, J. (Technologiepotentiale):
Technologiepotentiale. Neuausrichtung der Gestaltungsfelder des Strategischen Technologiemanagements. Wiesbaden: Deutscher Universitätsverlag, 1996.

Bischoff, J. (Industrie 4.0 im Mittelstand):
Erschließen der Potentiale der anwendung von Industrie 4.0 im Mittelstand. Mühlheim: agiplan Verlag, 2015.

Blohm, H. (Organisation, Information und Überwachung):
Organisation, Information und Überwachung. Karlsruhe: Gabler Verlag, 1977.

BMBF (Industrie 4.0):
Industrie 4.0. Innovationen für die Produktion von morgen. Berlin: Eigenverlag, 2015.

BMBF (Made in Germany):
Made in Germany: das steckt dahinter | Moderne Produktion in Deutschland. Bonn: Eigenverlag, 2016.

BMWi (Industrie 4.0 Standort Deutschland):
Industrie 4.0 Standort Deutschland. Industrie 4.0. Volks- und betriebswirtschaftliche Faktoren für den Standort Deutschland. Eine Studie im Rahmen der Begleitforschung zum Technologieprogramm Automatik für Industrie 4.0. Berlin: Eigenverlag, 2015.

BMWi (Potenziale Industrie 4.0 im Mittelstand):
Potenziale Industrie 4.0 im Mittelstand. Erschliessen der Potenziale der Anwendung von Industrie 4.0 im Mittelstand - Kurzfassung der Studie. Berlin: Eigenverlag, 2015.

Böge, A. (Handbuch Maschinenbau):
Handbuch Maschinenbau. Grundlagen und Anwendungen der Maschinenbau-Technik; mit 405 Tabellen. In: Böge, A. (Hrsg.). 21. Aufl. Wiesbaden: Springer Vieweg Verlag, 2013.

Bonack, C. (Kennzahlen als Führungsinstrument):
Kennzahlen als Führungsinstrument: Erhöhung der Eigenverantwortung durch Führung mit Kennzahlen. Hamburg: disserta-Verlag, 2014.

Boos, W. (Gestaltung und Bewertung modularer Werkzeuge):
Gestaltung und Bewertung modularer Werkzeuge. Methodik zur Gestaltung und Bewertung von modularen Werkzeugen. Dissertation der RWTH Aachen. Aachen: Apprimus Verlag, 2008.

Boos, W.; Salmen, M.; Hensen, T.; Schippers, M.; Wiese, J. (Erfolgreich Performance Messen im Werkzeugbau):
Erfolgreich Performance Messen im Werkzeugbau. Aachen: WBA Aachener Werkzeugbau Akademie GmbH im Eigenverlag, 2017.

Boos, W.; Kelzenberg, C.; Wiese, J.; Stracke, F.; Boshof, J. (Intelligente Werkzeuge):
Intelligente Werkzeuge und datenbasierte Geschäftsmodelle im Werkzeugbau. Aachen: WBA Aachener Werkzeugbau Akademie GmbH im Eigenverlag, 2019.

Boos, W.; Salmen, M.; de Lange, J.; Helbig., J. (Montage 4.0):
Montage 4.0. WBA-Projekt: Montage 4.0 im Werkzeugbau. In: Boos, W. (Hrsg.): Werkzeugbau Akademie - Forschungsbericht 2017. Aachen: Apprimus Verlag, 2017, S. 23-27.

Boos, W.; Pitsch, M.; Salmen, M.; Begovic, A.; Kuhlmann, T. (Erfolgreich Planen im Werkzeugbau):
Erfolgreich Planen im Werkzeugbau. Aachen: WBA Aachener Werkzeugbau Akademie GmbH im Eigenverlag, 2015.

Boos, W.; Salmen, M.; Begovic, A.; Kelzenberg, C.; Stracke, F. (Smart Tooling):
Smart Tooling. Aachen: WBA Aachener Werkzeugbau Akademie GmbH im Eigenverlag, 2016.

Boos, W.; Salmen, M.; Kelzenberg, C.; Johannsen, L.; Helbig, J.; Ebbecke, C. (Tooling in Germany):
Tooling in Germany, 2. Aufl. Aachen: WBA Aachener Werkzeugbau Akademie GmbH im Eigenverlag, 2018.

Boos, W.; Salmen, M.; Kelzenberg, C.; Stark, M.; Schultes, T.; Graberg, T. (World of Tooling):
World of Tooling. Aachen: WBA Aachener Werkzeugbau Akademie GmbH im Eigenverlag, 2018.

Bortolini, M.; Ferrari, E.; Gamberi, M.; Pilati, F.; Faccio, M. (Assembly System Design in the Industry 4.0 Era):
Assembly System Design in the Industry 4.0 Era. A General Framework. In: IFAC-PapersOnLine. 50. Jg., Nr. 1, 2017, S. 5700-5705.

Bossel, H. (Systeme, Dynamik, Simulation):
Systeme, Dynamik, Simulation. Modellbildung, Analyse und Simulation komplexer Systeme. Norderstedt: Books on Demand, 2004.

Brand, L.; Hülser, T.; Grimm, V.; Zweck, A., (Internet der Dinge):
Internet der Dinge. Perspektiven für die Logistik. Düsseldorf: Zukünftige Technologien Consulting, 2009.

Brankamp, K. (Terminplanungssystem):
Ein Terminplanungssystem für Unternehmen der Einzel- und Serienfertigung. Voraussetzungen, Gesamtkonzeption und Durchführung mit EDV. 2. Aufl. Heidelberg: Physica-Verlag HD, 1973.

Brecher, C.; Klocke, F.; Schmitt, R.; Schuh, G. (Internet of Production):
Internet of Production. Internet of Production für agile Unternehmen. In: Brecher, C.; Klocke, F.; Schmitt, R.; Schuh, G. (Hrsg.): AWK Aachener Werkzeugmaschinen Kolloquium 2017. Aachen: Apprimus Verlag, 2017.

Brunhuber, E. (Praxis der Druckgußfertigung):
Praxis der Druckgußfertigung, 4. Aufl. Berlin: Schiele & Schön, 1991.

Brunner, F.J. (Japanische Erfolgskonzepte):
Japanische Erfolgskonzepte: Kaizen, KVP, Lean Production Management, Total Productive Maintenance, Shopfloor Management, Toyota Production System, GD3 – Lean Development, München: Carl Hanser Verlag, 2017.

Bruns, M. (Systemtechnik):
Systemtechnik. Ingenieurwissenschaftliche Methodik zur interdisziplinären Systementwicklung. In: Bruns, M. (Hrsg.): Strukturentwicklungen zur Systemtechnik für Ingenieure. Berlin: Springer Verlag, 1991.

Bühring-Polaczek, A.; Michaeli, W.; Spur, G. (Handbuch Urformen):
Handbuch Urformen. Urformen von Metallen. München: Hanser Verlag, 2014.

Bullinger, H.-J. (Ergonomie):
Ergonomie. Produkt- und Arbeitsplatzgestaltung. Reihe: Technologiemanagement - Wettbewerbsfähige Technologieentwicklung und Arbeitsgestaltung. Wiesbaden: Vieweg+Teubner Verlag, 1994.

Bullinger, H.-J.; Lung, M. M. (Planung der Materialbereitstellung in der Montage):
Planung der Materialbereitstellung in der Montage. Wiesbaden: Vieweg+Teubner Verlag, 1994.

Bullinger, H.-J.; Spath, D.; Warnecke, H.-J.; Westkämper, E. (Handbuch Unternehmensorganisation):
Handbuch Unternehmensorganisation. Strategien, Planung, Umsetzung. In: Bullinger, H.-J.; Spath, D.; Warnecke, H.-J.; Westkämper, E. (Hrsg.): Reihe: VDI-Buch. 3. Aufl. Berlin: Springer-Verlag, 2009.

Cohen, Y.; Faccio, M.; Galizia, F. G.; Mora, C.; Pilati, F. (Assembly System Configuration through Industry 4.0 Principles):
Assembly System Configuration through Industry 4.0 Principles. The Expected Change in the Actual Paradigms. In: IFAC PapersOnLine, 50. Jg., Nr. 1, 2017, S. 14958-14963.

Corsten, H. (Produktionswirtschaft):
Produktionswirtschaft. Einführung in das industrielle Produktionsmanagement. Reihe: Lehr- und Handbücher der Betriebswirtschaftslehre. 11.Aufl. München: Oldenbourg Verlag, 2007.

Davenport, T. H.; Prusak, L. (Praxishandbuch zum Wissensmanagement):
Das Praxishandbuch zum Wissensmanagement – Wenn Ihr Unternehmen wüßte, was es alles weiß. 2. Aufl. Landsberg/Lech: Verlage Moderne Industrie, 1999.

Dawes, J. (Point Scales):
Point Scales. Do data Characteristics Change according to the Number of Scale Points used? An Experiment using 5-Point, 7-Point and 10-Point Scales. In: International Journal of Market Research. 50. Jg., Nr. 1, 2008, S. 61-77.

Deming, W. E. (Out of the Crisis):
Out of the Crisis. Cambridge: The MIT Press, 2000.

Deutscher Industrie- und Handelskammertag e. V. (Leitfaden Abgrenzung):
Leitfaden Abgrenzung. Handwerk, Handel, Industrie, Dienstleistungen. Berlin: Eigenverlag, 2017.

DIN Deutsches Institut für Normung e. V. (DIN EN 1525):
DIN EN 1525. DIN EN 1525 - Sicherheit von Flurförderzeugen - Fahrerlose Flurförderzeuge und ihre Systeme, 1997.

Doege, E.; Behrens, B.-A. (Handbuch Umformtechnik):
Handbuch Umformtechnik. Grundlagen, Technologien, Maschinen. 2. Aufl. Berlin: Springer Verlag, 2010.

Dombrowski, U.; Mielke, T. (Ganzheitliche Produktionssysteme):
Ganzheitliche Produktionssysteme. Aktueller Stand und zukünftige Entwicklungen. In: Dombrowski, U.; Mielke, T. (Hrsg.): Reihe: VDI-Buch. Berlin: Springer Vieweg Verlag, 2015.

Dombrowski, U.; Wesemann, S.; Korn, G. H. (Werkerinformationssystem):
Werkerinformationssystem. Effiziente Informationen für die mitarbeiterorientierte Produktion. In: Zeitschrift für wirtschaftlichen Fabrikbetrieb (ZWF). 105. Jg, Nr. 4, 2010, S. 282–287.

Duden (Bedeutung „auslegen"):
Bedeutung auslegen. Duden, 2019. Online verfügbar https://www.duden.de/rechtschreibung/auslegen, Abruf: 29.05.2020.

Duden (Bedeutung „Robustheit"):
Bedeutung Robustheit. Duden, 2019. Online verfügbar https://www.duden.de/rechtschreibung/Robustheit, Abruf: 30.06.2020.

Dyckhoff, H. (Betriebliche Produktion):
Betriebliche Produktion. Theoretische Grundlagen einer umweltorientierten Produktionswirtschaft. 2. Auf. Berlin: Springer Verlag, 1994.

Dyckhoff, H. (Produktionstheorie):
Produktionstheorie. Grundzüge industrieller Produktionswirtschaft. Reihe: Springer-Lehrbuch. 5.Aufl. Berlin: Springer Verlag, 2006.

Eigner, M.; Stelzer, R. (Product Lifecycle Management):
Product Lifecycle Management. Ein Leitfaden für Product Development und Life Cycle Management. 2. Aufl. Dordrecht: Springer Verlag, 2013.

Emery, F. E. (Characteristics of Socio-Technical Systems):
Characteristics of Socio-Technical Systems: A critical review of theories and facts, 1959.

Ensinger, A.; Fischer, P.; Früh, F.; Halstenbach, V.; Hüsing, C. (Digitale Prozesse):
Digitale Prozesse. Begriffabgrenzung und thematische Einordnung. Berlin: Bitkom im Eigenverlag, 2016.

Erpenbeck, J. (So werden wir lernen!):
So werden wir lernen! Kompetenzentwicklung in einer Welt fühlender Computer, kluger Wolken und sinnsuchender Netze. Berlin: Springer Verlag, 2013.

Erpenbeck, J.; Sauter, W. (Kompetenzentwicklung):
Kompetenzentwicklung mit humanoiden Computern. Die Revolution des Lernens via Cloud Computing und semantischen Netzen. Reihe: Essentials. Wiesbaden: Springer Gabler Verlag, 2015.

Erpenbeck, J.; Sauter, W. (Handbuch Kompetenzentwicklung im Netz):
Handbuch Kompetenzentwicklung im Netz. Bausteine einer neuen Lernwelt. Stuttgart: Schäffer-Poeschel Verlag, 2017.

Ester, M.; Sander, J. (Knowledge Discovery in Databases):
Knowledge Discovery in Databases. Techniken und Anwendungen. Berlin: Springer Verlag, 2000.

Europäische Kommission (Towards a European Qualifications Framework):
Towards a European Qualifications Framework. Brüssel, 2005. Online verfügbar http://www.encore-edu.org/ENCoRE-documents/consultation_eqf_en.pdf; Abruf 18.07.2020.

Europäische Kommission (Benutzerleitfaden zur Definition von KMU):
Benutzerleitfaden zur Definition von KMU. Benutzerleitfaden zur Definition von KMU, 2015.

Eversheim, W. (Organisation in der Produktionstechnik):
Organisation in der Produktionstechnik. Band 4. Fertigung und Montage. 2. Aufl. Berlin: Springer Verlag, 1989.

Eversheim, W. (Organisation in der Produktionstechnik):
Organisation in der Produktionstechnik. Bd 1: Grundlagen. Reihe: Studium und Praxis. 3. Aufl. Berlin: Springer Verlag, 1996.

Eversheim, W. (Flexible Produktionssysteme):
Flexible Produktionssysteme. In: Frese, E. (Hrsg.): Handwörterbuch der Organisation. Reihe: Enzyklopädie der Betriebswirtschaftslehre, Bd. 2. 3.Aufl. Stuttgart: Schäffer-Poeschel Verlag, 1992, S. 2058-2066.

Eversheim, W.; Klocke, F. (Werkzeugbau mit Zukunft):
Werkzeugbau mit Zukunft. Strategie und Technologie. Berlin: Springer Verlag, 1998.

Eversheim, W.; Witte, K.-W.; Peffekoven, K.-H. (Montage richtig planen):
Montage richtig planen. Methoden und Hilfsmittel zur rationellen Gestaltung der Montage in Unternehmen mit Einzel- und Serienfertigung. Düsseldorf: VDI-Verlag, 1981.

Farkisch, K. (Data Warehouse Systeme kompakt):
Data Warehouse Systeme kompakt. Aufbau, Architektur, Grundfunktionen. Reihe: Xpert.press. Berlin: Springer-Verlag, 2011.

Fayyad, U. M. (Advances in Knowledge Discovery and Data Mining):
Advances in Knowledge Discovery and Data Mining. In: American Association for Artificial Intelligence. Jg. 44, 1996, S. 37-50.

Feldmann, K.; Slama, S.; Gergs, H.-J.; Wirth, U. (Montage strategisch ausrichten):
Montage strategisch ausrichten - Praxisbeispiele marktorientierter Prozesse und Strukturen. Reihe: VDI-Buch. Berlin: Springer Verlag, 2004.

Fleisch, E.; Christ, O.; Dierkes, M. (Die betriebswirtschaftliche Vision des Internets der Dinge):
Die betriebswirtschaftliche Vision des Internets der Dinge. In: Fleisch, E.; Mattern, F. (Hrsg.): Das Internet der Dinge. Ubiquitous Computing und RFID in der Praxis: Visionen, Technologien, Anwendungen, Handlungsanleitungen. Berlin: Springer-Verlag, 2005.

Franks, B. (Taming the Big Data Tidal Wave):
Taming the Big Data Tidal Wave. Finding Opportunities in Huge Data Streams with Advanced Analytics. Reihe: Wiley & SAS Business Series. New Jersey: John Wiley & Sons, 2012.

Frick, L. (Erfolgreiche Geschäftsmodelle im Werkzeugbau):
Erfolgreiche Geschäftsmodelle im Werkzeugbau. Dissertation der RWTH Aachen. Aachen: Shaker Verlag, 2006.

Fricke, K. (Digitaltechnik):
Digitaltechnik. Lehr- und Übungsbuch für Elektrotechniker und Informatiker. 7. Aufl. Wiesbaden: Springer Vieweg Verlag, 2014.

Fuchs, H. (Systemtheorie und Organisation):
Systemtheorie und Organisation. Die Theorie offener Systeme als Grundlage zur Erforschung und Gestaltung betrieblicher Systeme. Reihe: Betriebswirtschaftliche Beiträge zur Organisation und Automation, Bd. 21. Wiesbaden: Gabler Verlag, 1973.

Fuchs, J.; Söhnlein, D.; Weber, B. (Projektion des Arbeitskräfteangebots bis 2050):
Projektion des Arbeitskräfteangebots bis 2050 – Rückgang und Alterung sind nicht mehr Aufzuhalten. Institut für Arbeitsmarkt- und Berufsforschung. Die Forschungseinrichtung der Bundesagentur für Arbeit. IAB-Kurzbericht Nr. 16. Nürnberg: Vormals Manzsche Buchdruckerei und Verlag, 2011.

Gabler Wirtschaftslexikon (Definition „Wiki"):
Definition Wiki, 2018. Online verfügbar https://wirtschaftslexikon.gabler.de/definition/wiki-46992/version-270264, Abruf 21.07.2020.

Gabriel, R.; Gluchowski, P.; Pastwa, A. (Data Warehouse & Data Mining):
Data Warehouse & Data Mining. Witten: W3L-Verlag, 2009.

Gaitanides, M. (Prozessorganisation):
Prozessorganisation. Entwicklung, Ansätze und Programme des Managements von Geschäftsprozessen. Reihe: Vahlens Handbücher der Wirtschafts- und Sozialwissenschaften) 2. Aufl. München: Verlag Franz Vahlen, 2007.

Galbraith, J. R. (Organizing to Deliver Solutions):
Organizing to Deliver Solutions. In: Lantham, G. (Hrsg.) Organizational Dynamics. Bd. 31: Amsterdam: Elsevier, 2002.

Garcia Sanz, F. J.; Semmler, K.; Walther, J. (Weg zur globalen Netzwerkkompetenz):
Weg zur globalen Netzwerkkompetenz. In: Garcia Sanz, F. J.; Semmler, K.; Walther, J. (Hrsg.): Die Automobilindustrie auf dem Weg zur globalen Netzwerkkompetenz. Effiziente und flexible Supply Chains erfolgreich gestalten. Berlin: Springer-Verlag, 2007.

Gartner (Hype Cycle for Emerging Technologies):
Hype Cycle for Emerging Technologies, 2018. Online verfügbar https://www.gartner.com/smarterwithgartner/5-trends-emerge-in-gartner-hype-cycle-for-emerging-technologies-2018/, Abruf 04.08.2020.

Geisberger, E.; Broy, M. (agendaCPS):
agendaCPS. Integrierte Forschungsagenda Cyber-Physical Systems. Reihe: acatech STUDIE, März 2012, Bd. 1. Berlin: Springer Verlag, 2012.

Gerst, D.; Müller-Seegers, M.; Pachow, J.; Battmer, D. (Synergetische Montageplanung):
Synergetische Montageplanung. Konzept und Praxis eines ganzheitlichen Planungsansatzes. In: wt Werkstatttechnik online. 96. Jg., Nr. 9, 2006, S. 575-581.

Gienke, H.; Kämpf, R.; Aldinger, L. (Handbuch Produktion):
Handbuch Produktion. Innovatives Produktionsmanagement: Organisation, Konzepte, Controlling. München: Hanser Verlag, 2007.

Golz, J. (Materialbereitstellung bei Variantenfließlinien in der Automobilendmontage):
Materialbereitstellung bei Variantenfließlinien in der Automobilendmontage. Dissertation der TU Berlin. Reihe: Springer Gabler Research. Wiesbaden: Gabler Verlag, 2014.

Grant, R. M. (Contemporary Strategy Analysis):
Contemporary Strategy Analysis. Text and Cases. 9. Aufl. Chichester: John Wiley & Sons, 2016.

Gronalt, M. (Logistikmanagement):
Logistikmanagement. Erfahrungsberichte und Konzepte zum (Re-)Design der Wertschöpfungskette. In: Gronalt, M. (Hrsg.). 1. Aufl. Wiesbaden: Gabler, 2001.

Gruß, R. (Schlanke Unikatfertigung):
Schlanke Unikatfertigung. Zweistufiges Taktphasenmodell zur Steigerung der Prozesseffizienz in der Unikatfertigung auf Basis der Lean Production. Cottbus: Gabler Verlag, 2010.

Günther, H.-O.; Tempelmeier, H. (Produktion und Logistik):
Produktion und Logistik. Berlin: Springer Verlag, 2012.

Gutenberg, E. (Grundlagen der Betriebswirtschaftslehre):
Grundlagen der Betriebswirtschaftslehre. Die Produktion. Reihe: Enzyklopädie der Rechts- und Staatswissenschaft. 24. Aufl. Berlin: Springer Verlag, 1951.

Haasler, B. (Hochtechnologie und Handarbeit):
Hochtechnologie und Handarbeit. Reihe: Berufsbildung, Arbeit und Innovation - Dissertationen und Habilitationen - Band 1. 1. Aufl. Bielefeld: Bertelsmann W. Verlag, 2004.

Hansmann, K.-W. (Industrielles Management):
Industrielles Management. 8. Aufl. München: Oldenbourg Verlag, 2006.

Hardes, H.-D.; Schmitz, F.; Uhly, A. (Grundzüge der Volkswirtschaftslehre):
Grundzüge der Volkswirtschaftslehre. 8. Aufl. München: Oldenbourg Verlag, 2002.

Heilmann, H. (Wissensmanagement):
Wissensmanagement. In: HMD: Praxis der Wirtschaftsinformatik 208. Heidelberg: Hüthig, 1999.

Heinen, T.; Rimpau, C.; Wörn, A. (Wandlungsfähigkeit als Ziel der Produktionssystemgestaltung):
Wandlungsfähigkeit als Ziel der Produktionssystemgestaltung. In: Nyhuis, P. (Hrsg.): Wandlungsfähige Produktionssysteme. Heute die Industrie von morgen gestalten. Hannover: Technische Informationsbibliothek u. Universitätsbibliothekim Eigenverlag, 2008, S. 19-32.

Heinrich, B.; Linke, P.; Glöckler, M. (Grundlagen Automatisierung):
Grundlagen Automatisierung. Sensorik, Regelung, Steuerung. Wiesbaden: Springer Vieweg Verlag, 2015.

Helbing, K. W. (Handbuch Fabrikprojektierung):
Handbuch Fabrikprojektierung. Berlin: Springer-Verlag, 2010.

Herbertz, R.; Hermanns, H.; Labs, R.; Volz, H. U. (Massivumformung):
Massivumformung. In: Herbertz, R.; Hermanns, H.; Labs, R.; Volz, H. U. (Hrsg.): Massivumformung kurz und bündig. Hagen: Industrieverband Massivumformung im Eigenverlag, 2013.

Hertle, C. (Shopfloor Management Systeme zur Kompetenzentwicklung):
Shopfloor Management Systeme zur zielgerichteten, systematischen Kompetenzentwicklung in der Produktion. Reihe: Schriftenreihe des PTW: Innovation Fertigungstechnik. Aachen: Shaker Verlag, 2018.

Hesse, S. (Automatische Montagemaschinen):
Automatische Montagemaschinen. In: Lotter, B.; Wiendahl, H.-P. (Hrsg.): Montage in der industriellen Produktion. Ein Handbuch für die Praxis. Reihe: VDI-Buch. 2. Aufl. 2013. Berlin: Springer Verlag, 2012, S. 195-272.

Heyse, V.; Erpenbeck, J. (Kompetenztraining):
Kompetenztraining. Informations- und Trainingsprogramme. 2.Aufl. Stuttgart: Schäffer-Poeschel Verlag, 2010.

Hinrichsen, S.; Riediger, D.; Unrau, A. (Assistance System for Maintaining Injection Molding Tools):
Development of a Projection-Based Assistance System for Maintaining Injection Molding Tools. In: Tagungsband zum 2017 IEEE International Conference on Industrial Engineering and Engineering Management (IEEM). Singapore, 2017, S. 1571-1575.

Hirsch, B. E. (CIM in der Unikatfertigung und -montage):
CIM in der Unikatfertigung und -montage. Berlin: Springer-Verlag, 1992.

Holmes, J.; Rutherford, T.; Fitzgibbon, S. (Innovation in the Automotive Tool, Die and Mould Industry):
Innovation in the Automotive Tool, Die and Mould Industry. A Case Study of the Windsor-Essex Region. 6th Annual National Conference of the Innovation Systems Research Network. Vancouver BC, Mai 13.-15., 2004.

Homp, C. (Entwicklung und Aufbau von Kernkompetenzen):
Entwicklung und Aufbau von Kernkompetenzen. Reihe: Strategische Unternehmungsführung. Wiesbaden: Deutscher Universitätsverlag, 2000.

Hoppe, S. (Standardisierte horizontale und vertikale Kommunikation):
Standardisierte horizontale und vertikale Kommunikation. In: Vogel-Heuser, B.; Bauernhansl, T.; Hompel, M. t. (Hrsg.): Handbuch Industrie 4.0 Bd.2. Automatisierung. Berlin: Springer Verlag, 2017, S. 371-390.

Hub, H. (Aufbauorganisation, Ablauforganisation):
Aufbauorganisation, Ablauforganisation. Einführung in die Betriebsorganisation, Aufgabenanalyse, Aufgabensynthese, Zentralisation, Dezentralisation, Darstellungsmittel, Organisationsformen, Arbeitsabläufe. Reihe: Praxis der Unternehmensführung. Wiesbaden: Gabler Verlag, 1994.

Jost, J.; Kirks, T.; Mättig, B.; Sinsel, A.; Trapp Thies U. (Der Mensch in der Industrie):
Der Mensch in der Industrie. Innovative Unterstützung durch Augmented Reality. In: Vogel-Heuser, B.; Bauernhansl, T.; Hompel, M. t. (Hrsg.): Handbuch Industrie 4.0. Bd. 1: Produktion. 2. Aufl. Berlin: Springer Vieweg Verlag, 2017, S. 153-173.

Kagermann, H. (Industrie 4.0 im globalen Kontext):
Industrie 4.0 im globalen Kontext. Strategien der Zusammenarbeit mit internationalen Partnern. In: Kagermann, H.; Anderl, R.; Gausemeier, J.; Schuh, G.; Wahlster, W. (Hrsg.): München: Herbert Utz Verlag, 2016.

Kagermann, H. (Chancen von Industrie 4.0 nutzen):
Chancen von Industrie 4.0 nutzen. In: Vogel-Heuser, B.; Bauernhansl, T.; Hompel, M. t. (Hrsg.): Handbuch Industrie 4.0. Bd. 1: Produktion. 2. Aufl. Berlin: Springer Vieweg Verlag, 2017, S. 235-246.

Kampker, A. (Kompetenzbasierte Geschäftsausweitung von produzierenden Unternehmen):
Kompetenzbasierte Geschäftsausweitung von produzierenden Unternehmen. Dissertation der RWTH Aachen. Aachen: Shaker Verlag, 2004.

Karrenberg, U. (Signale - Prozesse - Systeme):
Signale - Prozesse - Systeme. Eine multimediale und interaktive Einführung in die Signalverarbeitung. 7. Aufl. Berlin: Springer Vieweg Verlag, 2017.

Kast, R.; Lindemann, M.; Teuber, S.; Lübbe, K.; Wiesler, G.; Schiller, Y.; Schirmer, U.; Ahlers, G.; Holm, T.; Voß, E.; Galvagni, I.; Heckel, M. (Gestaltungshinweise ausgewählter Handlungsfelder):
Gestaltungshinweise ausgewählter Handlungsfelder. In: Schirmer, U. (Hrsg.): Demografie Exzellenz. Handlungsmaßnahmen und Best Practices zum demografieorientierten Personalmanagement. 1. Aufl. 2016. Wiesbaden: Springer Gabler Verlag, 2016, S. 49-150.

Kern, W. (Handwörterbuch der Produktionswirtschaft):
Handwörterbuch der Produktionswirtschaft. [HWProd]. In: Kern, W. (Hrsg.). (Reihe: Enzyklopädie der Betriebswirtschaftslehre, Bd. 7). 2.Aufl. Stuttgart: Schäffer-Poeschel, 1996.

Keuper, F. (Digitalisierung und Innovation):
Digitalisierung und Innovation. Planung, Entstehung, Entwicklungsperspektiven. In: Keuper, F. (Hrsg.). Wiesbaden: Bearingpoint, 2013.

Kiener, S.; Maier-Scheubeck, N.; Obermaier, R.; Weiß, M. (Produktions-Management):
Produktions-Management. Grundlagen der Produktionsplanung und -steuerung. (Reihe: Management 10-2012). 10. Aufl. München: Oldenbourg, 2012.

Kistner, K.-P. (Produktions- und Kostentheorie):
Produktions- und Kostentheorie. (Reihe: Physica-Lehrbuch). 2. Aufl. Heidelberg: Physica-Verlag HD, 1993.

Kleinemeier, M. (Automatisierungspyramide):
Automatisierungspyramide. Von der Automatisierungspyramide zu Unternehmenssteuerungs-Netzwerken. In: Vogel-Heuser, B.; Bauernhansl, T.; Hompel, M. t. (Hrsg.): Handbuch Industrie 4.0 Bd. 1: Produktion. (Reihe: Springer Reference Technik). 2. Aufl. Berlin: Springer Vieweg, 2017, S. 219–226.

Klocke, F. (Befähiger des Smart Manufacturing):
Die Vernetzung von Technologie- und Prozesswissen als Befähiger des Smart Manufacturing. 16. Internationales Kolloguium Werkzeugbau mit Zukunft. Fraunhofer-Institut für Produktionstechnologie IPT, Werkzeugmaschinenlabor WZL der RWTH Aachen. Aachen, 27. Oktober 2016.

Klotzbach, C. (Industrieller Werkzeugbau):
Gestaltungsmodell für den industriellen Werkzeugbau. Dissertation der RWTH Aachen. Aachen: Shaker Verlag, 2007.

Klug, F. (Logistikmanagement in der Automobilindustrie):
Logistikmanagement in der Automobilindustrie. Grundlagen der Logistik im Automobilbau. (Reihe: VDI-Buch). Berlin: Springer Verlag, 2010.

Knobloch, B. (Der Data Mining-Ansatz zur Analyse betriebswirtschaftlicher Daten):
Der Data Mining-Ansatz zur Analyse betriebswirtschaftlicher Daten. (Reihe: Bamberger Beiträge zur Wirtschaftsinformatik, Bd. Nr. 58). Bamberg: Otto-Friedrich-Univ, 2000.

Koltzenburg, S.; Maskos, M.; Nuyken, O. (Polymere):
Polymere. Synthese, Eigenschaften und Anwendungen. Berlin: Springer Spektrum Verlag, 2014.

Komorek, N. J. (Gestaltungsmodell für kollaborative Wertschöpfung):
Gestaltungsmodell für kollaborative Wertschöpfung im industriellen Werkzeugbau. Dissertation der RWTH Aachen. Aachen: Apprimus Verlag, 2014.

Konold, P.; Reger, H. (Angewandte Montagetechnik):
Angewandte Montagetechnik. Produktgestaltung, Planung, Systeme und Komponenten. Wiesbaden: Vieweg+Teubner Verlag, 1996.

Konold, P.; Reger, H. (Praxis der Montagetechnik):
Praxis der Montagetechnik. Produktdesign, Planung, Systemgestaltung. 2. Aufl. Wiesbaden: Vieweg+Teubner Verlag, 2003.

Kosiol, E. (Organisation der Unternehmung):
Organisation der Unternehmung. Wiesbaden: Gabler Verlag, 1962.

Krah, O. (Prozeßmodell zur Unterstützung umfassender Veränderungsprojekte):
Prozeßmodell zur Unterstützung umfassender Veränderungsprojekte. Dissertation der RWTH Aachen. Aachen: Shaker Verlag, 1999.

Krüger, W.; Homp, C. (Kernkompetenz-Management):
Kernkompetenz-Management. Steigerung von Flexibilität und Schlagkraft im Wettbewerb. 1. Aufl. Wiesbaden: Gabler Verlag, 1997.

Kubicek, H. (Heuristischer Bezugsrahmen empirischer Forschung):
Heuristische Bezugsrahmen und heuristisch angelegte Forschungsdesign als Elemente einer Konstruktionsstrategie empirischer Forschung. In Köhler, R. (Hrsg.): Empirische und handlungstheoretische Forschungskonzeption in der Betriebswirtschaftslehre: Stuttgart: Poeschel Verlag, 1976, S. 3-36.

Kuhlmann, K. K. (Gestaltung von Geschäftsprozessen):
Gestaltung von Geschäftsprozessen. Methodik zur Gestaltung von Geschäftsprozessen im industriellen Werkzeugbau. Dissertation der RWTH Aachen. Aachen: Apprimus Verlag, 2013.

Kuhlmann, T. B. (Corporate Tooling):
Corporate tooling. Dissertation. Dissertation der RWTH Aachen. Aachen: Apprimus Verlag, 2016.

Kuhn, T. S. (Wissenschaftliche Revolution):
Die Struktur wissenschaftlicher Revolutionen. Chicago: University of Chicago Press, 1962.

Kumar, K.; Zindani, D.; Davim, P. J. (Assembly Systems):
Digital Manufacturing and Assembly Systems in Industry 4.0. 1. Aufl. Florida: CRC Press, 2020.

Kurbel, K. E. (Enterprise Resource Planning and Supply Chain Management):
Enterprise Resource Planning and Supply Chain Management. Berlin: Springer Verlag, 2013.

Lado, A. A.; Boyd, N. G.; Wright, P. (A Competency-Based Model of Sustainable Competitive Advantage):
A Competency-Based Model of Sustainable Competitive Advantage. Toward a Conceptual Integration. In: Journal of Management. 18. Jg., Nr. 1, 1992, S. 77–91.

Lakatos, I. (Wissenschaftliche Forschungsprogramme):
Die Methologie der wissenschaftlichen Forschungsprogramme. Buchreihe: Philosophische Schriften. Wiesbaden: Vieweg+Teubner Verlag, 1982

Lehner, F.; Wildner, S.; Scholz, M. (Wirtschaftsinformatik):
Wirtschaftsinformatik. Wirtschaftsinformatik - Eine Einführung. 2. Aufl. München: Hanser, 2008.

Liebowitz, J. (Big Data and Business Analytics):
Big Data and Business Analytics. Big Data and Business Analytics. Hoboken, New Jersey: CRC Press, 2013.

Likert, R. (Technique for Measurement of Attitudes):
A Technique for Measurement of Attitudes. A. In: Archives of Psychology, 22. Jg., 1932, S. 1-55.

Lotter, B.; Schilling, W. (Manuelle Montage):
Manuelle Montage. Planung - Rationalisierung - Wirtschaftlichkeit. Düsseldorf: VDI-Verlag, 1994.

Lotter, B.; Wiendahl, H.-P. (Montage in der industriellen Produktion):
Montage in der industriellen Produktion. Ein Handbuch für die Praxis. 2.Aufl. Berlin: Springer Vieweg, 2006.

Lotter, B.; Wiendahl, H.-P. (Adaptive Production Planning and Control):
Adaptive Production Planning and Control. Elements and Enablers of Changeability. In: ElMaraghy, H. A. (Hrsg.): Changeable and Reconfigurable Manufacturing Systems. Reihe: Springer Series in Advanced Manufacturing. London: Springer Verlag, 2009, S. 197-212.

Lotter, B. (Hybride Montagesysteme):
Hybride Montagesysteme. In: Lotter, B.; Wiendahl, H.-P. (Hrsg.): Montage in der industriellen Produktion. Ein Handbuch für die Praxis. 2. Aufl. Berlin, Heidelberg: Springer Verlag, 2012.

Lowenthal, J. N. (Reengineering the Organization):
Reengineering the organization. A step-by-step Approach to Corporate Revitalization. Milwaukee, Wisconsin: ASQC Quality Press, 1994.

Lucke, D. (Smart Factory):
Smart Factory. In: Westkämper, E.; Spath, D.; Constantinescu, C.; Lentes, J. (Hrsg.): Digitale Produktion. Berlin: Springer Verlag, 2013, S. 251–269.

Lucke, D.; Constantinescu, C.; Westkämper, E. (Kontextbezogene Anwendungen):
Kontextbezogene Anwendungen. Kontextbezogene Anwendungen in der Produktion. In: wt Werkstatttechnik online, Nr. 3, 2008, S. 138–142.

Luo, R. C.; Kay, M. G. (Multisensor Integration and Fusion in Intelligent Systems):
Multisensor Integration and Fusion in Intelligent Systems. In: IEEE Transactions on Systems, Man, and Cybernetics. 19. Jg., 1989, Nr. 5, S. 901-931.

Martin, H. (Transport- und Lagerlogistik):
Transport- und Lagerlogistik. Wiesbaden: Springer Fachmedien, 2014.

Medland, A. J.; Burnett, P. (CAD/CAM in Practice):
CAD/CAM in Practice. A Manager's Guide to Understanding and Using CAD/CAM. London: Kogan Page, 1986.

Meier, A.; Kaufmann, M. (SQL- & NoSQL-Datenbanken):
SQL- & NoSQL-Datenbanken. (Reihe: eXamen.press). 8. Aufl. Berlin: Springer Vieweg Verlag, 2016.

Meier, H.; Uhlmann, E. (Integrierte Industrielle Sach- und Dienstleistungen):
Integrierte Industrielle Sach- und Dienstleistungen. Vermarktung, Entwicklung und Erbringung hybrider Leistungsbündel. Berlin: Springer Verlag, 2012.

Menezes, S.; Creado, S.; Zhong, R. Y. (Smart MES for Small and Medium-Sized Enterprises):
Smart Manufacturing Execution Systems for Small and Medium-Sized Enterprises. In: Procedia CIRP, 72. Jg., 2018, S. 1009-1014.

Menges, G.; Michaeli, W.; Mohren, P. (Spritzgießwerkzeuge):
Spritzgießwerkzeuge. Auslegung, Bau, Anwendung. 6. Aufl. München: Hanser Verlag, 2007.

Meusburger (Montagetisch):
Montagetechnik. Montagetisch luftgelagert mit Untergestell und Werkzeugschrank, 2020. Online verfügbar https://www.meusburger.com/DE/CH/werkstattbedarf/montagetechnik/montagetisch#!/filter, Abruf: 24.08.2020.

Meyer, M. (Signalverarbeitung):
Signalverarbeitung. Analoge und digitale Signale, Systeme und Filter. Reihe: Informations- und Kommunikationstechnik. 5. Aufl. Wiesbaden: Vieweg+Teubner Verlag/GWV Fachverlage GmbH Wiesbaden, 2009.

Müller, R. M.; Lenz, H.-J. (Business Intelligence):
Business Intelligence. Berlin: Springer Verlag, 2013.

Müller-Stewens, G.; Lechner, C. (Strategisches Management):
Strategisches Management. Wie strategische Initiativen zum Wandel führen: Der Strategie Management Navigator. 4. Aufl. Stuttgart: Schäffer-Poeschel Verlag, 2011.

Nonaka, I.; Takeuchi, H. (Die Organisation des Wissens):
Die Organisation des Wissens. Wie japanische Unternehmen eine brachliegende Ressource nutzbar machen. Frankfurt am Main: Campus Verlag, 1997.

Österle, H. (Schlüssel der Informationsgesellschaft):
Integration: Schlüssel der Informationsgesellschaft. In: Österle, H.; Riehm, R.; Vogler, P. (Hrsg.): Middleware. Grundlagen, Produkte und Anwendungsbeispiele für die Integration heterogener Welten. Braunschweig, Wiesbaden: Vieweg & Sohn Verlag, 1996, S. 1-24.

Ottmann, T.; Widmayer, P. (Algorithmen und Datenstrukturen):
Algorithmen und Datenstrukturen. 5. Aufl. Heidelberg: Spektrum Akademischer Verlag, 2012.

Pande, P. S.; Holpp, L. (What is Six Sigma?):
What is Six Sigma? New York: McGraw-Hill, 2002.

Parthier, R. (Messtechnik):
Messtechnik. Grundlagen und Anwendungen der elektrischen Messtechnik. 8. Aufl. Wiesbaden: Springer Vieweg Verlag, 2016.

Patzak, G. (Systemtechnik - Planung komplexer innovativer Systeme):
Systemtechnik. Planung komplexer innovativer Systeme. Grundlagen, Methoden, Techniken. Berlin: Springer Verlag, 1982.

Pawellek, G. (Ganzheitliche Fabrikplanung):
Ganzheitliche Fabrikplanung. Grundlagen, Vorgehensweise, EDV-Unterstützung. 2. Aufl. Berlin: Springer Vieweg Verlag, 2014.

Peters, T. J.; Waterman, R. H. (In Search of Excellence):
In Search of Excellence. Lessons from America's Best-Run Companies. New York: Harper Collins, 2006.

Petersen, T. (Organisationsformen der Montage):
Organisationsformen der Montage. Theoretische Grundlagen, Organisationsprinzipien und Gestaltungsansatz. Schriftenreihe des Institutes für Produktionswirtschaft der Univ. Rostock. Aachen: Shaker Verlag, 2005.

Picot, A. (Ein neuer Ansatz zur Gestaltung der Leistungstiefe):
Ein neuer Ansatz zur Gestaltung der Leistungstiefe. In: Schmalenbachs Zeitschrift für betriebswirtschaftliche Forschung: ZfbF, 43. Jg., Nr. 4, 1991, S. 363-359.

Pierce, A. (The Industrial Revolution):
The Industrial Revolution. Edina: ABDO Publishing Company, 2005.

Pitsch, M. (Kompetenzfeldbasierte Vernetzung):
Kompetenzfeldbasierte Vernetzung von Werkzeugbaustandorten. Dissertation der RWTH Aachen. Aachen: Apprimus Verlag, 2014.

Plasch, M.; Akkaladevi, S., C.; Hofmann, M.; Wörgerer C.; Pichler, A. (Industrial Assembly):
Event-Driven Knowledge Engineering as Enabling Technology towards Configuration of Assistence System in Industrial Assembly. In: Sustainable Design and Manufacturing 2020: Proceedings of the 7th International Conference on Sustainable Design and Manufacturing, Singapore: Springer Verlag, 2020, S. 261-272.

Plaßmann, W. (Handbuch Elektrotechnik):
Handbuch Elektrotechnik. Wiesbaden: Springer Fachmedien, 2009.

Pollack, A. (Informationssystem für den Werkzeugbau):
Entwicklung eines Informationssystems zur strategischen Planung des Werkzeugbaus: Ein Beitrag zur Strategiefindung auf Basis von Benchmarking-Ergebnissen. Dissertation der RWTH Aachen. Aachen: Shaker Verlag, 1995.

Popper, K. P. (Die Logik der Sozialwissenschaften):
Die Logik der Sozialwissenschaften. In: Köln Z Soziologie. 69. Jg., S1, 2017, S. 215-228.

Porter, M. (Competitive Advantage):
Competitive Advantage. Creating and Sustaining Superior Performance. New York: The Free Press, 1998.

Porter, M.; Heppelmann, J. (How Smart, Connected Products are Transforming Competition):
How Smart, Connected Products Are Transforming Competition. In: Harvard Business Manager, Heft 11/2014, S. 1-28.

Porter, M. E.; Heppelmann, J. E. (How Smart, Connected Products are Transforming Companies):
How Smart, Connected Products Are Transforming Companies. In: Harvard Business Manager, Heft 10/2015, 2015, S. 1-23.

Posselt, G. (Mitarbeiter führen mit Kennzahlen):
Mitarbeiter führen mit Kennzahlen – Attention Leadership. Wiesbaden: Springer Verlag, 2014.

Prahalad, C. K.; Hamel, G. (The Core Competence of the Corporation):
The Core Competence of the Corporation. In: Hahn, D.; Taylor, B. (Hrsg.): Strategische Unternehmungsplanung - Strategische Unternehmensführung. Stand und Entwicklungstendenzen. 9. Aufl. Heidelberg: Springer-Verlag, 2006, S. 275–292.

Redlich, T.; Wulfsberg, J. (Wertschöpfung in der Bottom-up-Ökonomie):
Wertschöpfung in der Bottom-up-Ökonomie. Berlin: Springer-Verlag, 2011.

REFA (REFA: Planung und Gestaltung komplexer Produktionssysteme):
REFA: Planung und Gestaltung komplexer Produktionssysteme. Methodenlehre der Betriebsorganisation. München: Carl Hanser Verlag, 1987.

Rehäuser, J.; Krcmar, H. (Wissensmanagement in Unternehmen):
Wissensmanagement in Unternehmen. In: Conrad, P.; Schreyögg, G. (Hrsg.): Wissensmanagement. Berlin: de Gruyter Verlag, 1996.

Reinhart, G.; Bengler, K.; Dollinger, C.; Intra Carsten; Lock, C.; Popova-Dlogosch, S.; Rimpau, J. S.; Teubner, S.; Vernim, S. (Der Mensch in der Produktion von Morgen):
Der Mensch in der Produktion von Morgen. In: Reinhart, G. (Hrsg.): Handbuch Industrie 4.0. Geschäftsmodelle, Prozesse, Technik. München: Carl Hanser Verlag, 2017, S. 51-87.

Reinhart, G.; Spillner, R.; Egbers, J.; Schlip, J. (Individualisierung an Montagearbeitsplätzen):
Individualisierung an Montagearbeitsplätzen. Konzeption und Auslegung flexibel individualisierbarer Arbeitsplätze in der Montage. In: wt Werkstatttechnik online. 100. Jg., Nr. 9, 2010, S. 665-669.

Reinhardt, K. (Digitale Transformation):
Digitale Transformation der Organisation. Grundlagen, Praktiken und Praxisbeispiele der digitalen Unternehmensentwicklung. Wiesbaden: Springer Gabler, 2020.

Rice, A. K. (Productivity and Social Organization):
Productivity and Social Organization. Technical Innovation, Work Organization and Management. London: Routledge, 1958.

Riley, F. J. (Assembly Automation):
Assembly Automation. A Management Handbook. 2. Aufl. New York: Industrial Press, 1996.

Roiger, R. J.; Geatz, M. W. (Data Mining):
Data Mining. A Tutorial-based Primer. Boston: Addison Wesley, 2003.

Roth, A. (Einführung Industrie 4.0):
Einführung und Umsetzung von Industrie 4.0. Grundlagen, Vorgehensmodell und Use Cases aus der Praxis. Berlin: Springer Gabler Verlag, 2016.

Rose, P. M. (Methoden zur Identifikation dynamischer Kernkompetenzen):
Analyse ausgewählter Methoden zur Identifikation dynamischer Kernkompetenzen. Reihe: Hamburger Schriften zur Marketingforschung, Bd. 12. München: Hampp Verlag, 2000.

Rosenstiel, L.; Pieler, D.; Glas, P. (Strategisches Kompetenzmanagement):
Strategisches Kompetenzmanagement. Von der Strategie zur Kompetenzentwicklung in der Praxis. Wiesbaden: Gabler Verlag, 2004.

Rowland, J.J.; Lee, M.H. (Intelligent Assembly Systems):
Intelligent Assembly Systems. Singapur: World Scientific Publishing, 1995.

Rüegg-Stürm, J.; Grand, S. (Das St. Galler Management-Modell):
Das St. Galler Management-Modell. 2. Aufl. Bern: Haupt Verlag, 2015.

Salmen, M. (Digital vernetzter Shopfloor):
Gestaltungsmodell für den digital vernetzten Shopfloor im Werkzeugbau. Dissertation der RWTH Aachen. Aachen: Apprimus Verlag, 2016.

Sauter, W.; Staudt, A.-K. (Kompetenzmessung in der Praxis):
Kompetenzmessung in der Praxis. Mitarbeiterpotenziale erfassen und analysieren. Reihe: Essentials. Wiesbaden: Springer Gabler Verlag, 2016.

Sauter, W.; Staudt, F.-P. (Strategisches Kompetenzmanagement 2.0):
Strategisches Kompetenzmanagement 2.0. Potenziale nutzen – Performance steigern. (Reihe: Essentials). Wiesbaden: Springer Gabler Verlag, 2016.

Sawik, T. (Production Planning and Scheduling in Flexible Assembly Systems):
Production Planning and Scheduling in Flexible Assembly Systems. Berlin: Springer Verlag, 1999.

Schanz, S. (Wissenschaftstheoretische Grundfragen):
Wissenschaftstheoretische Grundfragen der Führungsforschung. In: Kieser, A.; Reber, G.; Wunderer, R. (Hrsg.): Handwörterbuch der Führung. Stuttgart: Poeschel, 1987, S. 2039-2047.

Schlick, C.; Moser, K.; Schenk, M. (Flexible Produktionskapazität innovativ managen):
Flexible Produktionskapazität innovativ managen. Handlungsempfehlungen für die flexible Gestaltung von Produktionssystemen in kleinen und mittleren Unternehmen. Berlin: Springer Vieweg Verlag, 2014.

Schlick, C. M.; Luczak, H.; Bruder, R. (Arbeitswissenschaft):
Arbeitswissenschaft. Heidelberg: Springer Verlag, 2010.

Schmelzer, H. J.; Sesselmann, W. (Geschäftsprozessmanagement in der Praxis):
Geschäftsprozessmanagement in der Praxis. Kunden zufriedenstellen, Produktivität steigern, Wert erhöhen. 8. Aufl. München: Hanser Verlag, 2013.

Schmidt, G. (Darstellungstechniken der Aufbau- und Ablauforganisation):
Darstellungstechniken der Aufbau- und Ablauforganisation. Wiesbaden: Gabler Verlag, 1982.

Schmidtler, J.; Knott, V.; Hölzl, C.; Bengler, K. (Human Centered Assistance Applications):
Human Centered Assistance Applications for the working environment of the future. In: Occupational Ergonomics, 2015, Nr. 12, S. 83-95.

Schuh, G. (Operative Exzellenz im Werkzeug- und Formenbau):
Operative Exzellenz im Werkzeug- und Formenbau. Aachen: Apprimus Verlag, 2010.

Schuh, G. (Lean Innovation):
Lean Innovation. Reihe: VDI-Buch. Berlin: Springer Verlag, 2013.

Schuh, G. (Industrie 4.0 erfolgreich umsetzen):
Industrie 4.0 erfolgreich umsetzen. In: Handelsblatt Journal, Ausgabe, März, 2017 S. 6-7.

Schuh, G.; Anderl, R.; Gausemeier, J.; Hompel, M. t.; Wahlster, W. (Industrie 4.0 Maturity Index):
Industrie 4.0 Maturity Index. Die digitale Transformation von Unternehmen gestalten, München: acatech im Eigenverlag, 2017.

Schuh, G.; Salmen, M.; Kuhlmann, T.; Wiese, J. (Highly Iterative Product Development):
Highly Iterative Product Development Within the Tool and Die Making Industry. In: Procedia CIRP. 61. Jg., 2017, S. 576-581.

Schuh, G.; Boos, W.; Kelzenberg, C.; Lange, J. de; Stracke, F.; Helbig, J.; Boshof, J.; Ebbecke, C. (Industrie 4.0: Implement it!):
Industrie 4.0: Implement it! Ein Leitfaden zur erfolgreichen Implementierung von Industrie 4.0-Lösungen. Aachen: WZL der RWTH Aachen im Eigenverlag, 2018.

Schuh, G.; Jordan, F.; Maasem, C.; Zeller, V. (Implikationen für produzierende Unternehmen):
Implikationen für produzierende Unternehmen. In: Gassmann, O.; Sutter, P. (Hrsg.): Digitale Transformation im Unternehmen gestalten. Geschäftsmodelle Erfolgsfaktoren Fallstudien. 1. Aufl. München: Hanser Verlag, 2016, S. 39-58.

Schuh, G.; Reuter, C.; Brambring, F.; Prote, J.-P.; Hempel, T.; Gützlaff, A. (Organisation und IT):
Organisation und IT. In: Reinhart, G. (Hrsg.): Handbuch Industrie 4.0. Geschäftsmodelle, Prozesse, Technik. München: Hanser Verlag, 2017.

Schuh, G.; Salmen, M.; Jussen, P.; Riesener, M.; Zeller, V.; Hensen, T.; Begovic, A.; Birkmeier, M.; Hocken, C.; Jordan, F.; Kantelberg, J.; Kelzenberg, C.; Kolz, D.; Maasem, C.; Siegers, J.; Stark, M.; Tönnes, C. (Geschäftsmodell-Innovation):
Geschäftsmodell-Innovation. In: Reinhart, G. (Hrsg.): Handbuch Industrie 4.0. Geschäftsmodelle, Prozesse, Technik. München: Hanser Verlag, 2017, S. 3-30.

Schuh, G.; Stich, V. (Grundlagen der PPS):
Produktionsplanung und -steuerung 1. Grundlagen der PPS. 4. Aufl. Berlin: Springer Vieweg Verlag, 2012.

Schuler GmbH (Handbuch der Umformtechnik):
Handbuch der Umformtechnik. Berlin: Springer Verlag, 1996.

Schwalbach, J. (Produktionstheorie):
Produktionstheorie. Reihe Vahlens Kurzlehrbücher. 2. Aufl. München: Verlag Franz Vahlen, 2008.

Siepmann, D. (Industrie 4.0 - Technologische Komponenten):
Industrie 4.0 - Technologische Komponenten. In: Roth, A. (Hrsg.): Einführung und Umsetzung von Industrie 4.0. Grundlagen, Vorgehensmodell und Use Cases aus der Praxis. Berlin: Springer Gabler Verlag, 2016, S. 47-72.

Silverston, L. (The Data Model Resource Book):
The Data Model Resource Book. A Library of Universal Data Models for All Enterprises. Toronto: John Wiley & Sons, 2011.

Sisinni, E.; Saifullah, A.; Han, S.; Jennehag, U.; Gidlund, M. (Industrial Internet of Things: Challenges, Opportunities, and Directions):
Industrial Internet of Things: Challenges, Opportunities, and Directions. In: IEEE Trans. Ind. Inf. 14. Jg., Nr. 11, 2018, S. 4724-4734.

Sonntag, S. (Die Gutenberg-Produktionsfunktion):
Die Gutenberg-Produktionsfunktion. Eigenschaften und technische Fundierung. Gabler Edition Wissenschaft. Wiesbaden: Deutscher Universitätsverlag, 2004.

Spennemann, F. (Gestaltung von Organisationsstrukturen):
Gestaltung von Organisationsstrukturen im Werkzeugbau. Dissertation der RWTH Aachen. Aachen: Shaker Verlag, 2001.

Spur, G.; Helwig, H. J. (Einführung in die Montagetechnik):
Einführung in die Montagetechnik. München: Hanser Verlag, 1986.

Stachowiak, H. (Allgemeine Modelltheorie):
Allgemeine Modelltheorie. Wien: Springer Verlag, 1973.

Statista (Größte Volkswirtschaften):
Top 10 Länder mit dem größten Bruttoinlandsprodukt (BIP) in den Jahren 2019 bis 2024, 2019. Online verfügbar https://de.statista.com/statistik/daten/studie/981746/umfrage/ranking-der-laender-mit-dem-groessten-bruttoinlandsprodukt-in-der-zukunft/, Abruf: 29.05.2020.

Statistisches Bundesamt (Volkswirtschaftliche Gesamtrechnung):
Volkswirtschaftliche Gesamtrechnung: Wichtige Zusammenhänge im Überblick. Wiesbaden, 2019.

Steinbuch, P. A. (Prozessorganisation - Business Reengineering - Beispiel R/3):
Prozessorganisation - Business Reengineering - Beispiel R/3. Reihe: Moderne Organisation für Praxis und Studium. Ludwigshafen (Rhein): Kiehl Verlag, 1998.

Steiner, R. (Grundkurs Relationale Datenbanken):
Grundkurs Relationale Datenbanken. Eine grundlegende Einführung in die Praxis der Datenbankentwicklung für Ausbildung, Studium und Beruf. Reihe: IT erfolgreich lernen. 6. Aufl. Wiesbaden: Vieweg & Sohn Verlag | GWV Fachverlage GmbH Wiesbaden, 2006.

Stonebraker, M. (Too Much Middleware):
Too Much Middleware. In: SIGMOD Record. 31. Jg., Nr. 1., 2001.

Thalheim, B. (Entity-Relationship Modeling):
Entity-Relationship Modeling. Foundations of Database Technology. Berlin: Springer Verlag, 2000.

Thrane, C. (Regression Analysis):
Applied Regression Analysis: Doing, Interpreting and Reporting. Oxon: Routledge, 2020.

Tomczak, T. (Forschungsmethoden in der Marketingwissenschaft):
Forschungsmethoden in der Marketingwissenschaft – Ein Plädoyer für den qualitativen Forschungsansatz. München: C.H. Beck in Gemeinschaft mit dem Verlag Franz Vahlen, 1992.

Trist, E. L. (Evolution of Sociotechnical Systems):
Evolution of Sociotechnical Systems. A Conceptual Framework and an Action Research Programme. Reihe: Occasional Paper, Bd. 2. Toronto: Ontario Quality of Working Life Centre im Eigenverlag, 1981.

Ulich, E. (Arbeitspsychologie):
Arbeitspsychologie. 6. Aufl. Zürich: ETH Zurüch im Eigenverlag, 2005.

Ullrich, G. (Fahrerlose Transportsysteme):
Fahrerlose Transportsysteme. Eine Fibel - mit Praxisanwendungen - zur Technik - für die Planung. Reihe: Fortschritte der Robotik. 2. Aufl. Wiesbaden: Springer Vieweg Verlag, 2014.

Ulrich, H. (Unternehmung als System):
Unternehmung als System. Die Unternehmung als produktives soziales System. Grundlagen der allgemeinen Unternehmungslehre. Bern: Haupt Verlag, 1968.

Ulrich, H. (Management):
Management. Reihe: Schriftenreihe Unternehmung und Unternehmungsführung, Bd. 13. Bern: Haupt Verlag, 1984.

Ulrich, H. (Systemorientiertes Management):
Systemorientiertes Management. Bern: Haupt Verlag, 2001.

Ulrich, P.; Hill, W. (Wissenschaftstheoretische Grundlagen):
Wissenschaftstheoretische Grundlagen der Betriebswirtschaftslehre. In: Wirtschaftswissenschaftliches Studium, 5. Jg., Nr. 8, 1976, S. 304–309.

Varghese, A.; Tandur, D. (Wireless Requirements and Challenges in Industry 4.0):
Wireless Requirements and Challenges in Industry 4.0. In: Tagungsband zum 2014 International Conference on Contemporary Computing and Informatics (IC3I). Mysore, India, 27.11.2014: IEEE, 2014, S. 634-638.

vbw (Dienstleistungspotenziale Industrie 4.0):
Dienstleistungspotenziale Industrie 4.0. Dienstleistungspotenziale im Rahmen von Industrie 4.0, 2014.

VDI (VDI-Richtlinie 2815):
VDI-Richtlinie 2815. Begriffe für die Produktionsplanung und -steuerung, ausgemustert und nicht ersetzte Richtlinie, dennoch weiterhin benutzt und anerkannt, 1978.

VDI (VDI-Richtlinie 2860):
VDI-Richtlinie 2860. Montage- und Handhabungstechnik; Handhabungsfunktionen, Handhabungseinrichtungen; Begriffe, Definitionen, Symbole, 1990.

VDI (VDI-Richtlinie 2219):
VDI-Richtlinie 2219. Einführung und Betrieb von PDM Systemen, 2002.

VDI (VDI-Richtlinie 2510):
VDI-Richtlinie 2510. VDI-Richtlinie 2510. Fahrerlose Transportsysteme (FTS), 2005.

VDI (VDI-Richtlinie 4451-7):
VDI-Richtlinie 4451-7. VDI-Richtlinie 4451-7. Kompatibilität von Fahrerlosen Transportsystemen (FTS) – Leitsteuerung für FTS, 2005.

VDI (Cyber Physical Systems):
Cyber Physical Systems. Chancen und Nutzen aus Sicht der Automation, 2013.

VDMA (Branchenbericht Präzisionswerkzeuge 2018):
Branchenbericht Präzisionswerkzeuge 2018 - Veröffentlichung zur Jahrespressekonferenz am 16.01.2019. Frankfurt a.M., 2019.

Vinek, G.; Rennert, P. F.; Tjoa, A. M. (Datenmodellierung):
Datenmodellierung. Theorie und Praxis des Datenbankentwurfs. Heidelberg: Physica-Verlag HD, 1982.

Von der Oelsnitz, D. (Organisationsgestaltung):
Die innovative Organisation: eine gestaltungsorientierte Einführung. 1.Aufl. Stuttgart: Kohlhammer Verlag, 1999.

Warnecke, H.-J. (Der Produktionsbetrieb 2):
Der Produktionsbetrieb 2. Produktion, Produktionssicherung. 3. Aufl. Berlin: Springer Verlag, 1995.

Warnecke, H.-J. (Montage im flexiblen Produktionsbetrieb):
Montage im flexiblen Produktionsbetrieb. Technik, Organisation, Betriebswirtschaft. Berlin: Springer Verlag, 1996.

Warnecke, H.-J.; Löhr, H.-G.; Kiener, W. (Montagetechnik):
Montagetechnik. Schwerpunkt der Rationalisierung. Reihe: Buchreihe Produktionstechnik heute, Bd. 7. Mainz: Krausskopf Verlag, 1975.

Weber, H. K. (Wertschöpfungsrechnung):
Wertschöpfungsrechnung. Reihe: Sammlung Poeschel, Bd. 87. Stuttgart: Poeschel Verlag, 1980.

Westkämper, E. (Montageplanung):
Montageplanung - effizient und marktgerecht. Berlin: Springer, 2001.

Wiendahl, H.-P. (Betriebsorganisation für Ingenieure):
Betriebsorganisation für Ingenieure. 5. Aufl. München: Hanser Verlag, 2005.

Wiendahl, H.-P.; Reichardt, J.; Nyhuis, P. (Funktionale Arbeitsplatzgestaltung):
Funktionale Arbeitsplatzgestaltung. Funktionale Arbeitsplatzgestaltung. In: Wiendahl, H.-P.; Reichardt, J.; Nyhuis, P. (Hrsg.): Handbuch Fabrikplanung. Konzept, Gestaltung und Umsetzung wandlungsfähiger Produktionsstätten. 2. Aufl. München: Hanser Verlag, 2014, S. 151-205.

Wiendahl, H.-P.; Reichardt, J.; Nyhuis, P. (Handbuch Fabrikplanung):
Handbuch Fabrikplanung. Konzept, Gestaltung und Umsetzung wandlungsfähiger Produktionsstätten. 2. Aufl. München: Hanser Verlag, 2014.

Wiesbeck, M. (Montagesequenzen für die situationsorientierte Werkerführung):
Struktur zur Repräsentation von Montagesequenzen für die situationsorientierte Werkerführung. Reihe: Forschungsberichte/IWB, Bd. 285. München: Utz Verlag, 2014.

Wilhelm, O.; Nickolaus, R. (Was grenzt das Kompetenzkonzept ab?):
Was grenzt das Kompetenzkonzept von etablierten Kategorien wie Fähigkeit, Fertigkeit oder Intelligenz ab? In: Z. Erziehungswissenschaften, 16. Jg., 2013, S1, S. 23-26.

Willke, H.; Krück, C.; Mingers, S. (Systemisches Wissensmanagement):
Systemisches Wissensmanagement. 2. Aufl. Stuttgart: Lucius & Lucius, 2001.

Willnecker, U. (Leistungsorientierte manuelle Fließmontage):
Gestaltung und Planung leistungsorientierter manueller Fließmontagen. Reihe: Forschungsberichte/IWB, Bd. 146. München: Utz Verlag, 2001.

Wingen, S.; Wirth, U. (Das MAMOS-Modell für Montageexzellenz):
Das MAMOS-Modell für Montageexzellenz. Ein systematischer Ansatz zur Selbstbewertung und strategischen Montagegestaltung. In: Feldmann, K.; Slama, S.; Gergs, H.-J.; Wirth, U. (Hrsg.): Montage strategisch ausrichten - Praxisbeispiele marktorientierter Prozesse und Strukturen. Berlin: Springer Verlag, 2004, S. 15–26.

Wöhe, G.; Döring, U. (Einführung in die allgemeine Betriebswirtschaftslehre):
Einführung in die allgemeine Betriebswirtschaftslehre. Reihe: Vahlens Handbücher der Wirtschafts- und Sozialwissenschaften. 23. Aufl. München: Verlag Franz Vahlen, 2008.

Woitowitz, R.; Urbanski, K. (Digitaltechnik):
Digitaltechnik. Ein Lehr- und Übungsbuch. Reihe: Springer-Lehrbuch. 5. Aufl. Berlin: Springer-Verlag, 2007.

Wolf, C. (Industrie und Handwerk):
Industrie und Handwerk. Die Abgrenzungskriterien zwischen Industrie und Handwerk, 2013. Online verfügbar https://www.ihk-ostbrandenburg.de/produktmarken/Gruenden-Foerdern/Brancheninformationen/Industrie-und-Bau/Die-Abgrenzungskriterien-zwischen-Industrie-und-Handwerk/883648, Abruf: 10.07.2020.

Wunderer, R.; Jaritz, A. (Unternehmerisches Personalcontrolling):
Unternehmerisches Personalcontrolling. Evaluation der Wertschöpfung für das Personalmanagement. Köln: Luchterhand, 2007.

WZL/IPT (Datenbank Werkzeugbau):
Gemeinsame Datenbank der Branche Werkzeugbau des Werkzeugmaschinenlabors WZL der RWTH Aachen und des Fraunhofer Instituts für Produktionstechnik. Aachen, 2020.

Xanthopoulos, P.; Pardalos, P. M.; Trafalis, T. B. (Robust Data Mining):
Robust Data Mining. Reihe: Springer Briefs in Optimization. New York: Springer Verlag, 2013.

Xu, L. D.; He, W.; Li, S. (Internet of Things in Industries: A Survey):
Internet of Things in Industries: A Survey. In: IEEE Trans., 10. Jg., Nr. 4, 2014, S. 2233-2243.

Zabeck, J. (Schlüsselqualifikationen):
Schlüsselqualifikationen. Ein Schlüssel für eine Antizipative Berufsbildung. In: Achtenhagen, F. (Hrsg): Duales System zwischen Tradition und Innovation. Köln: Müller Botermann, 1991.

Zachau, H.; Binger, G. (Fertigungsprozesse in der Montage):
Fertigungsprozesse in der Montage. In: Schiffer, F.; Tempelhof, K.-H. (Hrsg.): Fertigungsprozessgestaltung im Maschinen- und Gerätebau. 2.Aufl. Berlin: Verlag Technik, 1985, S. 139-187.

Zhou, K.; Liu, T.; Zhou, L. (Industry 4.0: Towards Future Industrial Opportunities and Challenges):
Industry 4.0: Towards Future Industrial Opportunities and Challenges. In: Tagungsband zum 2015 12th International Conference on Fuzzy Systems and Knowledge Discovery (FSKD). Zhangjiajie, China, 15.08.2015: IEEE, 2015, S. 2147-2152.

Ziskoven, H. (Auftragseinplanung einer getakteten Fertigung im Werkzeugbau):
Methodik zur Gestaltung und Auftragseinplanung einer getakteten Fertigung im Werkzeugbau. Dissertation der RWTH Aachen. Aachen: Apprimus Verlag, 2013.

Curriculum Vitae David Goertz

Geburtstag und -ort	18. Oktober 1989, Dormagen
Familienstatus	verheiratet

Beruflicher Werdegang

01/2016 – 03/2022	**Werkzeugmaschinenlabor WZL der RWTH Aachen, Aachen** Promotion zum Dr.-Ing. am Lehrstuhl für Produktionssystematik in der Abteilung Unternehmensentwicklung
01/2016 – 07/2020	**Werkzeugmaschinenlabor WZL der RWTH Aachen, Aachen** Wissenschaftlicher Mitarbeiter und Gruppenleiter in der Abteilung Unternehmensentwicklung
01/2016 – 07/2020	**WBA Aachener Werkzeugbau Akademie GmbH, Aachen** Unternehmensberatung/Consulting
05/2013 – 12/2015	**Werkzeugmaschinenlabor WZL der RWTH Aachen, Aachen** Studentische Mitarbeit am Lehrstuhl für Produktionssystematik in der Abteilung Unternehmensentwicklung
Diverse Praktika	**Johnson Controls Inc., Trencin (Slowakei)/Burscheid** Prototyping Automotive Seating & Engineering Controlling **International Tobacco Machinery Group, Schwalmtal** Technisches Grundpraktikum

Studium/Schulbildung

04/2014 – 10/2015	**Rheinisch-Westfälische Technische Hochschule (RWTH), Aachen** Studiengang: Wirtschaftsingenieurwesen (M. Sc.)
01/2012 – 08/2012	**Universidad Politécnica de Valencia (UPV), Spanien** Studiengang: Ingenierìa Industrial (B. Sc.)
09/2009 – 04/2014	**Rheinisch-Westfälische Technische Hochschule (RWTH), Aachen** Studiengang: Wirtschaftsingenieurwesen (B. Sc.)
08/2000 – 06/2009	**Erasmus Gymnasium, Grevenbroich** Allgemeine Hochschulreife

In der Reihe **Ergebnisse aus der Produktionstechnik** zuletzt erschienen:

Vogel, Paul-Alexander:
Entwicklung eines Prozessmodells für die nicht-isotherme vakuum-unterstützte Dünnglasumformung
ISBN: 978-3-98555-140-8
Erscheinungsdatum: 21.06.2023

Ochel, Tim:
Prognostik zur Resilienzsteigerung im Werkzeugbau
ISBN: 978-3-98555-161-3
Erscheinungsdatum: 22.05.2023

Greipel, Jonathan:
Grouping of Inspection Characteristics to Reduce Costs of Adaptive Inspection Planning in Variant Production
ISBN: 978-3-98555-157-6
Erscheinungsdatum: 03.05.2023

Troß, Nico:
Mehrskalenmodellierung der thermo-mechanischen Werkzeugbelastung beim Trockenwälzfräsen
ISBN: 978-3-98555-158-3
Erscheinungsdatum: 19.04.2023

Nicksch, Christoph:
Konfiguration verteilter Large-Scale Metrology Systeme in rekonfigurierbaren Montageumgebungen
ISBN: 978-3-98555-152-1
Erscheinungsdatum: 20.03.2023

Chavan, Prateek:
Substructuring Methods for Efficient Prediction of Spindle-Holder-Tool Assembly Dynamics
ISBN: 978-3-98555-160-6
Erscheinungsdatum: 05.06.2023

Schneidermann, Dennis:
Orchestration von Vertrauen in interorganisationalen Wissensnetzwerken der Fabrikplanung
ISBN: 978-3-98555-153-8
Erscheinungsdatum: 15.05.2023

Welsing, Martin:
Bewertung der ökologischen Nachhaltigkeit von Produktions-netzwerkkonfigurationen
ISBN: 978-3-98555-155-2
Erscheinungsdatum: 19.04.2023

Beckers, Alexander:
Auslegung wirtschaftlich-technologisch optimierter Fertigungsprozessfolgen mittels prozessübergreifender Modellierung
ISBN: 978-3-98555-154-5
Erscheinungsdatum: 18.04.2023

Gipperich, Marius:
Untersuchung eines Zweistrahlprozesses als Ansatz zur Prozessstabilitätserhöhung des drahtbasierten Laserauftragschweißens
ISBN: 978-3-98555-151-4
Erscheinungsdatum: 15.03.2023

Edition Wissenschaft
Apprimus

Ahmad, Mubarik:
Anregungsgerechte Auslegung und Tolerierung schnelllaufender Getriebe unter Berücksichtigung kurz- und langwelliger Verzahnungsabweichungen
ISBN: 978-3-98555-130-9
Erscheinungsdatum: 06.03.2023

Priwisch, Martin:
Kontaktfreie Bahnlaufregelung zur Herstellung funktionaler Mehrlagensysteme in einem kontinuierlichen Laminierprozess
ISBN: 978-3-98555-139-2
Erscheinungsdatum: 27.02.2023

Cremer, Sven:
Controlling der Migration in Produktionsnetzwerken
ISBN: 978-3-98555-145-3
Erscheinungsdatum: 09.02.2023

Ohlert, Marius:
Contact between Abrasive Media and Workpiece in Robot-guided Centrifugal Finishing
ISBN: 978-3-98555- 144-6
Erscheinungsdatum: 07.02.2023

Graberg, Tim:
Operationalisierung von digitalen Schatten im Werkzeugbau
ISBN: 978-3-98555-141-5
Erscheinungsdatum: 06.02.2023

Müller, Tobias:
Modellbildung mittels Symbolischer Regression zur Messunsicherheitsbestimmung komplexer Messprozesse
ISBN: 978-3-98555-146-0
Erscheinungsdatum: 30.01.2023

Motschke, Tobias:
Analyse und Modellierung der Dämpfungseigenschaften von Spindellagern
ISBN: 978-3-98555-148-4
Erscheinungsdatum: 06.03.2023

Frye, Maik:
Recommending Data Preprocessing Pipelines for Machine Learning Applications in Production
ISBN: 978-3-98555-147-7
Erscheinungsdatum: 15.02.2023

Schmidhuber, Matthias:
Sozio-technische Problemlösungsfähigkeit von PPS-Systemen
ISBN: 978-3-98555- 143-9
Erscheinungsdatum: 07.02.2023

Schwarberg, Thomas:
Bestimmung der Logik von Innovationsideen für technische Systeme
ISBN: 978-3-98555- 142-2
Erscheinungsdatum: 07.02.2023

Nienheysen, Philipp:
Werkstattgerechte Schadensanalyse in CFK-Strukturbauteilen mit optisch georteter Ultraschallmesstechnik
ISBN: 978-3-98555-136-1
Erscheinungsdatum: 30.01.2023

Kreß, Julian Maximilian:
Erbringung hybrider Leistungsangebote in Wertschöpfungsnetzwerken
ISBN: 978-3-98555-128-6
Erscheinungsdatum: 24.01.2023

Edition Wissenschaft
Apprimus

FSC
www.fsc.org
MIX
Papier | Fördert gute Waldnutzung
FSC® C083411

Zeitfracht Medien GmbH
Ferdinand-Jühlke-Straße 7
99095 Erfurt, Deutschland
produktsicherheit@kolibri360.de